JN063483

公表問題解答解説

【令和2年後期～令和5年前期】

目　次

一級ボイラー技士免許試験の受験について …… 5

1．ボイラーの構造に関する知識

令和５年前期 …… 7
令和４年後期 …… 17
令和４年前期 …… 27
令和３年後期 …… 37
令和３年前期 …… 47
令和２年後期 …… 57

2．ボイラーの取扱いに関する知識

令和５年前期 …… 67
令和４年後期 …… 77
令和４年前期 …… 87
令和３年後期 …… 97
令和３年前期 …… 107
令和２年後期 …… 117

3．燃料及び燃焼に関する知識

令和５年前期 …… 127
令和４年後期 …… 137
令和４年前期 …… 147
令和３年後期 …… 157
令和３年前期 …… 167
令和２年後期 …… 177

4．関係法令
令和５年前期 …… 187
令和４年後期 …… 197
令和４年前期 …… 207
令和３年後期 …… 217
令和３年前期 …… 227
令和２年後期 …… 237

※1. 本書の編集に当たり，見やすくするために問題部分をうすく着色していますが，実際の試験問題はそのようにはなっておりませんので，ご承知ください。

※2. 関係法令では，以下のような略号を用いています。
(ボ則)：ボイラー及び圧力容器安全規則
(ボ構規)：ボイラー構造規格
また，関係法令の適用条文について，わかりやすさのため，法令の条文を省略したところもあります。正確には規定の条文を参照してください。なお，法令の条・項・号は，「第」を省略しています。
(例) 第１条第２項第３号 → １条２項③号

※3. 本文において，引用書籍は下記によっています。
教本：「〔改訂〕１級ボイラー技士教本」
わかりやすい：「[新版] わかりやすいボイラー及び圧力容器安全規則」

本書は，令和２年後期から令和５年前期までに実施された一級ボイラー技士免許試験の問題の中から公益財団法人安全衛生技術試験協会が公表した「一級ボイラー技士免許試験」の問題に，一般社団法人日本ボイラ協会が解答・解説を行ったものです。
なお、新しい年度の解説は過去の解説より分かり易く記述したものがあり、表現等が異なる部分があることをご了承下さい。

一級ボイラー技士免許試験の受験について

1．一級ボイラー技士免許試験の実施機関

一級ボイラー技士免許試験は，厚生労働大臣が指定試験機関として指定した公益財団法人安全衛生技術試験協会が行っています。安全衛生技術試験協会は，全国7か所に安全衛生技術センターを設置しており，このセンターにおいてそれぞれ年6～7回試験が行われています。また，このほかに，センターの管轄する都道府県に出張して行う出張特別試験も行われています。

名　称	電話番号	名　称	電話番号
公益財団法人安全衛生技術試験協会	03-5275-1088	中部安全衛生技術センター	0562-33-1161
北海道安全衛生技術センター	0123-34-1171	近畿安全衛生技術センター	079-438-8481
東北安全衛生技術センター	0223-23-3181	中国四国安全衛生技術センター	084-954-4661
関東安全衛生技術センター	0436-75-1141	九州安全衛生技術センター	0942-43-3381
〃　東京試験場	03-6432-0461		

2．受験資格

一級ボイラー技士免許試験の受験資格としては，次のようなものがあります。(②については，これ以外の学校を卒業した者でも受験資格が認められる場合がありますので，ご確認ください。)。

① 二級ボイラー技士免許を受けた者

② 学校教育法による大学，高等専門学校，高等学校又は中等教育学校（中高一貫校であり，中学校ではありません。）においてボイラーに関する学科を修めて卒業した者で，その後1年以上ボイラーの取扱いについて実地修習を経たもの

③ エネルギー管理士免状（熱管理士免状）を有する者で，ボイラーの取扱いについて1年以上の実地修習を経たもの

④ 一級海技士（機関），二級海技士（機関），または三級海技士（機関）としての海技従事者の免許を受けた者

⑤ 第一種または第二種ボイラー・タービン主任技術者免状の交付を受けている者で，伝熱面積の合計が25平方メートル以上のボイラーを取り扱った経験があるもの

⑥ 保安技術職員国家試験規則の汽かん係員試験に合格した者で，伝熱面積の合計が25平方メートル以上のボイラーを取り扱った経験があるもの

なお，②，③の実地修習とは，あらかじめ都道府県労働局に計画を提出し，所定の基準に従って実施したものでなければなりませんので，ご注意ください。

3．受験申請

受験申請は，試験を受けようとする安全衛生技術センターに行います。受験申請書と本人確認証明書等の必要書類，証明写真，試験手数料を直接センターに持参するか，これらの書類を簡易書留郵便で送付します（郵送の場合は，試験手数料はあらかじめ銀行振込等により行い，その払込証明書を受験申請書に貼付します。）。

受験申請書は，安全衛生技術試験協会，安全衛生技術センター，または当協会支部において無料で配布しています。

受験申請は，受験を希望する試験日の２か月前から受付けています。

受験申請書には一級ボイラー技士の受験資格を証明するための卒業証明書，免許証等の写しや，事業者証明を添付する必要があります。卒業証明書や免許等については，事業者の原本証明が必要ですので，ご注意ください。

詳細は，受験申請書用紙とともに配布されている「免許試験受験申請書とその作り方」をご覧いただくか，各センター及び安全衛生技術試験協会までお問い合わせください。

4．免許試験の科目・試験範囲・時間等

試験科目，試験範囲，出題数，試験時間は次のとおりです。試験方法は，５つの選択肢から正答を選び，マークシートに記入する方式です。

試験科目	試験範囲	出題数	試験時間
ボイラーの構造に関する知識	熱及び蒸気　種類及び型式　主要部品の構造　材料　据付け　附属設備及び附属品の構造　自動制御装置	10問	１時間
ボイラーの取扱いに関する知識	点火　使用中の留意事項　埋火　附属設備及び附属品の取扱い　ボイラー用水及びその処理　吹出し　損傷及びその防止方法　清浄作業　点検	10問	１時間
燃料及び燃焼に関する知識	燃料の種類　燃焼理論　燃焼方式及び燃焼装置　通風及び通風装置	10問	１時間
関係法令	労働安全衛生法，労働安全衛生法施行令及び安衛則中の関係条項　ボイラー則　ボイラー構造規格中の附属設備及び附属品に関する条項	10問	１時間

5．合格基準

一級ボイラー技士免許試験は，試験科目ごとの得点が40点以上であって，かつ，４科目の平均が60％以上のとき合格となります。

問１　強制循環式水管ボイラーの原理的な系統を示す次の図において，□内に入れるＡからＣまでの語句の組合せとして，適切なものは(1)～(5)のうちどれか。

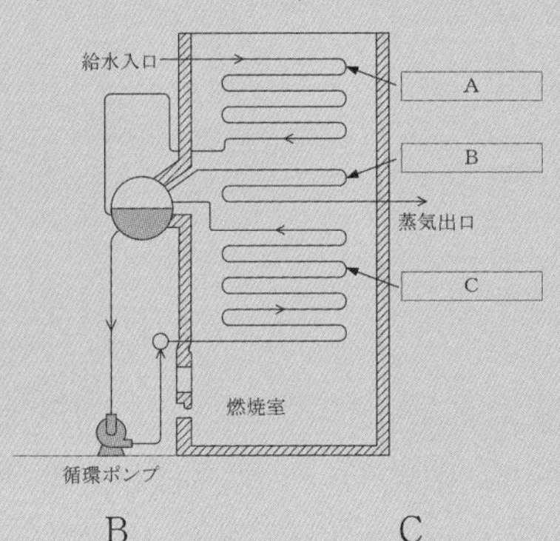

	A	B	C
(1)	水管	過熱器	エコノマイザ
(2)	水管	エコノマイザ	過熱器
(3)	過熱器	水管	エコノマイザ
(4)	エコノマイザ	過熱器	水管
(5)	エコノマイザ	水管	過熱器

〔解説〕　強制循環式水管ボイラーは，ボイラー水の循環回路中にポンプを設け，強制的にボイラー水の循環を行わせる形式である。図はその原理的な系統を示しており，蒸気ドラムからの水は循環ポンプによって管寄せを経て各水管に送られる。この形式は，ポンプによる強い循環力を与えられるので，水と気水混合物の密度差が少なくなって自然循環力の低下しがちな高圧ボイラーに適しており，また，水管を自由に配置したり，流路抵抗の大きい細い水管を用いたりすることができる。

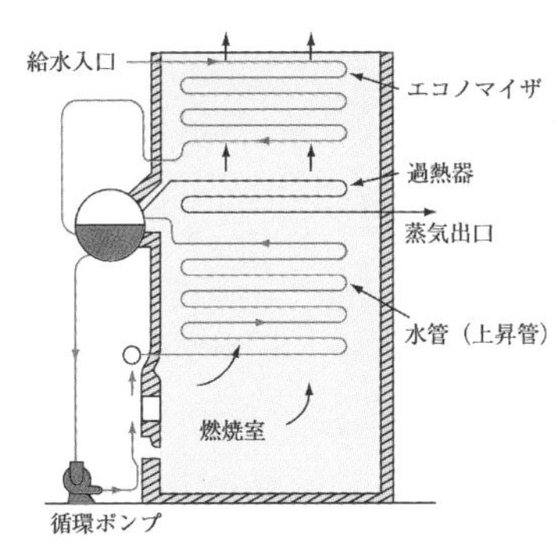

図　強制循環式水管ボイラーの系統

Ａはエコノマイザ，Ｂは過熱器，Ｃは水管なので，ＡからＣまでの語句の組合せとして適切なのは，(4)である。

〔答〕　(4)

〔ポイント〕　強制循環式水管ボイラーについて理解すること「教本1.4.3」。

問 2　次の状況で運転しているボイラーのボイラー効率の値に最も近いものは，(1)～(5)のうちどれか。

蒸発量…………………………… 5 t/h
発生蒸気の比エンタルピ……… 2790 kJ/kg
給水温度………………………… 24 ℃
燃料の低発熱量………………… 42 MJ/kg
燃料消費量……………………… 360 kg/h

(1)　74 %
(2)　79 %
(3)　84 %
(4)　89 %
(5)　94 %

〔解説〕　ボイラーの効率は，全供給熱量に対するボイラーの熱出力の割合であり，次の算定式で表すことができる。

$$\text{ボイラー効率（\%）} = \frac{\text{発生蒸気の熱量}}{\text{全供給熱量}} \times 100$$

$$= \frac{\text{蒸発量（蒸気の比エンタルピ}-\text{給水の比エンタルピ）}}{\text{燃料消費量}\times\text{燃料の低発熱量}} \times 100$$

ここで，蒸発量：5 t/h（5,000 kg/h）
蒸気の比エンタルピ：2,790 kJ/kg
給水の比エンタルピ：24×4,187＝100.5 kJ/h
燃料の低発熱量：42 MJ/kg
燃料消費量：360 kg/h

上式に数値を代入すれば，

$$\text{ボイラー効率} = \frac{5{,}000\ (2{,}790 - 100.5)}{(360 \times 42000)} \times 100$$
$$= 89.00\ \%$$

となり，問の(4)の89 %が最も近い値である。

〔答〕 (4)

〔ポイント〕　ボイラーの効率に関する算定方法を理解すること「教本1.2.3 (2)」。

問３　炉筒煙管ボイラーに関し，次のうち適切でないものはどれか。

(1)　ウェットバック式には，燃焼ガスが炉筒の内面に沿って前方に戻る方式のものがある。
(2)「戻り燃焼方式」の燃焼ガスは，炉筒前部から炉筒後部へ流れ，そして炉筒後部で反転して前方に戻る。
(3)　後部煙室が胴の後部鏡板の内にあるものをドライバック式といい，炉筒後部を鏡板に直接つないだものと，炉筒後面と鏡板を管ステーでつないだものがある。
(4)　エコノマイザや空気予熱器を設け，ボイラー効率が90 %以上に及ぶものがある。
(5)　煙管には，平滑管よりも熱伝達率の高いスパイラル管を用いているものが多い。

〔解説〕

(1), (2), (3)　炉筒煙管ボイラーの燃焼ガス反転部にウェットバック式とドライバック式がある。

ウェットバック式は炉筒のガス反転部が胴内部にあり，その周囲が水で囲まれている構造（湿式煙室）をいう（図(a), (b)）。一方，ドライバック式は，燃焼ガスの反転部が後部煙室（ガス側の乾式煙室）で反転するものをいう（図(c)）。

燃焼ガスがボイラーの前部から後部へ，また，後部から前部へと流れるその一つの流れを一般にパスと呼んでいる。例えば燃焼ガスが前から後へ，そして後から前へと流れるとこれを２パスと称している。

戻り燃焼ウェットバック式は炉筒の後部で燃焼ガスが反転するので，炉筒内が２パスになる（図 (a)）。

後部煙室が胴の後部鏡板の内部にあるものは，ウェットバック式なので，問の(3)の記述は適切でない。

(4)　この形式のボイラーは形体に比べて伝熱面が大きいため，効率がよく85～90 %のものがある。
(5)　煙管にはスパイラル管を用いて熱伝達率をあげたものが多い。

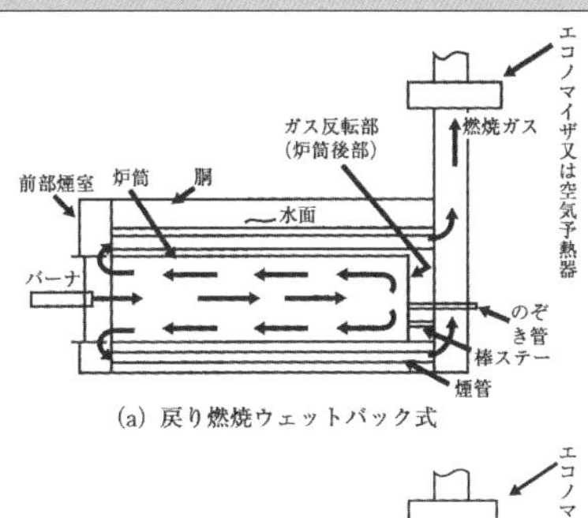

(a) 戻り燃焼ウェットバック式

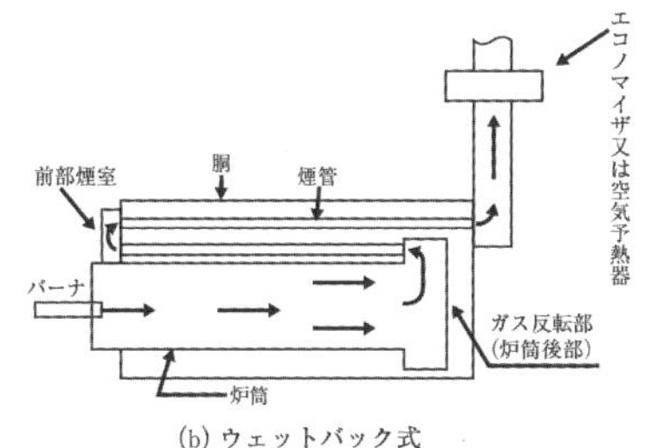

(b) ウェットバック式

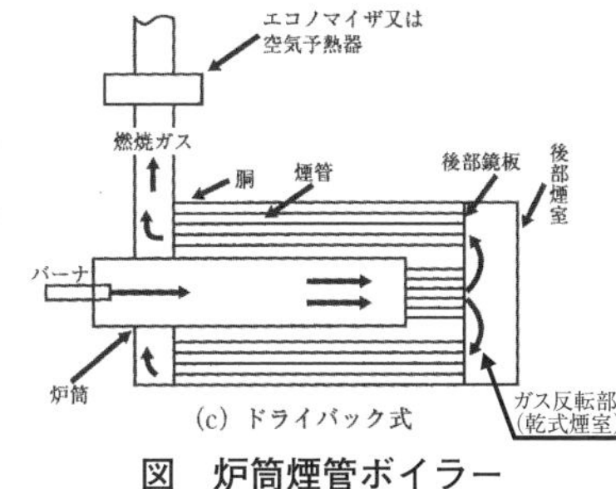

(c) ドライバック式

図　炉筒煙管ボイラー

〔答〕 (3)

〔ポイント〕　炉筒煙管ボイラーの構造と特徴を理解すること「教本1.3.5」。

問4　貫流ボイラーに関し，次のうち適切でないものはどれか。

(1)　細い管内で給水のほとんどが蒸発するので，十分な処理を行った水を使用しなければならない。
(2)　負荷変動により大きな圧力変動を生じやすいので，給水量や燃料量に対して応答の速い自動制御を必要とする。
(3)　給水量と燃料量の比が変化すると，ボイラー出口の蒸気温度が激しく変化する。
(4)　超臨界圧ボイラーでは，ボイラー水が水の状態から加熱され，沸騰状態を経て連続的に高温高圧蒸気の状態になる。
(5)　高圧大容量用として，また，急速起動を必要とする小形低圧用としても用いられる。

〔解説〕　大形貫流ボイラーの構造は，一連の長い管系だけから構成され給水ポンプによって一端から押し込まれた水が順次，予熱，蒸発，過熱され，他端から所要の過熱蒸気となって取り出される形式である。ドラムがなく管だけからなるため，高圧用に適している。また，貫流ボイラーでは，ズルツァボイラーのように水管が垂直以外にも水平，斜めに配置できる特徴を有している。

ただし，水の循環がなく，給水がそのまま細い管内で蒸発するから，特に十分な処理を行った水を使用しなければならない。構造上，伝熱面積当たりの保有水量が極めて少ないので起動はボイラーとして最も速いが，負荷変動によって大きい圧力変動が生じやすいので，応答の速い給水量及び燃料供給量の自動制御を必要とし，また，給水量と燃料量の比が変化すると，ボイラー出口蒸気温度の激しい変化となって現れる。

超臨界圧ボイラーでは，水の状態から沸騰現象を伴うことなく連続的に蒸気の状態に変化するので，水の循環がなく，また気水を分離するための蒸気ドラムを要しない貫流式の構造が採用される。

超臨界圧ボイラーでは，改訂教本1.2.2.図1.2.1の臨界点（K点）を超えた範囲で使用されるので，沸騰状態にはならない。

したがって，問の(4)の記述は適切でない。

なお，貫流ボイラーには，超臨界圧ボイラーのような高圧大容量のものから，業務用及び産業用プロセスで使われている小形低圧用の貫流ボイラーがある。

〔答〕　(4)

〔ポイント〕　貫流ボイラーの概要及び特徴について理解すること「教本1.4.4」。

問5 炉筒の構造及び強さに関するAからDまでの記述で，適切なもののみを全て挙げた組合せは，次のうちどれか。

A 炉筒は，燃焼ガスによって加熱され長手方向に膨張しようとするが，鏡板によって拘束されているため，炉筒板内部に引張応力が生じる。
B 炉筒の圧壊を防止するため，波形炉筒を用いたり，平形炉筒の外周に補強リングを溶接したりする。
C 平形炉筒では，一般に伸縮継ぎ手を溶接によって取り付ける。
D 波形炉筒は，平形炉筒に比べ，伝熱面積を大きくできるが，外圧に対する強度が低い。

(1) A，B，C
(2) A，C
(3) A，D
(4) B，C
(5) B，C，D

〔解説〕 炉筒は，燃焼ガスによって加熱され，長手方向に膨張しようとするが鏡板によって拘束されているため，炉筒板内部には圧縮圧力が生じる。

この熱応力を緩和するため，炉筒の伸縮を自由にしなければならない。このために鏡板に取り付けられるガセットステーと炉筒との間には，ブリージングスペースを設ける。

また，炉筒は，外圧を受けるので，真円度を保つ必要がある。真円度がないと外圧力により変形が増し圧壊を起こすおそれがある。炉筒は波形にするか，又は伸縮継手を設ける必要があり，炉筒には，その形状によって平形炉筒と波形炉筒がある。

(a) 平形炉筒：その大部分が同径の円筒形をなすもので，直径及び長さが増すにしたがい強度が減ずるため，外周を補強リング等で補強する。また，熱応力を緩和するため，各節の接合部分等には伸縮継手を溶接により取り付ける。

(b) 波形炉筒：表面が波形をしている炉筒で，特殊のロール又はプレス型を用いて製作される。次のような長所を有するため，最近の炉筒煙管ボイラーではほとんど波形炉筒が用いられている。

平形炉筒に比べ波形炉筒の長所は次の通りである。

① 外圧に対し強度が大である。
② 熱による伸縮が自由である。
③ 伝熱面積を大きくできる。

炉筒の鏡板への取付けは，図に示すものがあるが，一般には突合せ溶接（図(a)）によって行う。

AからDまでの記述で適切なもののみを全て挙げた組合せはBとCなので答えは(4)である。

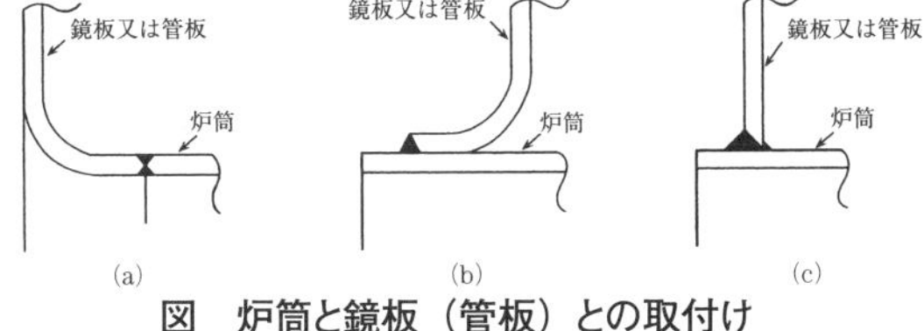

図 炉筒と鏡板（管板）との取付け

〔答〕 (4)

〔ポイント〕 炉筒など各部の構造と強度を理解すること「教本1.7.1，1.7.2，1.7.3」

問 6　空気予熱器に関し，次のうち適切でないものはどれか。

(1)　鋼板形の熱交換式空気予熱器は，鋼板を一定間隔に並べて端部を溶接し，1 枚おきに空気及び燃焼ガスの通路を形成したものである。
(2)　再生式空気予熱器は，金属製の管の中にアンモニア，水などの熱媒体を減圧して封入し，高温側で熱媒体を蒸発させ，低温側で熱媒体蒸気を凝縮させて，熱を移動させるものである。
(3)　再生式空気予熱器は，熱交換式空気予熱器に比べ，空気側とガス側との間に漏れが多いが，伝熱効率が良いためコンパクトな形状にすることができる。
(4)　空気予熱器を設置することにより燃焼効率が上がり，低空気比燃焼とすることができる。
(5)　空気予熱器の設置による通風抵抗の増加は，エコノマイザの設置による通風抵抗の増加より大きい。

〔解説〕
(1)　鋼板形は鋼板を一定間隔に並べて端部を溶接し，1 枚おきに空気及び燃焼ガスとの通路を形成したものである。
(2)，(3)再生式空気予熱器は，金属板の伝熱エレメントを円筒内に収め，この円筒を毎分 1 ～ 3 回で回転させることにより，熱ガスと空気を交互に接触させて伝熱を行うものである。特徴としては，コンパクトな形状にすることができるが，空気側とガス側との間に漏れが多い。
　ヒートパイプは金属製の管の中に，アンモニア，水などの熱媒体を減圧し封入し，高温側で熱媒体を蒸発させ低温側で熱媒体蒸気を凝縮させるものであり，蒸発潜熱の授受によって熱を移動させるもので，ヒートパイプにはフィン付き管を使用するため，この方式の空気予熱器はコンパクトで通風抵抗の少ないものとすることができる。
　したがって，(2)の記述は再生式空気予熱器ではなく，ヒートパイプ式空気予熱器の説明になっているので適切でない。
(4)　過剰空気量を少なくして低空気比の運転を行い，融点の高いバナジウム酸化物を生成するようにすることで高温腐食を抑制する。
(5)　空気予熱器を設置することにより燃焼空気温度が上昇するので，燃焼効率が増大し，過剰空気量が少なくてすむ。しかし，燃焼温度が上昇するため，NO_Xの発生が増加傾向にある。また，空気予熱器は煙道中にガス側と空気側両方に設置するので，エコノマイザよりも空気抵抗は大きくなる。

〔答〕 (2)

〔ポイント〕　空気予熱器には熱交換式，再生式及びヒートパイプ式がある。その構造と特徴を理解すること「教本1.8.4，2.5.3」。

問7　ボイラーのばね安全弁及び安全弁の排気管に関し，次のうち適切でないものはどれか。

(1)　安全弁の吹出し圧力は，安全弁が吹出し動作を開始したときの圧力で，吹下がり圧力と吹止まり圧力の和である。
(2)　安全弁軸心から安全弁の排気管中心までの距離は，できるだけ短くする。
(3)　安全弁の取付管台の内径は，安全弁入口径と同径以上とする。
(4)　安全弁は，蒸気流量を制限する構造によって，揚程式と全量式に分類される。
(5)　全量式安全弁は，弁座流路面積で吹出し面積が決まる。

〔解説〕

(1)，(4)，(5)ばね安全弁は，ばねを締めて，弁体を弁座に押し付けて気密を保つ構造となっており，吹出し圧力の調整は調整ボルトを締めたり，緩めたりして行う。

ボイラーの圧力が上昇すると，弁体が弁座から上がり，蒸気が吹き出す。閉弁位置から安全弁吹出し中の開弁位置までの弁体の軸方向の移動量をリフトという。

安全弁の形式は，蒸気流量を制限する構造（図）によって，揚程式と全量式に分類される。

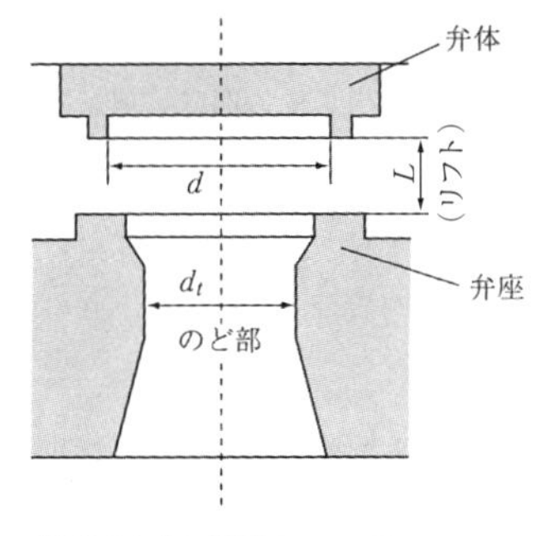

揚程式吹出し面積 $A_1 = \pi dL$
（弁座流路面積）
全量式吹出し面積 $A_f = \frac{\pi}{4} d_t^2$
（のど部の面積）
ここに
d：弁体側弁座口の内径
d_t：のど部の径
L：リフト

図　安全弁の吹き出し面積

①　揚程式

安全弁のリフトが弁座口の径の1/40以上1/4未満のもので，弁体が開いたときの流路面積の中で弁座流路（d）面積（弁体と弁座の間の面積，カーテン面積ともいう）が最小となるものをいう。揚程式の吹出し量は，弁座流路面積で決められる。

②　全量式

弁座流路面積が弁体と弁座との当たり面より下部におけるノズルののど部（dt）の面積より十分大きなものとなるようなリフトが得られるものをいう。

全量式の吹出し量は，のど部面積で決められる。

したがって，問の(5)の記述は適切でない。

(2)，(3)　排気管は，安全弁の性能に大きく影響するので，次のような取付け法とすること。

①　排気管の抵抗を小さくして安全弁の背圧を上げないようにする。
②　各部の熱膨張の影響を防ぐために，膨張継手を設けるなどする。
③　安全弁軸心から排気管中心までの距離は，なるべく短くして吹出し時に弁の取付管台に過大な力が掛からないようにする。
④　安全弁の取付管台の内径は，安全弁入口径と同径以上にする。
⑤　安全弁箱及び排気管底部には，ドレン抜きを設ける。ドレンが常に排出できるように，弁・コックは設けないこと。

〔答〕　(5)

〔ポイント〕　安全弁は，蒸気流量を制限する構造によって，揚程式と全量式に分類される「教本1.9.3」。

問8　給水系統装置に関し，次のうち適切でないものはどれか。

(1)　給水ポンプ過熱防止装置は，ポンプ吐出量を絞り過ぎた場合に，過熱防止弁などにより吐出しようとする水の一部を吸込み側に戻す装置である。
(2)　渦流ポンプは，羽根車の周辺に案内羽根のある遠心ポンプで，一般に低圧のボイラーの給水に用いられる。
(3)　ディフューザポンプは，その段数を増加することによって圧力を高めることができるので，高圧のボイラーには多段ディフューザポンプが適している。
(4)　給水弁にはアングル弁又は玉形弁が，給水逆止め弁にはリフト式，スイング式などの逆止め弁が用いられる。
(5)　給水弁と給水逆止め弁をボイラーに取り付ける場合は，給水弁をボイラーに近い側に，給水逆止め弁を給水ポンプに近い側に，それぞれ取り付ける。

〔解説〕

(1)　給水ポンプにおいて，ポンプ吐出量が減少しすぎた場合，また，ポンプを締切り運転した場合，ポンプ内の水が過熱するおそれが生じる。これを防止するため，過熱防止装置（過熱防止弁又はオリフィス）によりポンプの必要過熱防止水量を給水タンク等のポンプ吸込み側に戻す装置である。

(2)，(3)　遠心ポンプには，ディフューザポンプと渦巻ポンプがある。ディフューザポンプは羽根車の周辺に案内羽根を有し，高圧ボイラーに適している。

渦巻ポンプには案内羽根がなく，低圧ボイラー用に使用される。

特殊ポンプとして渦流ポンプは円周流ポンプとも呼ばれ，ポンプの回転円板の外周に溝を設けたもので小さい吐出流量で高い揚程が得られ，小容量のボイラーに用いられる。

したがって，(2)の記述は適切でない。

(4)，(5)　給水弁にはアングル弁又は玉形弁，給水逆止め弁にはスイング式又はリフト式が用いられる。給水弁と逆止め弁をボイラーに設ける場合には，給水弁をボイラーに近い側に，逆止め弁をポンプ側に取り付け，逆止め弁が故障の場合に，給水弁を閉止することによって，蒸気圧力をボイラーに残したまま修理することができるようにする。

〔答〕　(2)

〔ポイント〕　給水系統装置「教本1.9.6」及び水管理「教本3.4.6」について理解すること。

問９　温度検出器に関するＡからＤまでの記述で，適切なもののみを全て挙げた組合せは，次のうちどれか。

Ａ　バイメタル式温度検出器は，熱膨張率の異なる２種類の薄い金属板を張り合わせたバイメタルにより，接点をオンオフするもので，振動により誤差が出ることがあるが，直動式のため応答速度が速い。
Ｂ　溶液密封式温度検出器の感温体は，ボイラー本体に直接取り付ける場合と，保護管を用いて取り付ける場合がある。
Ｃ　測温抵抗体は，金属の電気抵抗が温度変化によって一定の割合で変化する性質を利用して温度を測定するもので，使用する金属には，温度に対する抵抗変化が一定であること，温度係数が小さいことなどの要件が必要である。
Ｄ　熱電対は，２種類の材質の異なる金属線の両端を接合し，閉回路を作ったもので，両端で温度差が生じると回路中にその金属固有の熱起電力が発生する原理を利用して，温度を測定するものである。

(1)　Ａ，Ｂ
(2)　Ａ，Ｂ，Ｄ
(3)　Ａ，Ｃ
(4)　Ｂ，Ｃ，Ｄ
(5)　Ｂ，Ｄ

〔解説〕
Ａ　バイメタル式温度検出器は，温度による熱膨張率の異なる２種類の薄い金属板を張り合わせたバイメタルが屈曲することで，接点をオンオフする（図１）。バイメタルは，帯状やつる巻き状で使用される。構造は簡単であるが，振動により誤差が出たり，直動式で応答速度が遅い。

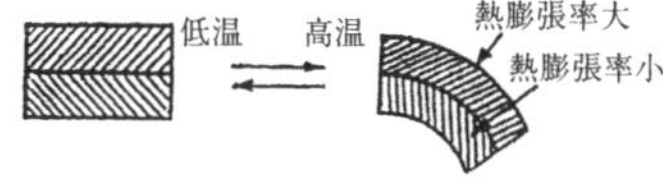

図１　バイメタルの原理

Ｂ　溶液密封式温度検出器の感温体は，直接ボイラー本体に取り付ける場合と，保護管を用いて取り付けるものもある。感温筒内の液体又は気体の温度による体積膨張を利用して，ブルドン管又はベローズの膨張伸縮により接点をオンオフする。感温部と可動部とは導管で離すことはできるが，次の問題がある。
・気体，液体の漏れによる劣化がある。
・経年劣化により，誤差が大きくなる。
・気圧による影響で，誤差が発生することがある。
保護管を用いて溶液密封式温度検出器の感温体をボイラー本体に取り付ける場合は，保護管内にシリコングリスなどを挿入して感度を良くする。
Ｃ　金属の電気抵抗は，温度によって一定の割合で変化する。この性質を利用して温度を測定するものが測温抵抗体で，原理的にはどの金属でも良いが，温度に対する抵抗変化が一定で互換性があること，温度係数が大きいことなど，種々の条件から実際に使用される金属は，おのずから限られたものになっている。
Ｄ　２種類の材質の異なる金属線の両端を接合し，図２のような回路を作り，一端を加熱するなどの方法でＴ１，Ｔ２間に温度差を生じさせると，回路中にその金属固有の熱起電力が発生する。この一対の金属線を熱電対という。

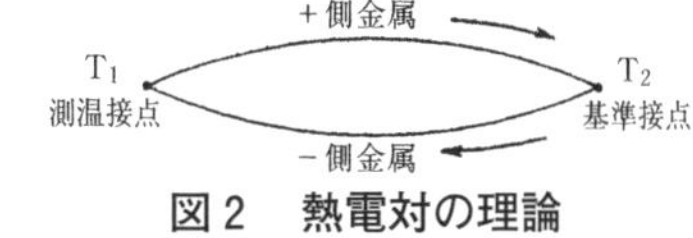

図２　熱電対の理論

したがって，ＡからＤまでの記述で適切なもののみを全て挙げた組合せはＢとＤなので答えは(5)である。

〔答〕(5)

〔ポイント〕　ボイラーの温度検出器について理解すること「教本1.10.5 (2)」。

問10　ボイラーの自動制御に関し，次のうち適切でないものはどれか。

(1)　シーケンス制御は，あらかじめ定められた順序に従って，制御の各段階を，逐次，進めていく制御である。
(2)　フィードバック制御は，出力側の信号を入力側に戻すことによって，制御量の値を目標値と比較し，それらを一致させるように訂正動作を行う制御である。
(3)　目標値と制御量の偏差，外乱などの情報に基づいて操作量を決定する制御は，フィードフォワード制御である。
(4)　比例動作は，比例帯の幅を小さくすると比例感度は高くなるが，余り小さく設定するとオン・オフ動作に近くなる。
(5)　比例動作は，制御偏差の大きさに比例して操作量を増減するように動作するものであるが，制御量が変化すると，制御量が設定値と異なった値で平衡するオフセットが生じる動作である。

〔解説〕
(1)　シーケンス制御とは，あらかじめ定められた順序に従って，制御の各段階を逐次進めていく制御である。
(2)，(3)　フィードバックとは，出力側の信号を入力側に戻すことをいい，フィードバック制御は，フィードバックによって制御量の値を目標値と比較し，それらを一致させるように訂正動作を行う制御をいう。
　フィードバック制御の欠点を補うために，フィードバック制御における各設定値の細かな調整や，外乱が生じ制御対象に影響を与える前に，外乱を検出し必要な操作量を加えるなどの工夫が必要である。
　ボイラー水位制御においては蒸気流量が増加して水面が下がる前に，蒸気流量の増加を検出して給水量を増加させる操作を行う。このように，目標値と制御量の偏差によらず外乱などの情報に基づいて操作量を決定する制御をフィードフォワード制御という。
　したがって，(3)の記述は適切でない。
(4)　比例動作は，偏差の大きさに比例して操作量を増減するように動作するもので，P動作ともいう。
　比例帯の幅を小さくすると比例感度は高くなるが，余り小さく設定するとオンオフ動作に近くなり，ハンチングを起こしたり，運転が短い周期で断続したりする。比例帯の幅は，制御対象の特性に応じて，できる限り大きくとることにより安定した制御を行うことができる。
　比例制御では制御量が変化すると，制御量が設定値と異なった値で平衡してしまう。この設定値との差をオフセットといい，これは制御動作が終了し定常状態に落ちついた後に残る制御偏差のことで，定常偏差又は残留偏差ともいう。
　オフセットは，比例動作においては避けることのできない現象である。オフセットの大きさは，比例帯の幅に比例し，比例帯を狭くすればオフセットを小さくすることができるが，比例帯を狭くするのには限度がある。

〔答〕 (3)

〔ポイント〕　ボイラーの自動制御について理解すること「教本1.10.3 (1)」。

■ 令和４年後期：ボイラーの構造に関する知識 ■

問１　熱及び蒸気に関し，次のうち誤っているものはどれか。

(1)　蒸発潜熱は，飽和水から飽和蒸気になるために費やされる熱量である。
(2)　圧力１MPa，温度180 ℃の乾き飽和蒸気を加熱して圧力１MPa，温度210 ℃の過熱蒸気にしたとき，この蒸気の過熱度は16.7 %である。
(3)　放射伝熱によって伝わる熱量は，高温物体の絶対温度の四乗と低温物体の絶対温度の四乗との差に比例する。
(4)　放射伝熱は，物体が保有する内部エネルギーの一部を電磁波の形で放出し，それが他の物体面に当たり吸収される熱移動である。
(5)　熱と仕事は共にエネルギーの形態で，熱量3.6 MJは，電気的仕事量１kWhに相当する。

〔解説〕

(1)　蒸発潜熱は，飽和水から飽和蒸気になるために費やされる熱量である。飽和蒸気の比エンタルピは，圧力によって変わり，臨界圧力で最小となる（図１）。また蒸発熱（潜熱）は，圧力が高くなるほど小さくなり，臨界点でゼロになる。

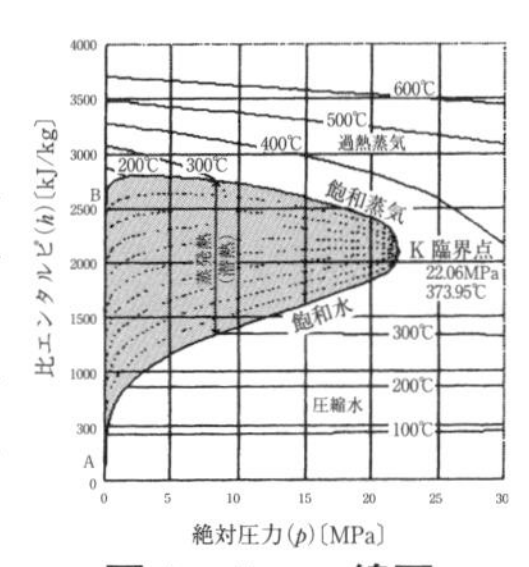

図１　*h*－*p* 線図

(2)　乾き飽和蒸気を更に加熱すると，温度は上昇し過熱蒸気となる。過熱蒸気の温度と同じ圧力の飽和蒸気の温度との差を過熱度という。その単位は，℃であり％ではない。
したがって，(2)の記述は誤りである。

(3), (4)　物体はその温度に応じて保有する内部エネルギーの一部を電磁波の形で放出する。この現象を熱放射という。この熱放射が他の物体面にあたり吸収されることによって生じる熱移動が放射伝熱である。
物体１の温度，伝熱面積をそれぞれT_1〔K〕，F_1〔m^2〕，物体２の温度をT_2〔K〕とすると，放射伝熱量Q〔W〕は次式で表される。

$$Q = Ce\ (T_1^4 - T_2^4)\ \phi_{12} F_1$$

式中のϕ_{12}は形態係数で，Ceは有効放射係数である。

(5)　熱と仕事はともにエネルギーの形態で，本質的に同等のものである。熱を仕事に変えることも，また，逆に仕事を熱に変えることもできる。これを熱力学の第一法則とよんでいる。
国際単位系では，熱も仕事も同一単位Jで表している。
電気的仕事量の単位kWhとJとの間には，次のような関係がある。
1 W＝1 J/sec
1 kWh＝1,000 W×3,600 sec＝3.6 MJ

〔答〕　(2)

〔ポイント〕　熱及び蒸気について理解すること「教本1.1.1，1.1.2，1.1.5」。

問２　ボイラーに使用する金属材料に関するＡからＤまでの記述で，正しいもののみを全て挙げた組合せは，次のうちどれか。

Ａ　鋳鋼は，大口径や高圧用の弁箱，その他形状が複雑なため機械加工が困難で鋳鉄では強度が不足する部品に使用される。
Ｂ　高炭素鋼は，硬化し，割れが発生しやすいので，ボイラーには主として炭素量0.5 ～ 0.8 %程度の軟鋼が使用される。
Ｃ　銅合金には，銅と亜鉛の合金の黄銅及び銅とすずの合金の青銅があるが，黄銅の方が鋳造しやすく，バルブ，コックなどに使用される。
Ｄ　合金鋼は，引張強さ，クリープ強さ，耐食性などを改善するために炭素鋼に適量のクロム，ニッケル，モリブデンなどを添加したもので，ボイラーに使用される合金鋼にはクロムモリブデン鋼などがある。

(1)　Ａ，Ｂ，Ｃ
(2)　Ａ，Ｃ，Ｄ
(3)　Ａ，Ｄ
(4)　Ｂ，Ｃ
(5)　Ｃ，Ｄ

〔解説〕
Ａ　ボイラーに使用される弁，その他形状が複雑なため加工が困難であり，また鋳鉄では十分な強度を保証し難い部品に使用される。鋳鋼の多くは，電気炉で溶製し，完全に脱酸した溶鋼を鋳型に注入し，凝固させて成形する。鋳造したままのものは著しくもろいので，950 ℃で焼なましをする。
Ｂ　ボイラー用材料としては，炭素鋼が最も多く使われている。炭素鋼の性質は，主として炭素によって定まり，炭素が多くなると強く硬くなり，展延性は減ずる。また，焼入性も増し，焼入硬度も高くなる。
　したがって，炭素量によって軟鋼，中鋼，硬鋼に大別されるが，ボイラーに使われるのは主として炭素量0.10 ～ 0.30 %程度の軟鋼である。
Ｃ　銅合金には黄銅（真ちゅうともいい，銅と亜鉛との合金である），青銅（銅とすずとの合金である）などがあり，後者のほうが鋳物をつくりやすく，ボイラー用としてバルブ，コックなどに多く用いられている。
Ｄ　引張強さ，クリープ強さのような性質を改善したり，又は耐食性のような特殊な性質を与えるために鉄と炭素以外の元素（ニッケル，クロム，モリブデン，マンガンなど）を適当量炭素鋼に添加した鋼材を合金鋼という。これらのクロム，ニッケル等の元素を10 %程度以下含むものを低合金鋼，それ以上含むものを高合金鋼と一般的にいわれている。ボイラーでは，高温強度，クリープ強さ，耐酸化性などの改善を目的としたモリブデン鋼，クロム・モリブデン鋼，クロム・ニッケル鋼，ステンレス鋼などが使用されている。
　正しい記述はＡとＤであり，したがって正しいもののみを全て挙げた組合せは(3)である。

〔答〕　(3)

〔ポイント〕　ボイラーに使用される金属材料について理解すること「教本1.2.4」。

問3　炉筒煙管ボイラーに関し，次のうち適切でないものはどれか。

(1)　戻り燃焼方式では，燃焼ガスが，炉筒前部から炉筒後部へ流れ，そして炉筒後部で反転して前方に戻る一連の流れを2パスと数える。
(2)　他の丸ボイラーに比べ，構造が複雑で内部は狭く，掃除や検査が困難なため，良質の水を供給することが必要である。
(3)　ウェットバック式には，燃焼ガスが炉筒の内面に沿って前方に戻る方式のものがある。
(4)　エコノマイザや空気予熱器を設けることは構造上可能であるが，ボイラー効率は80 %までである。
(5)　全ての組立てを製造工場で行い，完成状態で運搬できるパッケージ形式にしたものが多い。

〔解説〕

(1), (2), (3)　炉筒煙管ボイラーの燃焼ガス反転部にウェットバック式とドライバック式がある。

ウェットバック式は炉筒のガス反転部が胴内部にあり，その周囲が水で囲まれている構造（湿式煙室）をいう（図(a), (b)）。一方，ドライバック式は，燃焼ガスの反転部が後部煙室（ガス側の乾式煙室）で反転するものをいう（図(c)）。

燃焼ガスがボイラーの前部から後部へ，また，後部から前部へと流れるその一つの流れを一般にパスと呼んでいる。例えば燃焼ガスが前から後へ，そして後から前へと流れるとこれを2パスと称している。

この種のボイラーは，他の丸ボイラーに比べ，構造が複雑で内部は狭く，掃除や検査が困難であるが最近の適切な水処理技術により対処されている。

(4)　この形式のボイラーは形体に比べて伝熱面が大きいため，効率がよく85～90 %のものがある。

したがって，問の(4)の記述は適切でない。

(5)　炉筒煙管ボイラーは，コンパクトな形状で，据付けにれんが積みを必要としないので，すべての組立てを製造工場で行い，完成状態で運搬できるパッケージ形式にしたものが多い。

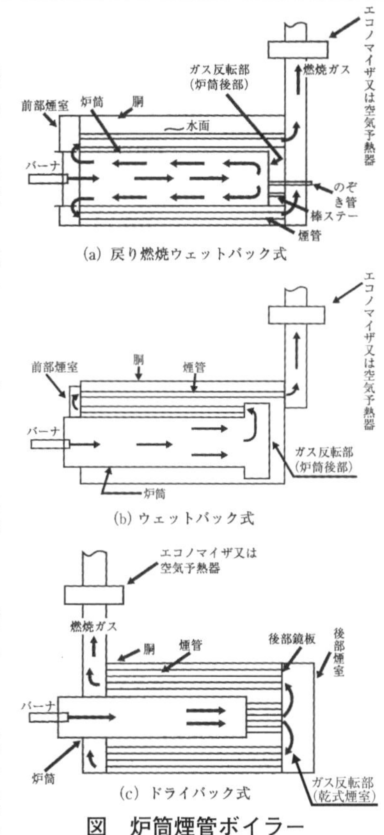

(a) 戻り燃焼ウェットバック式
(b) ウェットバック式
(c) ドライバック式
図　炉筒煙管ボイラー

〔答〕　(4)

〔ポイント〕　炉筒煙管ボイラーの構造と特徴を理解すること「教本1.3.5」。

問4　貫流ボイラーに関し，次のうち誤っているものはどれか。

(1)　一連の長い管系で構成され，給水ポンプによって一端から押し込まれた水が順次，予熱，蒸発，過熱され，他端から過熱蒸気となって取り出される型式のものがある。
(2)　負荷変動により大きな圧力変動を生じやすいので，給水量や燃料量に対して応答の速い自動制御を必要とする。
(3)　超臨界圧ボイラーでは，ボイラー水が水の状態から加熱され，沸騰状態を経て連続的に高温高圧蒸気の状態になる。
(4)　水管を，垂直以外にも水平や斜めに配置することができる。
(5)　給水量と燃料量の比が変化すると，ボイラー出口の蒸気温度が激しく変化する。

〔解説〕　大形貫流ボイラーの構造は，一連の長い管系だけから構成され給水ポンプによって一端から押し込まれた水が順次，予熱，蒸発，過熱され，他端から所要の過熱蒸気となって取り出される形式である。ドラムがなく管だけからなるため，高圧用に適している。また，貫流ボイラーでは，ズルツァボイラーのように水管が垂直以外にも水平，斜めに配置できる特徴を有している。

ただし，水の循環がなく，給水がそのまま細い管内で蒸発するから，特に十分な処理を行った水を使用しなければならない。構造上，伝熱面積当たりの保有水量が極めて少ないので起動はボイラーとして最も速いが，負荷変動によって大きい圧力変動が生じやすいので，応答の速い給水量及び燃料供給量の自動制御を必要とし，また，給水量と燃料量の比が変化すると，ボイラー出口蒸気温度の激しい変化となって現れる。

したがって，超臨界圧ボイラーでは，水の状態から沸騰現象を伴うことなく連続的に蒸気の状態に変化するので，水の循環がなく，また気水を分離するための蒸気ドラムを要しない貫流式の構造が採用される。

超臨界圧ボイラーでは，改訂教本1.2.2.図1.2.1の臨界点（K点）を超えた範囲で使用されるので，沸騰状態にはならない。

したがって，問の(3)の記述は誤りである。

また，貫流ボイラーには，超臨界圧ボイラーのような高圧大容量のものから，業務用及び産業用プロセスで使われている小形低圧用の貫流ボイラーがある。

〔答〕　(3)

〔ポイント〕　貫流ボイラーの概要及び特徴について理解すること「教本1.4.4」。

問５　鋳鉄製ボイラーに関するＡからＤまでの記述で，正しいもののみを全て挙げた組合せは，次のうちどれか。

Ａ　鋼製ボイラーに比べ，強度は弱いが腐食に強く，熱による不同膨張にも強い。
Ｂ　燃焼室の底面は，ほとんどがドライボトム式の構造になっている。
Ｃ　蒸気暖房用ボイラーでは，低水位事故を防止するために，ハートフォード式連結法が用いられる。
Ｄ　側二重柱構造のセクションでは，ボイラー水の循環において，燃焼室側の側柱が上昇管，外側の側柱が下降管の役割を果たしている。

(1)　Ａ，Ｂ
(2)　Ａ，Ｃ，Ｄ
(3)　Ｂ，Ｃ
(4)　Ｂ，Ｃ，Ｄ
(5)　Ｃ，Ｄ

〔解説〕
Ａ　鋳鉄製ボイラーは材料が鋳鉄でできており，鋼製に比べ腐食には強いが鋳鉄の性質上強度が弱く，また熱による不同膨張によって割れを生じやすいので，高圧及び大容量ボイラーには適さない。したがって，換算蒸発量は４t/h程度で，ボイラー効率は86～96％である。また，本体が鋳鉄製であることから，蒸気ボイラーは0.1 MPa以下，温水ボイラーでは0.5 MPa以下で温水温度は120 ℃以下に限られている。
Ｂ　鋳鉄製ボイラーは燃焼室の底面が築炉になっているドライボトム式と，燃焼室が全水冷壁セクション内にある完全密閉構造のウェットボトム式がある。最近では，ほとんどの鋳鉄製ボイラーはウェットボトム式である。ウェットボトム式は完全密閉構造であるため，放射熱を有効に吸収し高い蒸発率を示す。また，加圧通風方式で高負荷燃焼を可能としている。
Ｃ　鋳鉄製蒸気ボイラーでは，復水を循環して使用するのを原則とし，返り管を備えているので，給水管はボイラーに直接ではなく，この返り管に取り付けられる。また，蒸気暖房返り管は，万一，暖房配管中の水が空の状態になったときでも，ボイラーには少なくとも安全低水面近くまで，ボイラー水が残るような連結法が用いられる。これをハートフォード式連結法という。
Ｄ　鋳鉄製ボイラーの熱接触部は多数のスタッドのセクションの壁面で構成し，高い伝熱面負荷が得られる構造となっている。また，セクションは側柱を２本とした側二重柱構造とし，燃焼室側が上昇管，外側が下降管としての役割を担って，ボイラー水の循環を促進していると同時に補強の役目を持っている。

正しい記述はＣとＤであり，したがって，正しいもののみを全て挙げた組合せは(5)である。

〔答〕　(5)

〔ポイント〕　鋳鉄製ボイラーの構造と特徴を理解すること「教本1.5」。

問6　空気予熱器及びエコノマイザに関し，次のうち誤っているものはどれか。

(1)　空気予熱器を設置することにより燃焼効率は増大するが，NO_Xの発生が増加する傾向にある。
(2)　空気予熱器の設置による通風抵抗の増加は，エコノマイザの設置による通風抵抗の増加より大きい。
(3)　高効率化や燃焼改善のためエコノマイザと空気予熱器を併用する場合は，一般にボイラー，エコノマイザ，空気予熱器の順に配置する。
(4)　ヒートパイプ式空気予熱器は，金属製の管の中にアンモニア，水などの熱媒体を減圧して封入し，高温側で熱媒体を蒸発させ，低温側で熱媒体蒸気を凝縮させて，熱の移動を行わせるものである。
(5)　熱交換式空気予熱器は，再生式空気予熱器に比べ，空気側とガス側との間に漏れが多いが，コンパクトな形状にすることができる。

〔解説〕

(1)，(2)　空気予熱器を設置することにより燃焼空気温度が上昇するので，燃焼効率が増大し，過剰空気量が少なくてすむ。しかし，燃焼温度が上昇するため，NO_Xの発生が増加傾向にある。また，空気予熱器は煙道中にガス側と空気側両方に設置するので，エコノマイザよりも空気抵抗は大きくなる。
(3)　エコノマイザ及び空気予熱器は排ガス熱の回収のため，どちらかを単独に使用する場合が多い。しかし，高効率化，燃焼改善，低NO_X化のために両者を併用することもある。この場合，ボイラー，エコノマイザ，空気予熱器の順に配置するのが一般的である。
(4)　ヒートパイプは金属製の管の中に，アンモニア，水などの熱媒体を減圧し封入し，高温側で熱媒体を蒸発させ低温側で熱媒体蒸気を凝縮させるものであり，蒸発潜熱の授受によって熱を移動させるもので，ヒートパイプにはフィン付き管を使用するため，この方式の空気予熱器はコンパクトで通風抵抗の少ないものとすることができる。
(5)　再生式空気予熱器は，金属板の伝熱エレメントを円筒内に収め，この円筒を毎分１～３回で回転させることにより，熱ガスと空気を交互に接触させて伝熱を行うものである。特徴としては，熱交換量式空気予熱器に比べ，コンパクトな形状にすることができるが，空気側とガス側との間に漏れが多い。
　したがって，(5)の記述は誤りである。

〔答〕(5)

〔ポイント〕　空気予熱器には熱交換式，再生式及びヒートパイプ式がある。また，エコノマイザについて，その構造と特徴を理解すること「教本1.8.3，1.8.4，1.8.5」。

問7　ボイラーに使用する計測器に関し，次のうち誤っているものはどれか。

(1)　ブルドン管圧力計は，ブルドン管に圧力が加わると管の円弧が広がり，歯付扇形片が動いて小歯車を回転させ，その軸に取り付けた指針が大気圧との差圧を示す。
(2)　面積式流量計は，ケーシング内でだ円形歯車を2個組み合わせ，これを流体の流れによって回転させると，歯車とケーシング壁との間の空間部分の量だけ流体が流れ，流量が歯車の回転数に比例することを利用している。
(3)　差圧式流量計は，流体が流れている管の中にベンチュリ管又はオリフィスなどの絞り機構を挿入すると，流量がその入口と出口の差圧の平方根に比例することを利用している。
(4)　丸形ガラス水面計は，主として最高使用圧力1MPa以下の丸ボイラーなどに用いられる。
(5)　二色水面計は，光線の屈折率の差を利用した水面測定装置である。

〔解説〕

(1)　圧力計は一般的に，ブルドン管式のものが使用される。圧力計のブルドン管は扁平な管を円弧状に曲げ，その一端を固定し他端を閉じて自由に動けるようにしたもので，その先に歯付扇形片をかみ合わせる。ブルドン管に圧力が加わると，ブルドン管の円弧が広がり歯付扇形片が動くことを利用している。
(2)　面積式流量計は，垂直に置かれたテーパ管の中を流体が下から上に向かって流れると，テーパ管内に置かれたフロートを有する可動部は流量の変化に応じて上下する。フロートが上方に移動するほどテーパ管とフロートの間の環状面積が大きくなる。流量はこの環状面積に比例する。したがって，フロートの位置により流量を知ることができる。
　問の(2)の記述は，容積式流量計の説明なので誤りである。
(3)　差圧式流量計は，流体が流れている管の中にベンチュリ管(中央で細く絞られ，前後がラッパ状に開いた管)，又はオリフィスなどの絞り機構を挿入すると，入口と出口との間に圧力差を生じる。流量は差圧の平方根（$\sqrt{差圧}$）に比例するので，この差圧を測定することにより流量を知ることができる。
(4)，(5)　水面計の種類には丸形ガラス，平形反射式，平形透視式及び二色水面計などがある。
①　丸形ガラス水面形は，上下コックは胴，水柱管などにフランジ又はねじ込みによって取り付け，この上下のコック間に所要寸法の丸形ガラスを挿入して袋ナットで締めつけたものである。丸形ガラス水面計は，主として最高使用圧力1MPa以下の丸ボイラーなどに用いられる。
②　平形ガラス水面計は，丸形ガラス水面計のガラス管の代わりに平形ガラスを金属製の箱内に納めたものを用いるものである。この平形ガラスの裏面に三角の縦みぞを数条つくり，光の通過と反射の作用によって蒸気部は白く，水部は黒く見えるようにしたものである。圧力2.5 MPa以下のボイラーに使用できる。
③　二色水面計は，赤と緑の2光線を通過させ，光線の屈折率の差を利用し，蒸気部は赤色に，水部は緑色に見えるようにしたものである。

〔答〕　(2)

〔ポイント〕　各種計測器の原理について理解すること「教本1.9.2」。

問8　給水系統装置に関し，次のうち誤っているものはどれか。

⑴　給水ポンプ過熱防止装置は，ポンプ吐出量を絞り過ぎた場合に，過熱防止弁などにより吐き出ししようとする水の一部を吸込み側に戻す装置である。
⑵　渦巻ポンプは，円周流ポンプとも呼ばれているもので，小さい動力で高い揚程が得られ，小容量の蒸気ボイラーの給水に用いられる。
⑶　遠心ポンプは，湾曲した多数の羽根を有する羽根車をケーシング内で回転させ，遠心作用によって水に圧力及び速度エネルギーを与えるものである。
⑷　給水弁にはアングル弁又は玉形弁が，給水逆止め弁にはリフト式，スイング式などの逆止め弁が用いられる。
⑸　給水弁と給水逆止め弁をボイラーに取り付ける場合は，給水弁をボイラーに近い側に，給水逆止め弁を給水ポンプに近い側に，それぞれ取り付ける。

〔解説〕

⑴　給水ポンプにおいて，ポンプ吐出量が減少しすぎた場合，また，ポンプを締切り運転した場合，ポンプ内の水が過熱するおそれが生じる。これを防止するため，過熱防止装置（過熱防止弁又はオリフィス）によりポンプの必要過熱防止水量を給水タンク等のポンプ吸込み側に戻す装置である。

⑵，⑶　遠心ポンプには，ディフューザポンプと渦巻ポンプがある。
ディフューザポンプは羽根車の周辺に案内羽根を有し，高圧ボイラーに適している。
渦巻ポンプには案内羽根がなく，低圧ボイラー用に使用される。
特殊ポンプとして渦流ポンプは円周流ポンプとも呼ばれ，ポンプの回転円板の外周に溝を設けたもので小さい吐出流量で高い揚程が得られ，小容量のボイラーに用いられる。
したがって，円周流ポンプと呼ばれるものは過流ポンプであり⑵は誤りである。

⑷，⑸　給水弁にはアングル弁又は玉形弁，給水逆止め弁にはスイング式又はリフト式が用いられる。給水弁と逆止め弁をボイラーに設ける場合には，給水弁をボイラーに近い側に，逆止め弁をポンプ側に取り付け，逆止め弁が故障の場合に，給水弁を閉止することによって，蒸気圧力をボイラーに残したまま修理することができるようにする。

〔答〕⑵

〔ポイント〕給水系統装置について理解すること「教本1.9.6」。

問9　燃焼安全装置の主安全制御器の構成の一例を示す次の図において，□内に入れるAからCまでの語句の組合せとして，正しいものは(1)～(5)のうちどれか。

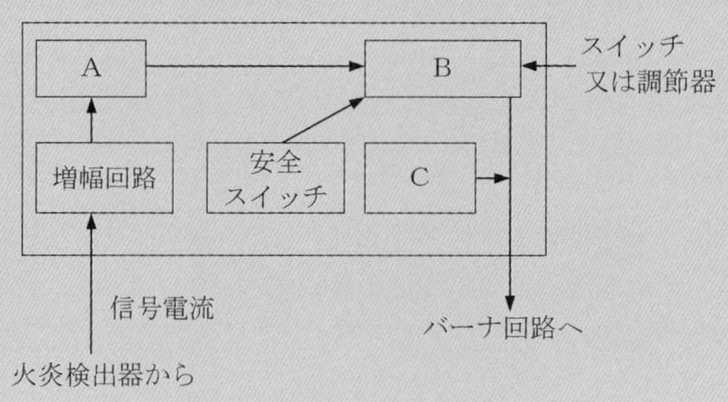

	A	B	C
(1)	フレームリレー	出力リレー	シーケンスタイマ
(2)	フレームリレー	シーケンスタイマ	出力リレー
(3)	出力リレー	シーケンスタイマ	フレームリレー
(4)	出力リレー	フレームリレー	シーケンスタイマ
(5)	シーケンスタイマ	出力リレー	フレームリレー

〔解説〕　主安全制御器は，図に示すように，出力リレー，フレームリレー，安全スイッチの主要部分から成る。

(a)　出力リレー（負荷リレー）

起動スイッチを押すか，又は温度，圧力などの調節器からバーナ起動の信号が出ると，まず最初にこのリレーが作動して，バーナモータ，点火燃料弁，点火変圧器などに電気信号が送られバーナを起動，停止する。

(b)　フレームリレー

増幅部（電子回路）を経由した火炎検出信号によって作動するリレーである。すなわち，火炎の有無をこのリレーの作動・復帰に変換させる。この場合，火炎が"無"の状態には火炎が完全に異常消失した場合だけでなく，燃焼状態の悪化で火炎検出器からの信号がある制限値以下に低下した場合も含まれる。

(c)　安全スイッチ

遅延動作形タイマの一種であり，バイメタルタイマ，電子式タイマ，モータタイマ（キープリレー付き）などがある。いったん，安全スイッチが作動すると，機械的な作動保持機構によって出力リレーの再作動を防ぎ，バーナの再起動ができないようにする。バーナを再起動させるためには，安全スイッチのボタン又はレバーを復帰操作して作動保持を人為的に解いてやらなければならない。

Aにはフレームリレー，Bには出力リレー，Cにはシーケンスタイマが入る。したがって，語句の組合せとして正しいものは，(1)である。

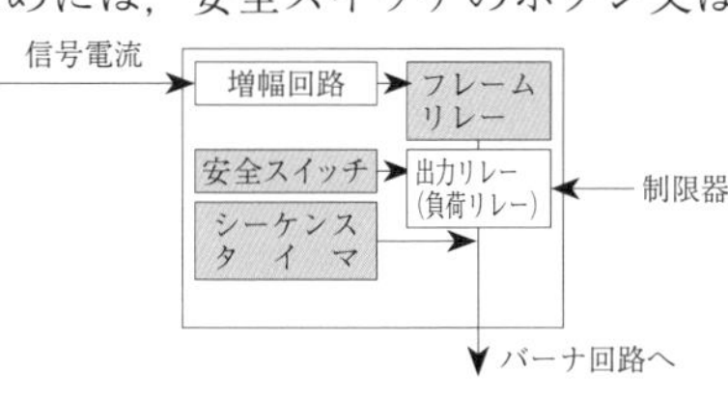

図　主安全制御器の構成

〔答〕　(1)

〔ポイント〕　燃焼安全装置の原理と特性を理解すること「教本1.10.6」。

問10　ボイラーの自動制御に関し，次のうち誤っているものはどれか。

(1)　フィードフォワード制御は，あらかじめ定められた順序に従って，制御の各段階を，順次，進めていく制御である。
(2)　フィードバック制御は，出力側の信号を入力側に戻すことによって，制御量の値を目標値と比較し，それらを一致させるように訂正動作を行う制御である。
(3)　ハイ・ロー・オフ動作は，操作量が三つの値のいずれかをとる３位置動作で，その三つの位置の一つをゼロとするものである。
(4)　比例動作は，制御偏差の大きさに比例して操作量を増減させるように働く動作で，Ｐ動作ともいう。
(5)　微分動作は，制御偏差が変化する速度に比例して操作量を増減させるように働く動作で，D動作ともいう。

〔解説〕

(1)，(2)　フィードバック制御の欠点を補うために，フィードバック制御における各設定値の細かな調整や，外乱が生じ制御対象に影響を与える前に，外乱を検出し必要な操作量を加えるなどの工夫が必要である。

　ボイラー水位制御においては蒸気流量が増加して水面が下がる前に，蒸気流量の増加を検出して給水量を増加させる操作を行う。このように，目標値と制御量の偏差によらず外乱などの情報に基づいて操作量を決定する制御をフィードフォワード制御という。

　したがって，(1)の記述は誤りである。

(3)　操作量が２つを超える値のいずれかの位置動作が，多位置制御で，段階を非常に多くすると比例動作による制御に近くなる。ハイ・ロー・オフ動作による制御は３つの位置の１つをゼロとした制御である。
(4)　比例動作は，偏差の大きさに比例して操作量を増減するように動作するもので，Ｐ動作ともいう。
(5)　微分動作は，偏差が変化する速度に比例して操作量を増減するように働く動作で，D動作ともいう。

〔答〕　(1)

〔ポイント〕　ボイラーの自動制御について理解すること「教本1.10.3(1)」。

問１　伝熱に関し，次のうち誤っているものはどれか。

(1)　固体壁の表面とそれに接する流体との間の熱移動を熱伝達という。
(2)　熱伝達によって伝わる熱量は，流体と固体壁表面との温度差及び伝熱する面積に比例する。
(3)　放射伝熱は，物体が保有する内部エネルギーの一部を電磁波の形で放出し，それが空間を隔てた他の物体面に当たり吸収される熱移動である。
(4)　放射伝熱によって伝わる熱量は，高温物体の絶対温度の四乗と低温物体の絶対温度の四乗との差に比例する。
(5)　水管の伝熱面の表面温度は，内部流体温度に近く，特に蒸発管などの水管での熱伝達率は低いので，内部流体温度より約20～30℃高い温度に維持される。

〔解説〕
(1)，(2)　金属壁の表面とそれに接する流体との間での熱移動を熱伝達といい，液体の沸騰又は蒸気の凝縮のように相変化をともなう場合の熱伝達率は極めて大きい。水の沸騰では α の値は20,000～50,000 W/（m^2・K）程度の値をとることができる。

熱伝達によって伝わる熱量 Q〔W〕は，流体の温度 t_f〔℃〕と壁の表面温度 t_w〔℃〕との差及び伝熱面積 F〔m^2〕に比例するとした次式で表すことができる（図）。

$Q=\alpha\ (t_f-t_w)\ F$

この式で定義される α〔W/（m^2・K）〕を熱伝達率という。

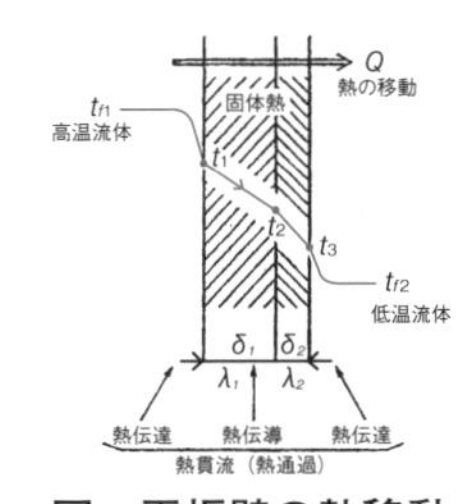

図　平板壁の熱移動

(3)，(4)　物体はその温度に応じて保有する内部エネルギーの一部を電磁波の形で放出する。この現象を熱放射という。この熱放射が他の物体面にあたり吸収されることによって生じる熱移動が放射伝熱である。

物体１の温度，伝熱面積をそれぞれ T_1〔K〕，F_1〔m^2〕，物体２の温度を T_2〔K〕とすると，放射伝熱量 Q〔W〕は次式で表される。

$Q=Ce\ (T_1^4-T_2^4)\ \phi_{12}F_1$

式中の ϕ_{12} は形態係数で，Ce は有効放射係数である。

(5)　蒸発管等の水管での沸騰熱伝達率は大きいので，水管の表面温度は内部流体よりも20～30℃程度高い温度に維持される。
したがって，問の(5)は誤りである。

〔答〕　(5)
〔ポイント〕　熱及び蒸気について理解すること「教本1.1.5」。

問2　次のような仕様のボイラーに使用される燃料の低発熱量の値に最も近いものは，(1)～(5)のうちどれか。

蒸発量……………………………… 5 t/h
発生蒸気の比エンタルピ………2780 kJ/kg
給水温度…………………………24 ℃
ボイラー効率……………………90 %
燃料消費量………………………370 kg/h

(1)　38.8 MJ/kg
(2)　39.2 MJ/kg
(3)　40.2 MJ/kg
(4)　41.7 MJ/kg
(5)　42.1 MJ/kg

〔解説〕　ボイラーの効率は，全供給熱量に対するボイラーの熱出力の割合であり，次の算定式で表すことができる。

$$\text{ボイラー効率（\%）}=\frac{\text{発生蒸気の熱量}}{\text{全供給熱量}}\times 100$$

$$=\frac{\text{蒸発量（蒸気の比エンタルピ－給水の比エンタルピ）}}{\text{燃料消費量}\times\text{燃料の低発熱量}}\times 100$$

ここで，蒸発量：5　t/h（5,000 kg/h）
蒸気の比エンタルピ：2,780 kJ/kg
給水の比エンタルピ：24×4,187＝100.5 kJ/h
ボイラー効率：90 %
燃料消費量：370 kg/h

上式を燃料の低発熱量を求める式に変形し，数値を代入すれば，

$$\text{低発熱量}=\frac{5{,}000\ (2{,}780-100.5)}{(370\times 90)}\times 100$$

$$=40.2\ \text{MJ/kg}$$

となり，問の(3)の40.2 MJ/kgが最も近い値である。

〔答〕　(3)

〔ポイント〕　ボイラーの効率に関する算定方法を理解すること「教本1.2.3 (2)」。

問3　炉筒煙管ボイラーに関するAからDまでの記述で，正しいもののみを全て挙げた組合せは，次のうちどれか。

A　他の丸ボイラーに比べ，構造が複雑で内部は狭く，掃除や検査が困難であるため，良質の水を供給することが必要である。
B　煙管には，スパイラル管を用いて熱伝達率を上げたものが多い。
C　ドライバック式は，後部煙室が胴の内部に設けられている。
D　加圧燃焼方式を採用し，燃焼室熱負荷を低くして燃焼効率を上げたものがある。

(1)　A，B
(2)　A，B，C
(3)　A，B，D
(4)　B，C
(5)　C，D

〔解説〕　炉筒煙管ボイラーは，主として圧力1MPa程度までの工場用や暖房用に用いられる。

コンパクトな形状で，すべての組立てを製造工場で行い，完成状態で運搬できるパッケージ形式にしたものが多い。他の丸ボイラーに比べ，構造が複雑で内部は狭く掃除や検査が困難なため，良質の給水が必要である。煙管には伝熱効果の大きいスパイラル管を用いているものが多い。煙道にエコノマイザや空気予熱器を設け，ボイラー効率が90％に及ぶものがある。

炉筒煙管ボイラーでは，加圧燃焼方式を採用し燃焼室熱負荷を高くしている。燃焼ガスが閉じられた炉筒後端で反転して前方に戻る戻り燃焼方式を採用し，さらに燃焼効率を高めたものがある。戻り燃焼方式では燃焼火炎が炉筒前部から炉筒後部へ流れ，そして炉筒後部で反転して前方に戻る一連の流れを2パスと数える。

燃焼ガス反転部にはウェットバック式とドライバック式がある。ウェットバック式は炉筒のガス反転部が胴内部にあり，その周囲が水で囲まれている構造をいう。ドライバック式は後部煙室が胴の後部鏡板の外側にある煙室構造をいう。

したがって，問のA，Bの記述が正しい。

〔答〕　(1)

〔ポイント〕　炉筒煙管ボイラーの構造と特徴を理解すること「教本1.3.5」。

問4　水管ボイラーに関し，次のうち誤っているものはどれか。

(1)　過熱器やエコノマイザを自由に配置できるほか，伝熱面積を大きくとることができ，一般にボイラー効率が高い。
(2)　一般に水冷壁構造であり，水冷壁管は，火炎からの強い放射熱を有効に吸収し，高い蒸発率を示す放射伝熱面になるとともに，炉壁を保護する。
(3)　蒸気ドラム１個と水ドラム２個の三胴形の形式のボイラーは，一般に大容量のボイラーに用いられる。
(4)　給水及びボイラー水の処理に注意を要し，特に高圧ボイラーでは厳密な水管理を行う必要がある。
(5)　12 MPa程度以上の高温高圧のボイラーでは，本体伝熱面が水冷壁管だけからなり，接触伝熱面となる水管群が全くないか，極わずかしかない放射ボイラーの形式となる。

〔解説〕
(1)，(2)，(4)　水管ボイラーは，一般に比較的小径のドラムと多数の水管とで構成され水管内で蒸発を行わせるようにできている。高圧にも適し大容量のものも製作可能であり，その特徴は，
①　構造上，高圧大容量にも適する。
②　燃焼室を自由な大きさに作ることができるので，燃焼状態がよく，また種々の燃料並びに燃焼方式に対して適応性がある。燃焼室の炉壁に用いられる水冷壁管は，火炎からの強い放射熱を吸収する放射伝熱面であり，また加圧燃焼にも適した強固な水冷壁構造となる（図１）。
③　伝熱面積を大きくとれるので，一般に熱効率が高い。
④　過熱器やエコノマイザの配置が自由にできる。
⑤　伝熱面積当たりの保有水量が少ないので，起動時間が短い。その反面，負荷変動により圧力や水位が変動しやすいので，きめ細かな調節を必要とする。特に高圧ボイラーでは，厳密な水管理が必要である。

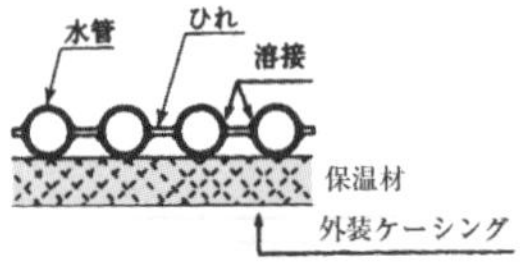

水管　ひれ　溶接　保温材　外装ケーシング

図１　パネル式水冷壁構造

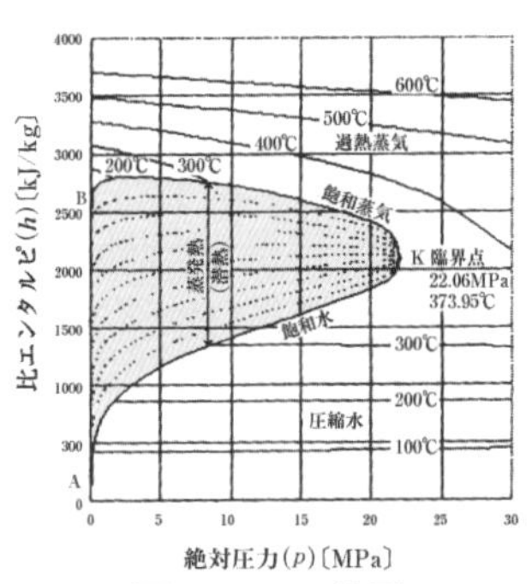

図２　$h-p$線図

(3)　自然循環式の中低圧のボイラーは，蒸気ドラム１個と水ドラム１個の２胴形のものや，蒸気ドラム１個と水ドラム２個の３胴形のものがあるが，２胴形のものが多く使われている。一般に３胴式は大容量のボイラーに使われない。
　したがって，問の(3)の記述は誤りである。
(5)　高温高圧ボイラーでは蒸発熱（潜熱）が小さくなるため，ボイラー本体での吸収熱量が少なくなるので（図２），その分，過熱器及びエコノマイザなどの吸収熱量を大きくすることができる。したがって，ボイラー本体は放射伝熱面だけからなり，接触伝熱面が全くないか，又はわずかしかない放射形ボイラーとなる。接触伝熱面部にはエコノマイザ及び対流形過熱器（火炉上部には放射形過熱器を設けたものもある）が設置される。
　12 MPa程度以上の大形自家発電用及び事業用火力発電所の高温高圧ボイラーでは，本体伝熱面は水冷壁管だけからなり，接触伝熱面となる水管群のない放射ボイラーの形式をとる。

〔答〕　(3)
〔ポイント〕　水管ボイラーの構造と特徴を理解すること「教本1.4.1，1.4.2」。

問5　ステーに関し，次のうち適切でないものはどれか。

(1)　ステーボルトは，煙管ボイラーの内火室板と外火室板などのように接近している平板の補強に使用される。
(2)　ガセットステーは，胴と鏡板に直接溶接によって取り付け，鏡板を胴で支える。
(3)　ガセットステーの配置に当たっては，ブリージングスペースを胴に設ける。
(4)　管ステーは，煙管よりも肉厚の鋼管を管板に，溶接又はねじ込みによって取り付ける。
(5)　管ステーをねじ込みによって火炎に触れる部分に取り付ける場合には，焼損を防ぐため端部をころ広げをし，縁曲げする。

〔解説〕　平鏡板（管板）部は，圧力に対し強度が小さく，かつ変形しやすいのでステーによって補強する必要がある。ステーには，棒ステー，管ステー，ステーボルト及びガセットステーがある。

(1)　ステーボルトは，両端にねじを切った短い丸棒で，板にねじ込んで両端をかしめて取り付ける。機関車形ボイラーの内外火室間などの補強を行う場合に使用され，知らせ穴をあけステーが切れた場合は，この穴から蒸気が噴出し危険を知らせるようになっている。

(2), (3)　炉筒は，燃焼ガスによって加熱され，長手方向に膨張しようとするが鏡板（管板）によって拘束されているため，炉筒板内部には圧縮応力が生じる。そのため，ガセットステーを胴と鏡板に溶接で取り付け，鏡板を胴で支えている（図1）。

その熱応力を緩和するため，炉筒の伸縮を自由にしなければならない。このため鏡板に取り付けられるガセットステーと炉筒との間にブリージングスペースを設ける（図1）。

このブリージングスペースには，ステーを設けてはならない。

ブリージングスペースは，胴に設けるものではない。

したがって，問の(3)の記述は適切でない。

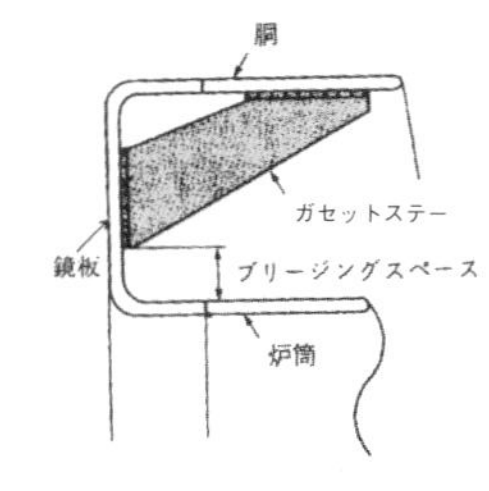

図1　ガセットステーの取付け図

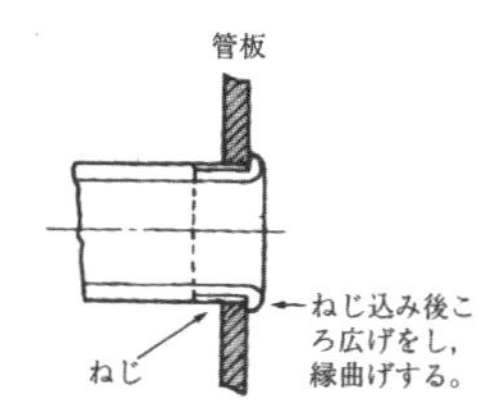

(a)　ねじ込みによる取付け

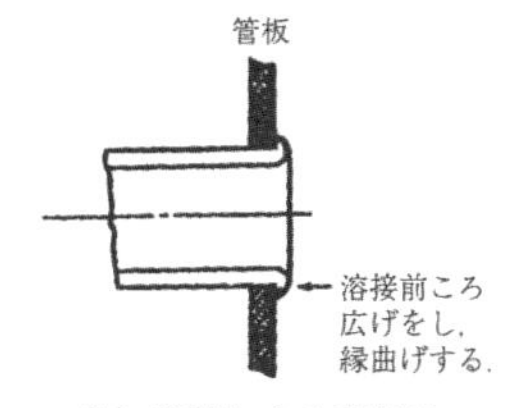

(b)　溶接による取付け

図2　管ステー取付け部
（火炎に触れる側）

(4), (5)　管ステーは煙管より肉厚の鋼管を使用して，管板にねじ込むか溶接によって取り付けられる。管板で火炎に触れる部分に管ステーを取り付ける場合は，端部を縁曲げしてこの部分の焼損を防ぐ（図2 (a), (b)）。また，管ステーは煙管と同様に伝熱管の役目を兼ねている。

〔答〕　(3)
〔ポイント〕　ステーの種類と取り付け方を理解すること「教本1.7.4」。

問6　ボイラーに使用する計測器に関し，次のうち誤っているものはどれか。

(1)　ブルドン管圧力計は，断面が扁（へん）平な管を円弧状に曲げたブルドン管に圧力が加わると，圧力の大きさに応じて円弧が広がることを利用している。
(2)　面積式流量計は，ケーシング内でだ円形歯車を2個組み合わせ，これを流体の流れによって回転させると，歯車とケーシング壁との間の空間部分の量だけ流体が流れ，流量が歯車の回転数に比例することを利用している。
(3)　差圧式流量計は，流体が流れている管の中にベンチュリ管又はオリフィスなどの絞り機構を挿入すると，流量がその入口と出口の差圧の平方根に比例することを利用している。
(4)　丸形ガラス水面計は，主として最高使用圧力1MPa以下の丸ボイラーなどに用いられる。
(5)　平形反射式水面計は，平形ガラスの裏面に三角の溝を設けたもので，水部は光線が通って黒色に見える。

〔解説〕
(1)　圧力計は一般的に，ブルドン管式のものが使用される。圧力計のブルドン管は扁平な管を円弧状に曲げ，その一端を固定し他端を閉じて自由に動けるようにしたもので，その先に歯付扇形片をかみ合わせる。ブルドン管に圧力が加わると，ブルドン管の円弧が広がり歯付扇形片が動くことを利用している。
(2)　面積式流量計は，垂直に置かれたテーパ管の中を流体が下から上に向かって流れると，テーパ管内に置かれたフロートを有する可動部は流量の変化に応じて上下する。フロートが上方に移動するほどテーパ管とフロートの間の環状面積が大きくなる。流量はこの環状面積に比例する。したがって，フロートの位置により流量を知ることができる。
　問の(2)の記述は，容積式流量計の説明なので誤りである。
(3)　差圧式流量計は，流体が流れている管の中にベンチュリ管(中央で細く絞られ，前後がラッパ状に開いた管)，又はオリフィスなどの絞り機構を挿入すると，入口と出口との間に圧力差を生じる。流量は差圧の平方根（$\sqrt{\text{差圧}}$）に比例するので，この差圧を測定することにより流量を知ることができる。
(4)，(5)　水面計の種類には丸形ガラス，平形反射式，平形透視式及び二色水面計などがある。
①　丸形ガラス水面形：上下コックは胴，水柱管などにフランジ又はねじ込みによって取り付け，この上下のコック間に所要寸法の丸形ガラスを挿入して袋ナットで締めつけたものである。丸形ガラス水面計は，主として最高使用圧力1MPa以下の丸ボイラーなどに用いられる。
②　平形ガラス水面計：丸形ガラス水面計のガラス管の代わりに平形ガラスを金属製の箱内に納めたものを用いるものである。この平形ガラスの裏面に三角の縦みぞを数条つくり，光の通過と反射の作用によって蒸気部は白く，水部は黒く見えるようにしたものである。圧力2.5 MPa以下のボイラーに使用できる。
③　二色水面計：赤と緑の2光線を通過させ，光線の屈折率の差を利用し，蒸気部は赤色に，水部は緑色に見えるようにしたものである。

〔答〕(2)
〔ポイント〕　各種計測器の原理について理解すること「教本1.9.2」。

問７　給水系統装置に関し，次のうち誤っているものはどれか。

(1)　給水ポンプ過熱防止装置は，ポンプ吐出量を絞り過ぎた場合に，過熱防止弁などにより吐き出ししようとする水の一部を吸込み側に戻す装置である。
(2)　ディフューザポンプは，その段数を増加することによって圧力を高めることができるので，高圧のボイラーには多段ディフューザポンプが用いられる。
(3)　渦流ポンプは，円周流ポンプとも呼ばれているもので，小容量の蒸気ボイラーなどの給水に用いられる。
(4)　脱気器は，化学的脱気法により主として給水中の溶存酸素を除去する装置で，加熱脱気器などがある。
(5)　給水弁と給水逆止め弁をボイラーに取り付ける場合は，給水弁をボイラーに近い側に，給水逆止め弁を給水ポンプに近い側に，それぞれ取り付ける。

〔解説〕
(1)　給水ポンプにおいて，ポンプ吐出量が減少しすぎた場合，また，ポンプを締切り運転した場合，ポンプ内の水が過熱するおそれが生じる。これを防止するため，過熱防止装置（過熱防止弁又はオリフィス）によりポンプの必要過熱防止水量を給水タンク等のポンプ吸込み側に戻す装置である。
(2), (3)　遠心ポンプには，ディフューザポンプと渦巻ポンプがある。ディフューザポンプは羽根車の周辺に案内羽根を有し，高圧ボイラーに適している。
　渦巻ポンプには案内羽根がなく，低圧ボイラー用に使用される。
　特殊ポンプとして渦流ポンプは円周流ポンプとも呼ばれ，ポンプの回転円板の外周に溝を設けたもので小さい吐出流量で高い揚程が得られ，小容量のボイラーに用いられる。
(4)　脱気は給水中に溶存している酸素（O_2），二酸化炭素（CO_2）を除去するものである。脱気法には，脱気器による物理的脱気法（機械的脱気法）と脱酸素剤で給水中の溶存酸素を除去する化学的脱気法がある。
　したがって，問の(4)の記述は誤りである。
(5)　給水弁にはアングル弁又は玉形弁，給水逆止め弁にはスイング式又はリフト式が用いられる。給水弁と逆止め弁をボイラーに設ける場合には，給水弁をボイラーに近い側に，逆止め弁をポンプ側に取り付け，逆止め弁が故障の場合に，給水弁を閉止することによって，蒸気圧力をボイラーに残したまま修理することができるようにする。

〔答〕 (4)

〔ポイント〕　給水系統装置「教本1.9.6」及び水管理「教本3.4.66」について理解すること。

問８　圧力制御用機器に関し，次のうち誤っているものはどれか。

⑴　電子式圧力センサは，シリコンダイアフラムで受けた圧力を封入された液体を介して金属ダイアフラムに伝え，その金属ダイアフラムの抵抗の変化を利用し，圧力を検出する。
⑵　オンオフ式蒸気圧力調節器は，蒸気圧力の変化によってベローズとばねが伸縮し，レバーが動いてマイクロスイッチなどを開閉する。
⑶　オンオフ式蒸気圧力調節器は，ベローズに直接蒸気が浸入しないように水を満たしたサイホン管を用いて取り付ける。
⑷　比例式蒸気圧力調節器は，一般にコントロールモータとの組合せにより，Ｐ動作によって蒸気圧力を調節するものである。
⑸　圧力制限器は，ボイラーの蒸気圧力，燃焼用空気圧力，燃料油圧力などが異常になったとき，直ちに燃料の供給を遮断する。

〔解説〕
⑴　電子式圧力のセンサには，ピエゾ抵抗式と呼ばれるものが多く使われている。ピエゾ抵抗とは，半導体結晶のシリコンで作られた薄いダイアフラムに圧力が加わると，ダイアフラムが変形して，ダイアフラム上の２点間の抵抗が変わることを圧力の検出に応用したものである。
　実際の圧力検出器では，シリコンダイアフラムに直接ボイラーの蒸気圧力は触れず，まず，金属ダイアフラムで圧力を受け，その力を封入された液体を介してシリコンダイアフラムに伝えている。すなわち，隔膜式としているため，空気圧，蒸気圧，水・油などの液体の圧力の測定も可能である。
　金属ダイアフラムの抵抗ではない。したがって，⑴の記述は誤りである。
⑵，⑶　オンオフ式蒸気圧力調節器は，定められた二つの信号のうちのいずれかの信号によるオンオフ動作によって，蒸気圧力を制御する調節器で，主に小容量のボイラーに使用される。圧力調節器には，蒸気圧力によって伸縮するベローズがあり，これをばねが押さえている。ばねは，ベローズ内の蒸気圧力の変化によって伸縮し，これが作動レバーを動かし，マイクロスイッチや水銀スイッチの接点を開閉し，バーナ発停の信号として燃料操作部に送られる。
⑷　比例式蒸気圧力調節器は，オンオフ式蒸気圧力調節器と同様に，中・小容量ボイラーの蒸気圧力調節器として多く使用される。この調節器は，一般にコントロールモータとの組合せにより，比例動作（Ｐ動作）によって蒸気圧力の調節を行うものである。
⑸　圧力制限器はボイラーの蒸気圧力，燃焼用空気圧力，油だきボイラーでは油圧，ガスだきボイラーではガス圧などが異常状態などになった場合，直ちに燃料の供給を遮断して，安全を確保するものである。

〔答〕　⑴

〔ポイント〕　制御用機器の原理と特性を理解すること「教本1.10.5」。

問9　ボイラーにおける燃焼安全装置の火炎検出器に関し，次のうち誤っているものはどれか。

(1)　火炎検出器は，火炎の有無又は強弱を検出し，電気信号に変換するもので，あらかじめ，定められた条件に適合する火炎だけを検出する。
(2)　フォトダイオードセルは，光起電力効果を利用したもので，形状・寸法が小形であり，ガンタイプ油バーナなどに多く用いられる。
(3)　整流式光電管は，光電子放出現象を利用したもので，油燃焼炎の検出に用いられるが，ガス燃焼炎には適さない。
(4)　紫外線光電管は，光電子放出現象を利用したもので，炉壁の放射による誤作動のおそれがあり，ガス燃焼炎の検出に用いられるが，油燃焼炎には適さない。
(5)　フレームロッドは，火炎の導電作用を利用したもので，ロッドの使用温度による制約があることから，点火用のガスバーナに多く用いられる。

〔解説〕
(1)　火炎検出器は燃焼状態を常に監視し，火炎の有無又は強弱を検出し，その信号をフレームリレーが受け，必要な信号に変換し，燃料遮断弁を開閉するものである（図）。

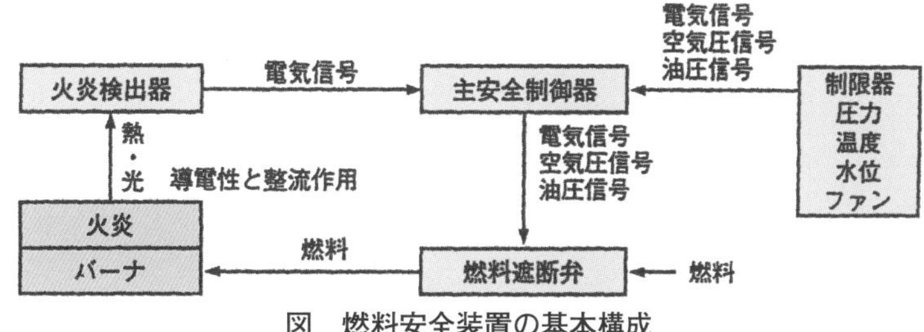

図　燃料安全装置の基本構成

(2)　フォトダイオードセルは，光起電力効果を利用したもので，分光感度特性は可視光線領域にわたっているので，ガス燃焼炎の検出には適さない。形状の寸法が小形であり，ガンタイプ油バーナに多く使用されている。
(3)　整流式光電管は，ある種の金属に光が照射されたとき，その金属面から光電子を放出する光電子放出現象を利用して火炎の検出を行うものである。分光感度特性は，波長が可視光線から赤外線領域にわたる範囲であり，油燃焼炎の検出に使用され，ガス燃焼炎には適していない。
(4)　紫外線光電管は，整流式光電管と同じ原理によって火炎の検出を行うものであるが，内部に不活性ガスを封入し，電子なだれの現象を発生させることによって検出感度を高めている。非常に感度がよく，安定していて，紫外線のうち特定範囲の波長だけを検出するので炉壁の放射による誤作動もなく，すべての燃料の燃焼炎に用いられる。
　したがって，問の(4)の記述は誤りである。正しくは，紫外線光電管式はすべての燃料の燃焼炎に用いられる。
(5)　火炎は，燃料と酸素との激しい化学反応であるが，この火炎の中に耐熱鋼を材質としたフレームロッドを挿入し電圧を加えると，火炎が存在している場合は電流が流れ，存在しない場合は電流が流れない。フレームロッドは，この火炎の導電作用を利用した検出器である。点火用ガスバーナに多く使用される。

〔答〕 (4)
〔ポイント〕　火炎検出器の原理と特性について理解すること「教本1.10.6 (3)」。

問10　シーケンス制御に使用される次の優先回路に関し，下の文中の[　　]内に入れるA～Eの語句又は記号の組合せとして，正しいものは(1)～(5)のうちどれか。

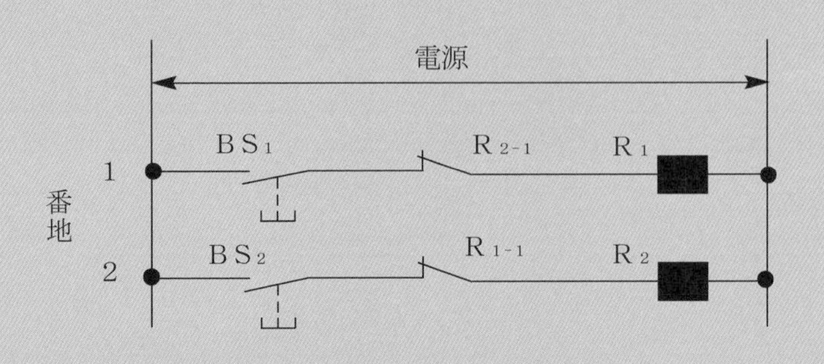

「ボタンスイッチ[　A　]を押すと，1番地に電流が流れ，電磁リレー[　B　]はコイルに電流が流れて作動し，2番地の電磁リレー接点$R_{1\text{-}1}$は[　C　]となる。

ここで，ボタンスイッチ[　D　]を押しても2番地には電流が流れず，電磁リレー[　E　]は作動しない。」

	A	B	C	D	E
(1)	BS_2	R_2	閉	BS_1	R_1
(2)	BS_2	R_2	開	BS_1	R_1
(3)	BS_1	R_2	閉	BS_2	R_1
(4)	BS_1	R_1	開	BS_2	R_2
(5)	BS_1	R_1	閉	BS_2	R_2

〔解説〕　シーケンス制御に使用される優先回路の一例の問題である。

BS_1とBS_2とのうち先に押した方の回路のリレーが作動し，後から押した方の回路リレーは作用しないようにしたものである。

したがって，正しい語句又は記号の組合せは，問の(4)である。

A：BS_1
B：R_1
C：開（R_{1-1}：ブレーク接点）
D：BS_2
E：R_2

〔答〕(4)

〔ポイント〕　シーケンス制御に使用される基本回路（自己保持回路と優先回路）について理解すること「教本1.10.2 (2)」。

■ 令和３年後期：ボイラーの構造に関する知識 ■

問１　伝熱に関するＡからＤまでの記述で，正しいもののみを全て挙げた組合せは，次のうちどれか。

Ａ　固体壁の表面とそれに接する流体との間の熱移動を熱伝導といい，液体の沸騰又は気の凝縮のように相変化を伴う場合の熱伝導率は極めて大きい。
Ｂ　平板壁の熱伝導によって伝わる熱量は，壁の両側面の温度差及び厚さに比例し，伝熱面積に反比例する。
Ｃ　放射伝熱によって伝わる熱量は，高温物体の絶対温度と低温物体の絶対温度との差の四乗に比例する。
Ｄ　固体壁を通した高温流体から低温流体への熱移動を熱通過又は熱貫流といい，一般に熱伝達及び熱伝導が総合されたものである。

(1)　Ａ，Ｂ
(2)　Ａ，Ｂ，Ｃ
(3)　Ａ，Ｃ，Ｄ
(4)　Ｃ，Ｄ
(5)　Ｄ

〔解説〕

Ａ　金属壁の表面とそれに接する流体との間での熱移動を熱伝達といい，液体の沸騰又は蒸気の凝縮のように相変化をともなう場合の熱伝達率は極めて大きい。水の沸騰では α の値は20,000～50,000 W/(m^2・K) 程度の値をとることができる。

熱伝達によって伝わる熱量Q〔W〕は，流体の温度t_f〔℃〕と壁の表面温度t_w〔℃〕との差及び伝熱面積F〔m^2〕に比例するとした次式で表すことができる（図）。

$$Q=\alpha\ (t_f-t_w)\ F$$

この式で定義される α〔W/(m^2・K)〕を熱伝達率という。熱伝導ではない。したがって，問のＡの記述は誤りである。

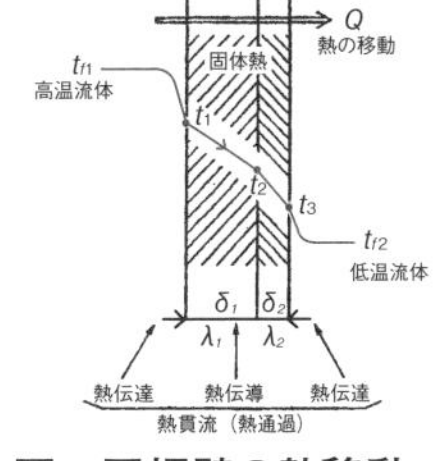

図　平板壁の熱移動

Ｂ　平板壁の熱伝導によって伝わる熱量（Q）は，次式で表わすことができる。

$$Q=\lambda\frac{t_1-t_2}{\delta}F$$

λ_1：熱伝導率　　δ_1：厚さ

(t_1-t_2)：温度差　　F_1：伝熱面積

この式から伝わる熱量は，温度差及び伝熱面積に比例し，厚さに反比例することがわかる。したがって，問のＢの記述は誤りである。

Ｃ　物体はその温度に応じて保有する内部エネルギーの一部を電磁波の形で放出する。この現象を熱放射という。この熱放射が他の物体面にあたり吸収されることによって生じる熱移動が放射伝熱である。

物体１の温度，伝熱面積をそれぞれT_1〔K〕,F_1〔m^2〕，物体２の温度をT_2〔K〕とすると，放射伝熱量Q〔W〕は次式で表される。

$$Q=Ce\ (T_1{}^4-T_2{}^4)\ \phi_{12}F_1$$

式中のϕ_{12}は形態係数で，Ceは有効放射係数である。

この式から伝わる熱量は，温度差の四条ではなく，絶対温度の四乗の差に比例する。したがって，問のＣの記述は誤りである。

Ｄ　図に示すとおり，熱伝達率及び熱伝導率が総合されたものを熱通過又は熱貫流という。

したがって，問のＤの記述は正しい。

〔答〕(5)

〔ポイント〕熱について理解すること「教本1.1.5」。

問2　次の状況で運転しているボイラーのボイラー効率の値に最も近いものは，(1)～(5)のうちどれか。

蒸発量…………………………… 5 t/h
発生蒸気の比エンタルピ…… 2780 kJ/kg
給水温度………………………… 24 ℃
燃料の低発熱量……………… 40 MJ/kg
燃料消費量…………………… 372 kg/h

(1)　86 %
(2)　88 %
(3)　90 %
(4)　92 %
(5)　94 %

〔解説〕　ボイラーの効率は，全供給熱量に対するボイラーの熱出力の割合であり，次の算定式で表すことができる。

$$\text{ボイラー効率（\%）}=\frac{\text{熱出力}}{\text{全供給熱量}}\times 100$$

$$=\frac{\text{蒸発量（蒸気の比エンタルピ}-\text{給水の比エンタルピ）}}{\text{燃料消費量}\times\text{燃料の低発熱量}}\times 100$$

ここで，蒸発量：5 t/h（5,000 kg/h）
蒸気の比エンタルピ：2,780 kJ/kg
給水の比エンタルピ：$24\times 4{,}187=100.5$ kJ/h
燃料の低発熱量：40 MJ/kg
燃料消費量：372 kg/h

上式に数値を代入すれば，

$$\text{ボイラー効率}=\frac{5{,}000\ (2{,}780-100.5)}{(372\times 40000)}\times 100$$
$$=90.03\ \%$$

となり，問の(3)の90 %が最も近い値である。

〔答〕(3)

〔ポイント〕　ボイラーの効率に関する算定方法を理解すること「教本1.2.3 (2)」。

問3　炉筒煙管ボイラーに関し，次のうち正しいものはどれか。

(1)　戻り燃焼方式では，燃焼ガスが炉筒後部から煙管を通って後部煙室に入り，別の煙管を通って前方に戻る。
(2)　燃焼ガスが，炉筒前部から炉筒後部へ流れるその一つの流れを一般に１パスと数える。
(3)　ウェットバック式では，後部煙室が胴の後部鏡板の外に設けられた構造である。
(4)　使用圧力は，主として10 MPa程度で，工場用又は暖房用として広く用いられている。
(5)　エコノマイザや空気予熱器を設けることは構造上可能であるが，ボイラー効率は80 %までである。

〔解説〕

(1)　炉筒煙管ボイラーの燃焼ガス反転部にウェットバック式とドライバック式がある。
　ウェットバック式は炉筒のガス反転部が胴内部にあり，その周囲が水で囲まれている構造（湿式煙室）をいう（図(a)，(b)）。一方，ドライバック式は，燃焼ガスの反転部が後部煙室（ガス側の乾式煙室）で反転するものをいう（図(c)）。
　したがって，問の(1)の記述は誤りである。

(2)　燃焼ガスがボイラーの前部から後部へ，また，後部から前部へと流れるその一つの流れを一般にパスと呼んでいる。例えば燃焼ガスが前から後へ，そして後から前へと流れるとこれを２パスと称している。
　したがって，問の(2)の記述は正しい。

(3)　ウェットバック式は炉筒のガス反転部が胴内部にあり，その周囲が水で囲まれている構造（湿式煙室）をいう。
　したがって，問の(3)の記述は誤りである。

(4)　炉筒煙管ボイラーは，ボイラー胴中に径の大きい炉筒及び煙管群を組み合わせてできている。また，炉筒煙管ボイラーは圧力１MPa程度までの工場用又は暖房用として広く用いられている。
　したがって，問の(4)の記述は誤りである。

(5)　この形式のボイラーは形体に比べて伝熱面が大きいため，効率がよく85～90 %のものがある。
　したがって，問の(5)の記述は誤りである。

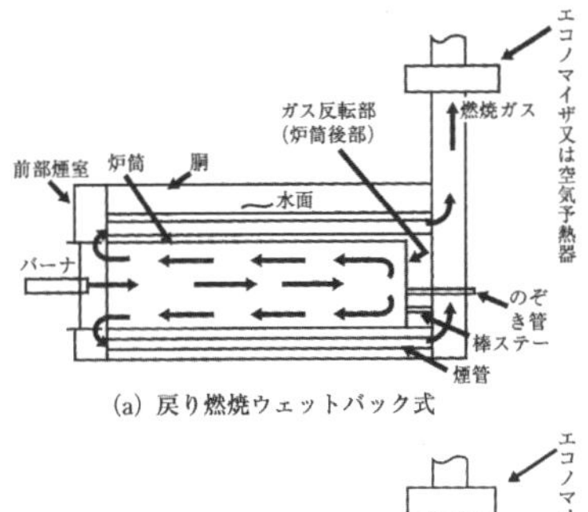

(a) 戻り燃焼ウェットバック式

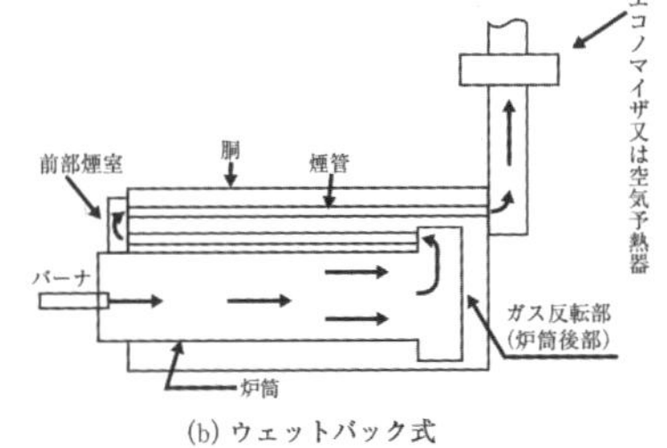

(b) ウェットバック式

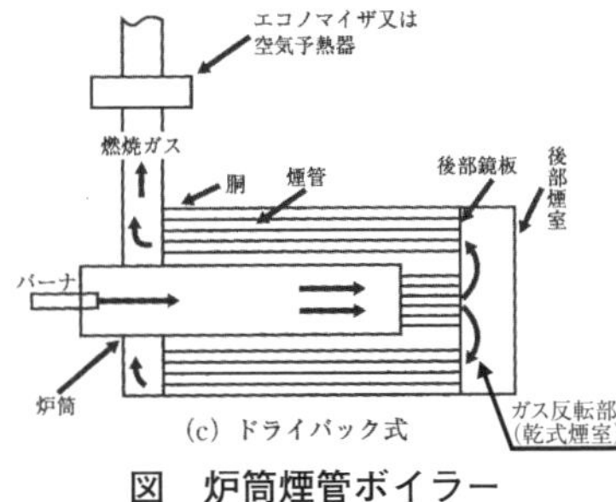

(c) ドライバック式

図　炉筒煙管ボイラー

〔答〕 (2)

〔ポイント〕 炉筒煙管ボイラーの構造と特徴を理解すること「教本1.3.5」。

問4　水管ボイラーに関し，次のうち適切でないものはどれか。

(1)　燃焼室を自由な大きさに作ることができるので燃焼状態が良く，種々の燃料及び燃焼方式に対して適応性がある。
(2)　一般に水冷壁構造であり，水冷壁管は，火炎からの強い放射熱を有効に吸収し，高い蒸発率を示す放射伝熱面になるとともに，炉壁を保護する。
(3)　蒸気ドラム１個と水ドラム２個の三胴形の形式のボイラーは，一般に大容量のボイラーに用いられる。
(4)　給水及びボイラー水の処理に注意を要し，特に高圧のボイラーでは厳密な水管理を行う必要がある。
(5)　高温高圧のボイラーでは，全吸収熱量のうち本体伝熱面の吸収熱量の割合が小さく，一般に伝熱面積の大きい過熱器が設けられる。

〔解説〕

(1), (2), (4)　水管ボイラーは，一般に比較的小径のドラムと多数の水管とで構成され水管内で蒸発を行わせるようにできている。高圧にも適し大容量のものも製作可能であり，その特徴は，

①　構造上，高圧大容量にも適する。
②　燃焼室を自由な大きさに作ることができるので，燃焼状態がよく，また種々の燃料並びに燃焼方式に対して適応性がある。燃焼室の炉壁に用いられる水冷壁管は，火炎からの強い放射熱を吸収する放射伝熱面であり，また加圧燃焼にも適した強固な水冷壁構造となる（図１）。
③　伝熱面積を大きくとれるので，一般に熱効率が高い。
④　伝熱面積当たりの保有水量が少ないので，起動時間が短い。その反面，負荷変動により圧力や水位が変動しやすいので，きめ細かな調節を必要とする。特に高圧ボイラーでは，厳密な水管理が必要である。

(3)　自然循環式の中低圧のボイラーは，蒸気ドラム１個と水ドラム１個の２胴形のものや，蒸気ドラム１個と水ドラム２個の３胴形のものがあるが，２胴形のものが多く使われている。一般に３胴式は大容量のボイラーに使われない。
　したがって，問の(3)の記述は誤りである。

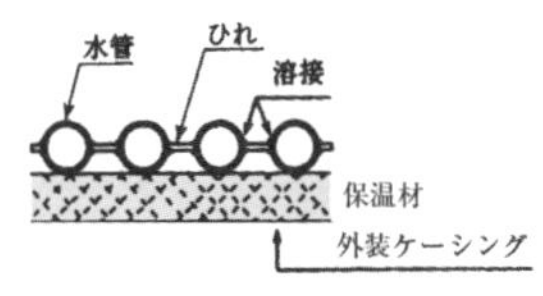

図１　パネル式水冷壁構造

(5)　高温高圧ボイラーでは蒸発熱（潜熱）が小さくなるため，ボイラー本体での吸収熱量が少なくなるので（図２），その分，過熱器及びエコノマイザなどの吸収熱量を大きくすることができる。したがって，ボイラー本体は放射伝熱面だけからなり，接触伝熱面が全くないか，又はわずかしかない放射形ボイラーとなる。接触伝熱面部にはエコノマイザ及び対流形過熱器（火炉上部には放射形過熱器を設けたものもある）が設置される。

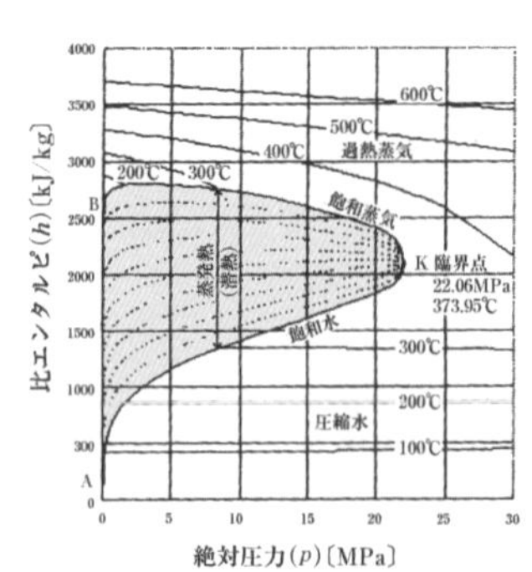

図２　h−p線図

〔答〕　(3)

〔ポイント〕　水管ボイラーの構造と特徴を理解すること「教本1.4.1，1.4.2」。

問５　鋳鉄製ボイラーに関し，次のうち適切でないものはどれか。

(1)　鋼製ボイラーに比べ，強度は弱いが腐食には強い。
(2)　蒸気ボイラーでは，復水を循環使用するのを原則とし，重力循環式の場合，返り管はボイラー本体後部セクションの安全低水面の少し下の位置に取り付ける。
(3)　側二重柱構造のセクションでは，ボイラー水の循環において，燃焼室側の側柱が上昇管，外側の側柱が下降管の役割を果たしている。
(4)　燃焼室の底面は，ほとんどがウェットボトム式の構造になっている。
(5)　暖房に温水ボイラーを使用する場合は，蒸気ボイラーを使用する場合に比べ，部屋ごとの温度調節が容易である。

〔解説〕

(1)　鋳鉄製ボイラーは材料が鋳鉄でできており，鋼製に比べ腐食には強いが鋳鉄の性質上強度が弱く，また熱による不同膨張によって割れを生じやすいので，高圧及び大容量ボイラーには適さない。したがって，換算蒸発量は4 t/h程度で，ボイラー効率は86～96 %である。また，本体が鋳鉄製であることから，蒸気ボイラーは0.1 MPa以下，温水ボイラーでは0.5 MPa以下で温水温度は120 ℃以下に限られている。

図　鋳鉄製ボイラーの構造図
（ウェットボトム式）

(2)　鋳鉄製蒸気ボイラーでは，復水を循環して使用するのを原則とし，返り管を備えているので，給水管はボイラーに直接ではなく，この返り管に取り付けられる。また，蒸気暖房返り管は，万一，暖房配管中の水が空の状態になったときでも，ボイラーには少なくとも安全低水面近くまで，ボイラー水が残るような連結法が用いられる。これをハートフォード式連結法という。

安全低水面の少し下ではない。したがって，問の(2)の記述は適切でない。

(3)　鋳鉄製ボイラーの熱接触部は多数のスタッドのセクションの壁面で構成し，高い伝熱面負荷が得られる構造となっている。また，セクションは側柱を２本とした側二重柱構造とし，燃焼室側が上昇管，外側が下降管としての役割を担って，ボイラー水の循環を促進していると同時に補強の役目を持っている（図）。

(4)　鋳鉄製ボイラーは燃焼室の底面が築炉になっているドライボトム式と，燃焼室が全水冷壁セクション内にある完全密閉構造のウェットボトム式がある。最近では，ほとんどの鋳鉄製ボイラーはウェットボトム式である。ウェットボトム式（図）は完全密閉構造であるため，放射熱を有効に吸収し高い蒸発率を示す。また，加圧通風方式で高負荷燃焼を可能としている。

(5)　温水暖房は，熱容量が大きいので，気温の変動により生じる部屋ごとの温度調節が放熱器付きバルブの調節により比較的やさしい。ボイラー運転もやさしい。

〔答〕　(2)

〔ポイント〕　鋳鉄製ボイラーの構造と特徴を理解すること「教本1.5」。

問6　ステーに関し，次のうち誤っているものはどれか。

(1)　ステーボルトは，煙管ボイラーの内火室板と外火室板などのように接近している平板の補強に使用される。
(2)　ステーボルトには，ステーが切れた場合に蒸気を噴出させ，異常を知らせるための「知らせ穴」を設ける。
(3)　炉筒煙管ボイラーの炉筒と鏡板の間のブリージングスペースには，ステーを設けて炉筒に生じる熱応力を緩和する。
(4)　管ステーは，煙管よりも肉厚の鋼管を管板に，溶接又はねじ込みによって取り付ける。
(5)　管ステーをねじ込みによって火炎に触れる部分に取り付ける場合には，焼損を防ぐため端部を縁曲げする。

〔解説〕　平鏡板（管板）部は，圧力に対し強度が小さく，かつ変形しやすいのでステーによって補強する必要がある。ステーには，棒ステー，管ステー，ステーボルト及びガセットステーがある。

(1), (2)　ステーボルトは，両端にねじを切った短い丸棒で，板にねじ込んで両端をかしめて取り付ける。機関車形ボイラーの内外火室間などの補強を行う場合に使用され，知らせ穴をあけステーが切れた場合は，この穴から蒸気が噴出し危険を知らせるようになっている。

(3)　炉筒は，燃焼ガスによって加熱され，長手方向に膨張しようとするが鏡板（管板）によって拘束されているため，炉筒板内部には圧縮応力が生じる。そのため，ガセットステーを胴と鏡板に溶接で取り付け，鏡板を胴で支えている（図1）。その熱応力を緩和するため，炉筒の伸縮を自由にしなければならない。このため鏡板に取り付けられるガセットステーと炉筒との間にブリージングスペースを設ける（図1）。このブリージングスペースには，ステーを設けてはならない。したがって，(3)の記述は誤りである。

(4), (5)　管ステーは煙管より肉厚の鋼管を使用して，管板にねじ込むか溶接によって取り付けられる。管板で火炎に触れる部分に管ステーを取り付ける場合は，端部を縁曲げしてこの部分の焼損を防ぐ（図2(a), (b)）。また，管ステーは煙管と同様に伝熱管の役目を兼ねている。

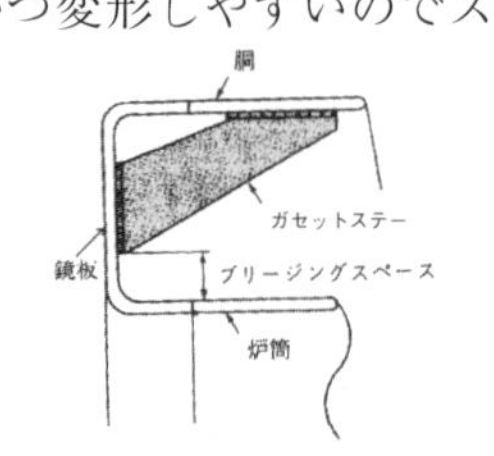

図1　ガセットステーの取付け図

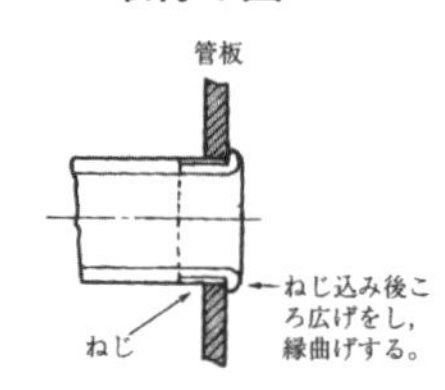

(a)　ねじ込みによる取付け

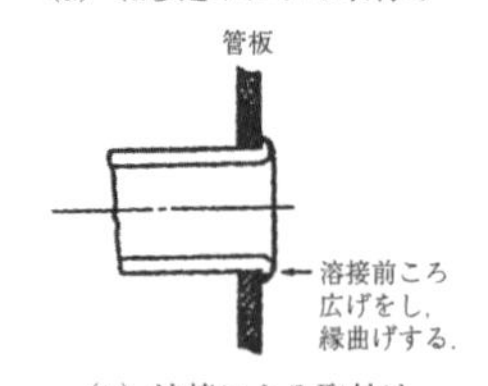

(b)　溶接による取付け

図2　管ステー取付け部（火炎に触れる側）

〔答〕　(3)

〔ポイント〕　ステーの種類と取り付け方を理解すること「教本1.7.4」。

問７　空気予熱器に関し，次のうち誤っているものはどれか。

(1)　空気予熱器を設置することにより過剰空気量が少なくてすみ，高温腐食を抑制することができる。
(2)　鋼板形の熱交換式空気予熱器は，鋼板を一定間隔に並べて端部を溶接し，１枚おきに空気及び燃焼ガスの通路を形成したものである。
(3)　再生式空気予熱器は，金属板の伝熱体を円筒内に収め，これを回転させ燃焼ガスと空気を金属板に交互に接触させて伝熱を行うものである。
(4)　ヒートパイプ式空気予熱器は，金属製の管の中にアンモニア，水などの熱媒体を減圧して封入し，高温側で熱媒体を蒸発させ，低温側で熱媒体蒸気を凝縮させて，熱を移動させるものである。
(5)　空気予熱器を設置すると，通風抵抗は増加するが，サーマルNO_xの発生を抑制することができる。

〔解説〕

(1)　高温腐食は通常，Ｃ重油又はアスファルトなどの重質油燃料を使用し，多くの場合，表面温度が600 ℃以上となる過熱器管に発生する。
　過剰空気量を少なくして低空気比の運転を行い，融点の低いバナジウム酸化物を生成されないようにすることで高温腐食を抑制する。
(2)　鋼板形は鋼板を一定間隔に並べて端部を溶接し，１枚おきに空気及び燃焼ガスとの通路を形成したものである。
(3)　再生式空気予熱器は，金属板の伝熱エレメントを円筒内に収め，この円筒を毎分１～３回で回転させることにより，熱ガスと空気を交互に接触させて伝熱を行うものである。特徴としては，コンパクトな形状にすることができるが，空気側とガス側との間に漏れが多い。
(4)　ヒートパイプは金属製の管の中に，アンモニア，水などの熱媒体を減圧し封入し，高温側で熱媒体を蒸発させ低温側で熱媒体蒸気を凝縮させるものであり，蒸発潜熱の授受によって熱を移動させるもので，ヒートパイプにはフィン付き管を使用するため，この方式の空気予熱器はコンパクトで通風抵抗の少ないものとすることができる。
(5)　空気予熱器を設置すると燃焼温度が上昇するため，NO_xの発生が増加する傾向にある。したがって，(5)の記述は誤りである。

〔答〕(5)

〔ポイント〕　空気予熱器には熱交換式，再生式及びヒートパイプ式がある。その構造と特徴を理解すること「教本1.8.4，2.5.3」。

問8　ボイラーに使用する計測器に関し，次のうち誤っているものはどれか。

(1)　ブルドン管圧力計は，断面が真円形の管をＵ字状に曲げ，その一端を固定し他端を閉じ，その先に歯付扇形片を取り付けて小歯車とかみ合わせたものである。
(2)　差圧式流量計は，流体が流れている管の中にベンチュリ管又はオリフィスなどの絞り機構を挿入すると，流量がその入口と出口の差圧の平方根に比例することを利用している。
(3)　容積式流量計は，ケーシング内で，だ円形歯車を２個組み合わせ，これを流体の流れによって回転させると，歯車とケーシング壁との間の空間部分の量だけ流体が流れ，流量が歯車の回転数に比例することを利用している。
(4)　平形反射式水面計は，ガラスの前面から見ると，水部は光線が通って黒色に見え，蒸気部は光線が反射されて白色に光って見える。
(5)　二色水面計は，光線の屈折率の差を利用したもので，蒸気部は赤色に，水部は緑色に見える。

〔解説〕
(1)　圧力計は一般的に，ブルドン管式のものが使用される。圧力計のブルドン管は扁平な管を円弧状に曲げ，その一端を固定し他端を閉じて自由に動けるようにしたもので，その先に歯付扇形片をかみ合わせる。ブルドン管に圧力が加わると，ブルドン管の円弧が広がり歯付扇形片が動くことを利用している。したがって，(1)の記述は誤りである。
(2)　差圧式流量計は，流体が流れている管の中にベンチュリ管(中央で細く絞られ，前後がラッパ状に開いた管)，又はオリフィスなどの絞り機構を挿入すると，入口と出口との間に圧力差を生じる。流量は差圧の平方根（√差圧）に比例するので，この差圧を測定することにより流量を知ることができる。
(3)　容積式流量計は，ケーシング内で組み合わせた２個のだ円形歯車を液体の流れによって回転させると，歯車とケーシング壁との間の空間部分の量だけ流体が流れ，流量が歯車の回転数に比例することを利用している。
(4)，(5)　水面計の種類には丸形ガラス，平形反射式，平形透視式及び二色水面計などがある。
①　平形反射式水面計：丸形ガラス水面計のガラス管の代わりに平形ガラスを金属製の箱内に納めたものを用いるものである。この平形ガラスの裏面に三角の縦みぞを数条つくり，光の通過と反射の作用によって蒸気部は白く，水部は黒く見えるようにしたものである。圧力2.5 MPa以下のボイラーに使用できる。
②　二色水面計：平形透視式水面計に赤と緑の２光線を通過させ，光線の屈折率の差を利用し，蒸気部は赤色に，水部は緑色に見えるようにしたものである。

〔答〕 (1)

〔ポイント〕　各種計測器の原理について理解すること「教本1.9.2」。

問9　圧力制御用機器に関し，次のうち誤っているものはどれか。

(1)　電子式圧力センサは，シリコンダイアフラムで受けた圧力を封入された液体を介して金属ダイアフラムに伝え，その金属ダイアフラムの抵抗の変化を利用し，圧力を検出する。
(2)　オンオフ式蒸気圧力調節器は，ベローズに直接蒸気が浸入しないように水を満たしたサイホン管を用いて取り付ける。
(3)　オンオフ式蒸気圧力調節器は，蒸気圧力の変化によってベローズとばねが伸縮し，レバーが動いてマイクロスイッチなどを開閉する。
(4)　比例式蒸気圧力調節器は，一般にコントロールモータとの組合せにより，設定した比例帯の範囲で蒸気圧力を調節する。
(5)　圧力制限器は，ボイラーの蒸気圧力，燃焼用空気圧力，燃料油圧力などが異常になったとき，直ちに燃料の供給を遮断する。

〔解説〕

(1)　電子式圧力のセンサには，ピエゾ抵抗式と呼ばれるものが多く使われている。ピエゾ抵抗とは，半導体結晶のシリコンで作られた薄いダイアフラムに圧力が加わると，ダイアフラムが変形して，ダイアフラム上の2点間の抵抗が変わることを圧力の検出に応用したものである。

実際の圧力検出器では，シリコンダイアフラムに直接ボイラーの蒸気圧力は触れず，まず，金属ダイアフラムで圧力を受け，その力を封入された液体を介してシリコンダイアフラムに伝えている。すなわち，隔膜式としているため，空気圧，蒸気圧，水・油などの液体の圧力の測定も可能である。

金属ダイアフラムの抵抗ではない。したがって，(1)の記述は誤りである。

(2), (3)　オンオフ式蒸気圧力調節器は，定められた二つの信号のうちのいずれかの信号によるオンオフ動作によって，蒸気圧力を制御する調節器で，主に小容量のボイラーに使用される。圧力調節器には，蒸気圧力によって伸縮するベローズがあり，これをばねが押さえている。ばねは，ベローズ内の蒸気圧力の変化によって伸縮し，これが作動レバーを動かし，マイクロスイッチや水銀スイッチの接点を開閉し，バーナ発停の信号として燃料操作部に送られる。

(4)　比例式蒸気圧力調節器は，オンオフ式蒸気圧力調節器と同様に，中・小容量ボイラーの蒸気圧力調節器として多く使用される。この調節器は，一般にコントロールモータとの組合せにより，比例動作によって蒸気圧力の調節を行うものである。

(5)　圧力制限器はボイラーの蒸気圧力，燃焼用空気圧力，油だきボイラーでは油圧，ガスだきボイラーではガス圧などが異常状態などになった場合，直ちに燃料の供給を遮断して，安全を確保するものである。

〔答〕 (1)

〔ポイント〕　制御用機器の原理と特性を理解すること「教本1.10.5」。

問10　温度検出器に関し，次のうち誤っているものはどれか。

(1)　バイメタル式温度検出器は，熱膨張率の異なる２種類の薄い金属板を張り合わせたバイメタルにより，接点をオンオフするもので，振動により誤差が出ることがあり，また，応答速度も遅い。
(2)　溶液密封式温度検出器は，感温体内の揮発性液体の温度変化による膨張・収縮を利用して，ベローズなどにより接点をオンオフするものである。
(3) 保護管を用いて溶液密封式温度検出器の感温体をボイラー本体に取り付ける場合は，保護管内にシリコングリスなどを挿入して感度を良くする。
(4) 測温抵抗体は，金属の電気抵抗が，温度によって一定の割合で変化する性質を利用して温度を測定するもので，使用する金属には，温度に対する抵抗変化が一定であること，温度係数が大きいことなどの要件が必要である。
(5) 熱電対は，２種類の材質の異なる金属線の両端を接合し，閉回路を作ったもので，両端を同一温度にすると回路中にその金属固有の熱起電力が発生する原理を利用して，温度を測定するものである。

〔解説〕

(1)　バイメタル式温度検出器は，温度による熱膨張率の異なる２種類の薄い金属板を張り合わせたバイメタルが屈曲することで，接点をオンオフする（図１）。バイメタルは，帯状やつる巻き状で使用される。構造は簡単であるが，振動により誤差が出たり，直動式で応答速度が遅い。

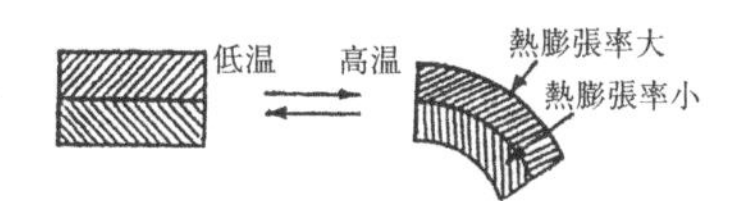

図１　バイメタルの原理

(2), (3)　溶液密封式温度検出器の感温体は，直接ボイラー本体に取り付ける場合と，保護管を用いて取り付けるものもある。感温筒内の液体又は気体の温度による体積膨張を利用して，ブルドン管又はベローズの膨張伸縮により接点をオンオフする。感温部と可動部とは導管で離すことはできるが，次の問題がある。

・気体，液体の漏れによる劣化がある。
・経年劣化により，誤差が大きくなる。
・気圧による影響で，誤差が発生することがある。

保護管を用いて溶液密封式温度検出器の感温体をボイラー本体に取り付ける場合は，保護管内にシリコングリスなどを挿入して感度を良くする。

(4)　金属の電気抵抗は，温度によって一定の割合で変化する。この性質を利用して温度を測定するものが測温抵抗体で，原理的にはどの金属でも良いが，温度に対する抵抗変化が一定で互換性があること，温度係数が大きいことなど，種々の条件から実際に使用される金属は，おのずから限られたものになっている。

(5)　２種類の材質の異なる金属線の両端を接合し，図２のような回路を作り，一端を加熱するなどの方法でT_1，T_2間に温度差を生じさせると，回路中にその金属固有の熱起電力が発生する。この一対の金属線を熱電対という。

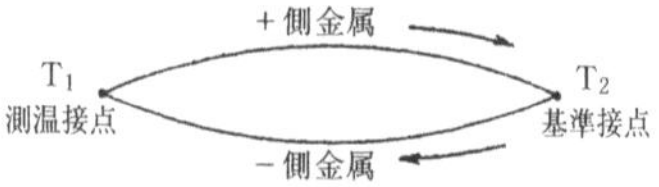

T_1 測温接点　＋側金属　T_2 基準接点　－側金属

図２　熱電対の理論

したがって，(5)の記述は誤りである。

〔答〕 (5)

〔ポイント〕　ボイラーの温度検出器について理解すること「教本1.10.5 (2)」。

問１　熱及び蒸気に関するＡからＤまでの記述で，正しいもののみを全て挙げた組合せは，次のうちどれか。

Ａ　蒸気タービンなどの蒸気原動機に，過熱度の高い過熱蒸気を使用すると，熱効率が向上するとともに，タービン翼の腐食などの故障を軽減することができる。

Ｂ　過熱蒸気は，飽和蒸気を更に加熱し，蒸気温度が飽和温度より高くなったもので，過熱蒸気の温度（℃）を同じ圧力の飽和蒸気の温度（℃）で除した値を過熱度という。

Ｃ　物体の比エンタルピは，物体の圧力に比例し，物体の比体積に反比例する。

Ｄ　熱と仕事は共にエネルギーの形態で，熱量3.6MJは，電気的仕事量１kWhに相当する。

⑴　Ａ，Ｂ，Ｄ
⑵　Ａ，Ｃ，Ｄ
⑶　Ａ，Ｄ
⑷　Ｂ，Ｃ
⑸　Ｂ，Ｄ

〔解説〕

Ａ，Ｂ　飽和蒸気を更に熱すると温度は上昇する。このように飽和温度より高い温度の蒸気を過熱蒸気という。ある圧力での飽和温度と過熱蒸気温度の差を過熱度という。蒸気タービンなどの蒸気原動機に過熱蒸気を使用すると，飽和蒸気を使用する場合より熱効率が向上し，使用後の蒸気の湿り度が少なくなり，タービン翼などの腐食，摩耗，破損などの障害が減少する。

したがって，Aの記述は正しく，Bの記述は誤りである。

Ｃ　物体の圧力をP〔Pa〕，体積をV〔m^3〕とするとき，内部エネルギーにPV を加えたものをエンタルピという。

したがって，Cの記述は誤りである。

Ｄ　熱と仕事はともにエネルギーの形態で，本質的に同等のものである。熱を仕事に変えることも，また，逆に仕事を熱に変えることもできる。これを熱力学の第一法則とよんでいる。

国際単位系では，熱も仕事も統一単位Jで表している。

電気的仕事量の単位kWhとJとの間には，次のような関係がある。

１W＝　１ J/sec

１kWh＝1,000 W×3,600 sec＝3.6 MJ

したがって，Dの記述は正しい。

〔答〕 ⑶

〔ポイント〕 熱及び蒸気について理解すること「教本1.1.1，1.1.2」。

問２　重油を燃料とするボイラーにおいて，蒸発量が毎時2t，ボイラー効率が90％であるとき，低発熱量が41MJ/kgの重油の消費量の値に最も近いものは，次のうちどれか。
　ただし，発生蒸気の比エンタルピは2780kJ/kg，給水の温度は24℃とする。

(1)　2 kg/h
(2)　145 kg/h
(3)　156 kg/h
(4)　205 kg/h
(5)　610 kg/h

〔解説〕　ボイラーの効率は，全供給熱量に対するボイラーの発生蒸気の熱量の割合であり，次の算定式で表すことができる。

$$ボイラー効率 = \frac{発生蒸気の熱量}{全供給熱量} \times 100\ (\%)$$

$$ボイラー効率 = \frac{蒸発量\ (蒸気の比エンタルピ - 給水の比エンタルピ)}{燃料消費量 \times 燃料の低発熱量} \times 100\ (\%)$$

　したがって，重油の消費量は，次の式で求めることができる。

$$重油の消費量 = \frac{蒸発量\ (蒸気の比エンタルピ - 給水の比エンタルピ)}{ボイラー効率 \times 燃料の低発熱量} \times 100\ (\%)$$

$$ボイラー効率 \times 燃料の低発熱量 = \frac{2000\ (2780 - 100.5)}{90 \times 41{,}000} \times 100\ (\%)$$

$$= 145.2\ \text{kg/h}$$

　ここで，蒸発量：２t/h＝2,000 kg/h
　　　　　給水の比エンタルピ：24×4.187＝100.5 kJ/kg
　　　　　燃料の低発熱量：41MJ/kg（41,000 kJ/kg）
　　　　　ボイラー効率：90 ％

　したがって，最も近い値は(2)　145 kg/h

〔答〕　(2)

〔ポイント〕　ボイラーの効率に関する算定方法を理解すること「教本1.2.3 (2)」。

問３　炉筒煙管ボイラーに関し，次のうち適切でないものはどれか。

(1)　水管ボイラーに比べ，伝熱面積当たりの保有水量が多いので，蒸気使用量の変動による水位変動が小さい。
(2)　内だき式のボイラーで，煙管には伝熱効果の高いスパイラル管を用いているものが多い。
(3)　ドライバック式は，後部煙室が胴の後部鏡板の外に設けられた構造である。
(4)　燃焼ガスが閉じられた炉筒後部で反転して前方に戻る「戻り燃焼方式」を採用し，燃焼室熱負荷を低くしたものがある。
(5)　圧力は，主として１MPa程度で，工場用又は暖房用として広く用いられている。

〔解説〕

(1)　丸ボイラーは，水管ボイラーと比較して，次のような特徴をもっている。
　①　構造が簡単で，設備費が安く，取扱いも容易である。
　②　高圧のものや，大容量のものには適しない。
　③　起動から蒸気発生までに時間がかかるが，負荷の変動による圧力・水位変動は少ない。
　④　同じ蒸発量のボイラーの場合は，保有水量が多く，破裂の際の被害が大きい。
(2)　煙管にはスパイラル管を用いて熱伝達率をあげたものが多い。
(3)　炉筒煙管ボイラーの燃焼ガス反転部にウエットバック式とドライバック式がある。
　ウエットバック式は炉筒のガス反転部が胴内部にあり，その周囲が水で囲まれている構造（湿式煙室）をいう（図(a)，(b)）。
　一方，ドライバック式は，燃焼ガスの反転部が後部煙室（ガス側の乾式煙室）で反転するものをいう（図(c)）。
(4)　戻り燃焼方式は，後端の閉じられた炉筒を用い，燃焼火炎が炉筒後部で反転して前方に戻るものをいう（図(a)）。パス数は，燃焼ガスが炉筒内で反転するので２パスとなる。しかし，燃焼室熱負荷は，戻り燃焼方式でもドライバック式，ウエットバック式と同じである。
　したがって，問の(4)の記述は誤りである。

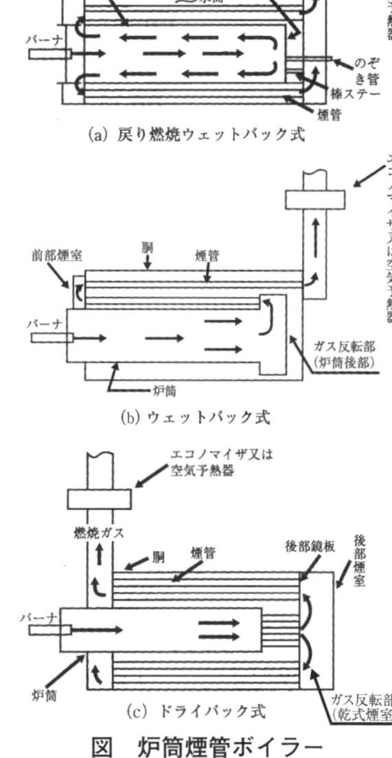

図　炉筒煙管ボイラー

(5)　炉筒煙管ボイラーは，ボイラー胴中に径の大きい炉筒及び煙管群を組み合わせてできている。また，炉筒煙管ボイラーは圧力１MPa程度までの工場用又は暖房用として広く用いられている。

〔答〕(4)
〔ポイント〕　炉筒煙管ボイラーの構造と特徴を理解すること「教本1.3.5」。

問４　貫流ボイラーに関し，次のうち誤っているものはどれか。

(1)　細い管内で給水のほとんどが蒸発するので，十分な処理を行った水を使用しなければならない。
(2)　垂直に配置された水管の一端から押し込まれた水が順次，他端から過熱蒸気となって取り出されるが，水管を水平や斜めに配置することはできない。
(3)　負荷変動により大きな圧力変動を生じやすいので，給水量や燃料量に対して応答の速い自動制御を必要とする。
(4)　給水量と燃料量の比が変化すると，ボイラー出口の蒸気温度が激しく変化する。
(5)　超臨界圧ボイラーでは，ボイラー水が水の状態から沸騰現象を伴うことなく連続的に蒸気の状態に変化する。

〔解説〕　大形貫流ボイラーの構造は，一連の長い管系だけから構成され給水ポンプによって一端から押し込まれた水が順次，予熱，蒸発，過熱され，他端から所要の過熱蒸気となって取り出される形式である。ドラムがなく管だけからなるため，高圧用に適している。また，貫流ボイラーでは，ズルツァボイラーのように水管が垂直以外にも水平，斜めに配置できる特徴を有している。

ただし，水の循環がなく，給水がそのまま細い管内で蒸発するから，特に十分な処理を行った水を使用しなければならない。構造上，伝熱面積当たりの保有水量が極めて少ないので起動はボイラーとして最も速いが，負荷変動によって大きい圧力変動が生じやすいので，応答の速い給水量及び燃料供給量の自動制御を必要とし，また，給水量と燃料量の比が変化すると，ボイラー出口蒸気温度の激しい変化となって現れる。

超臨界圧ボイラーでは，水の状態から沸騰現象を伴うことなく連続的に蒸気の状態に変化するので，水の循環がなく，また気水を分離するための蒸気ドラムを要しない貫流式の構造が採用される。

超臨界圧ボイラーでは，改訂教本1.2.2.図1.2.1の臨界点（K点）を超えた範囲で使用されるので，沸騰状態にはならない。

したがって，問の(2)の記述は誤りである。

なお，貫流ボイラーには，超臨界圧ボイラーのような高圧大容量のものから，業務用及び産業用プロセスで使われている小形低圧用の貫流ボイラーがある。

〔答〕　(2)

〔ポイント〕　貫流ボイラーの概要及び特徴について理解すること「教本1.4.4」。

問5　鋳鉄製ボイラーに関し，次のうち誤っているものはどれか。

(1)　鋼製ボイラーに比べ，強度は弱いが腐食には強い。
(2)　燃焼室の底面は，ほとんどがウェットボトム式の構造になっている。
(3)　蒸気ボイラーでは，給水管は，ボイラーに直接ではなく，返り管に取り付けられている。
(4)　熱接触部は，セクション壁面に多くのスタッドを取り付けることにより，伝熱面を増加させる構造となっている。
(5)　暖房用として，蒸気を使用する場合は，温水を使用する場合より熱容量が大きい。

〔解説〕

(1)　鋳鉄製ボイラーは材料が鋳鉄でできており，鋼製に比べ腐食には強いが鋳鉄の性質上強度が弱く，また熱による不同膨張によって割れを生じやすいので，高圧及び大容量ボイラーには適さない。したがって，換算蒸発量は4 t/h程度で，ボイラー効率は86～96％である。また，本体が鋳鉄製であることから，蒸気ボイラーは0.1 MPa以下，温水ボイラーでは0.5 MPa以下で温水温度は120 ℃以下に限られている。

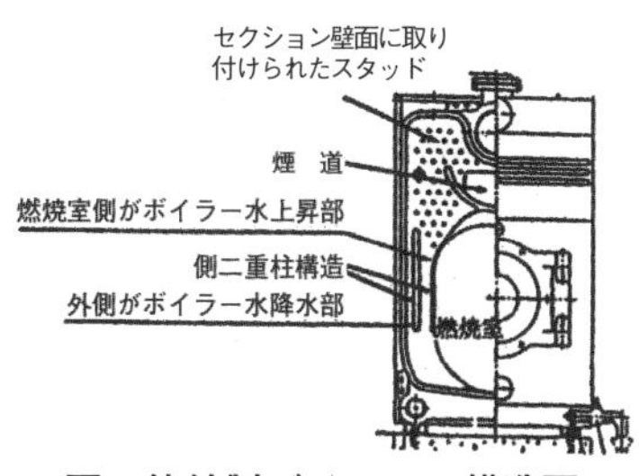

図　鋳鉄製ボイラーの構造図（ウェットボトム式）

(2)　鋳鉄製ボイラーは燃焼室の底面が築炉になっているドライボトム式と，燃焼室が全水冷壁セクション内にある完全密閉構造のウェットボトム式がある。最近では，ほとんどの鋳鉄製ボイラーはウェットボトム式である。ウェットボトム式（図）は完全密閉構造であるため，放射熱を有効に吸収し高い蒸発率を示す。また，加圧通風方式で高負荷燃焼を可能としている。

(3)　鋳鉄製蒸気ボイラーでは，復水を循環して使用するのを原則とし，返り管を備えているので，給水管はボイラーに直接ではなく，この返り管に取り付けられる。また，蒸気暖房返り管は，万一，暖房配管中の水が空の状態になったときでも，ボイラーには少なくとも安全低水面近くまで，ボイラー水が残るような連結法が用いられる。これをハートフォード式連結法という。

(4)　鋳鉄製ボイラーの熱接触部は多数のスタッドのセクションの壁面で構成し，高い伝熱面負荷が得られる構造となっている。また，セクションは側柱を2本とした側二重柱構造とし，燃焼室側が上昇管，外側が下降管としての役割を担って，ボイラー水の循環を促進していると同時に補強の役目を持っている（図）。

(5)　暖房用に蒸気を使用する場合，装置全体の熱容量が小さいので，始動の場合に予熱のための所要時間が比較的短い。したがって，冷えやすく，残業者がある場合には，ボイラー運転を止めにくい。

　したがって，問の(5)の記述は誤りである。

〔答〕　(5)

〔ポイント〕　鋳鉄製ボイラーの構造と特徴を理解すること「教本1.5」。

問6　ステーに関するAからDまでの記述で，正しいもののみを全て挙げた組合せは，次のうちどれか。

A　ステーボルトには，ステーが切れた場合に蒸気を噴出させ，異常を知らせるための「知らせ穴」を設ける。

B　ガセットステーは，胴と鏡板に溶接によって直接取り付け，鏡板を胴で支える。

C　炉筒煙管ボイラーの炉筒と鏡板の間のブリージングスペースには，ステーを設けて炉筒に生じる熱応力を緩和する。

D　管ステーには，十分な強度を持たせるため，煙管の役割をさせてはならない。

(1)　A，B　　　　(4)　B，C
(2)　A，B，C
(3)　A，B，D　　(5)　C，D

〔解説〕　平鏡板（管板）部は，圧力に対し強度が小さく，かつ変形しやすいのでステーによって補強する必要がある。ステーには，棒ステー，管ステー，ステーボルト及びガセットステーがある。

A，B，C　ステーボルトは，両端にねじを切った短い丸棒で，板にねじ込んで両端をかしめて取り付ける。機関車形ボイラーの内外火室間などの補強を行う場合に使用され，知らせ穴をあけステーが切れた場合は，この穴から蒸気が噴出し危険を知らせるようになっている。

炉筒は，燃焼ガスによって加熱され，長手方向に膨張しようとするが鏡板（管板）によって拘束されているため，炉筒板内部には圧縮応力が生じる。そのため，ガセットステーを胴と鏡板に溶接で取り付け，鏡板を胴で支えている（図1）。

その熱応力を緩和するため，炉筒の伸縮を自由にしなければならない。このため鏡板に取り付けられるガセットステーと炉筒との間にブリージングスペースを設ける（図1）。

このブリージングスペースには，ステーを設けてはならない。したがって，A，Bの記述は正しく，Cの記述は誤りである。

D　管ステーは煙管より肉厚の鋼管を使用して，管板にねじ込むか溶接によって取り付けられる。管板で火炎に触れる部分に管ステーを取り付ける場合は，端部を縁曲げしてこの部分の焼損を防ぐ（図2(a)，(b)）。また，管ステーは煙管と同様に伝熱管の役目を兼ねている。したがって，問のDの記述において，管ステーは煙管の役割をさせてはならないとあるのは誤りである。

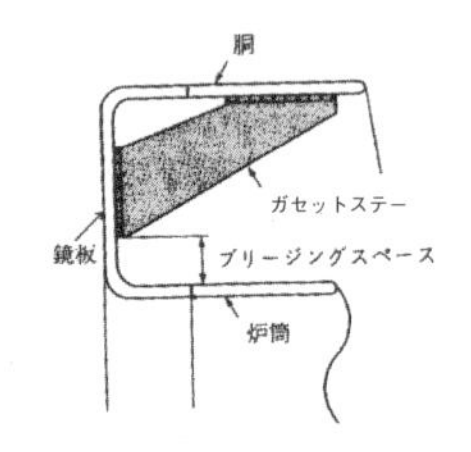

図1　ガセットステーの取付け図

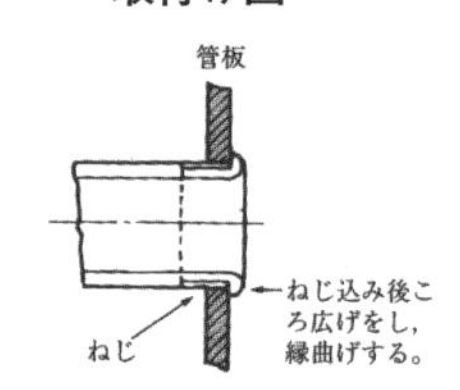

(a)　ねじ込みによる取付け

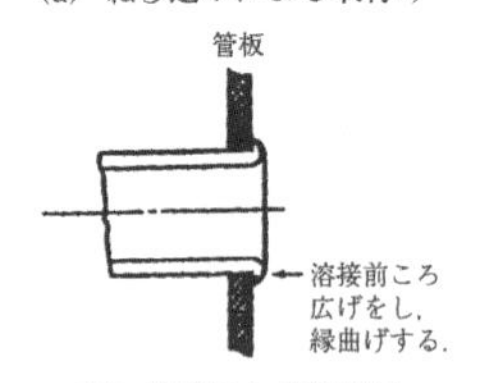

(b)　溶接による取付け

図2　管ステー取付け部（火炎に触れる側）

〔答〕　(1)

〔ポイント〕　ステーの種類と取り付け方を理解すること「教本1.7.4」。

問７　ボイラーの附属品及び附属装置に関し，次のうち適切でないものはどれか。

⑴　主蒸気弁は，蒸気の供給開始又は停止を行うため，ボイラーの蒸気取出し口又は過熱器の蒸気出口に設ける。
⑵　２基以上のボイラーが蒸気出口で同一管系に連絡している場合は，主蒸気弁の後に蒸気逆止め弁を設ける。
⑶　沸水防止管は，蒸気と水滴を分離するためのもので，低圧ボイラーの蒸気室に設けられる。
⑷　蒸気トラップは，蒸気の使用設備内にたまった不純物を自動的に回収するために設けられる。
⑸　主蒸気管の配置に当たっては，曲がり部に十分な曲率半径をもたせ，ドレンのたまる部分がないように傾斜をつけるとともに，要所に蒸気トラップを設ける。

〔解説〕
⑴　主蒸気弁（メインストップバルブ）は，送気の開始又は停止を行うため，ボイラーの蒸気取り出し口や過熱器の蒸気出口に取り付けられる弁である。
⑵　２基以上のボイラーが蒸気出口で同一管系に連絡している場合は，主蒸気弁の後に蒸気逆止め弁を設ける。
⑶　ボイラーの胴の内には，蒸気と水滴を分離するために沸水防止管が設けられている。
　沸水防止管は，ドラム，胴の蒸気室頂部に設けられ，多数の穴のあいたパイプ状のもので，蒸気に水滴が混じったものがこのパイプで反転することにより，水滴が分離される。比較的低圧のボイラーに用いられる。
⑷　蒸気トラップは，蒸気使用設備中にたまったドレンを自動的に排出する装置で，その作動原理は，①蒸気とドレンの密度差を利用，②蒸気とドレンの温度差を利用，③蒸気とドレンの熱力学的性質の差を利用したものがある。
　したがって，⑷の記述は誤りである。
　バケット式蒸気トラップは，①の蒸気とドレンの密度差を利用したものでドレンの存在が直接トラップ弁を駆動するので，作動のためのドレンの温度降下を待つ必要がなく，作動が迅速確実で信頼性が高い。
⑸　主蒸気管の伸縮を吸収するために曲がり部は十分な半径をもたせ，またドレンがたまらないように配管は先下りの傾斜をつけ，要所には蒸気トラップを設ける。

〔答〕　⑷

〔ポイント〕　ボイラーの附属品及び附属装置について理解すること「教本1.9.5」。

問8　給水系統装置に関し，次のうち誤っているものはどれか。

(1)　給水ポンプ過熱防止装置は，ポンプ吐出量を絞り過ぎた場合に，過熱防止弁などにより吐き出ししようとする水の一部を吸込み側に戻す装置である。
(2)　渦巻ポンプは，羽根車の周囲に案内羽根がなく，一般に低圧のボイラーに使用され，円周流ポンプとも呼ばれている。
(3)　遠心ポンプは，湾曲した多数の羽根を有する羽根車をケーシング内で回転させ，遠心作用によって水に圧力及び速度エネルギーを与えるものである。
(4)　給水弁にはアングル弁又は玉形弁が，給水逆止め弁にはリフト式，スイング式などの逆止め弁が用いられる。
(5)　給水弁と給水逆止め弁をボイラーに取り付ける場合は，給水弁をボイラーに近い側に，給水逆止め弁を給水ポンプに近い側に，それぞれ取り付ける。

〔解説〕

(1)　給水ポンプにおいて，ポンプ吐出量が減少しすぎた場合，また，ポンプを締切り運転した場合，ポンプ内の水が過熱するおそれが生じる。これを防止するため，過熱防止装置（過熱防止弁又はオリフィス）によりポンプの必要過熱防止水量を給水タンク等のポンプ吸込み側に戻す装置である。

(2)，(3)　遠心ポンプには，ディフューザポンプと渦巻ポンプがある。

ディフューザポンプは羽根車の周辺に案内羽根を有し，高圧ボイラーに適している。

渦巻ポンプには案内羽根がなく，低圧ボイラー用に使用される。

特殊ポンプとして渦流ポンプは円周流ポンプとも呼ばれ，ポンプの回転円板の外周に溝を設けたもので小さい吐出流量で高い揚程が得られ，小容量のボイラーに用いられる。

したがって，円周流ポンプと呼ばれるものは過流ポンプであり(2)は誤りである。

(4)，(5)　給水弁にはアングル弁又は玉形弁，給水逆止め弁にはスイング式又はリフト式が用いられる。給水弁と逆止め弁をボイラーに設ける場合には，給水弁をボイラーに近い側に，逆止め弁をポンプ側に取り付け，逆止め弁が故障の場合に，給水弁を閉止することによって，蒸気圧力をボイラーに残したまま修理することができるようにする。

〔答〕　(2)

〔ポイント〕　給水系統装置について理解すること「教本1.9.6」。

問9　次の図は，比例式蒸気圧力調節器の比例帯設定目盛板を示している。蒸気圧力が0.65MPaで，比例帯設定指針が図の位置に設定されたとき，比例制御が行われる範囲は(1)〜(5)のうちどれか。。

(1)　0.09 MPaから0.36 MPaまで
(2)　0.17 MPaから0.28 MPaまで
(3)　0.65 MPaから0.92 MPaまで
(4)　0.69 MPaから0.83 MPaまで
(5)　0.74 MPaから1.01 MPaまで

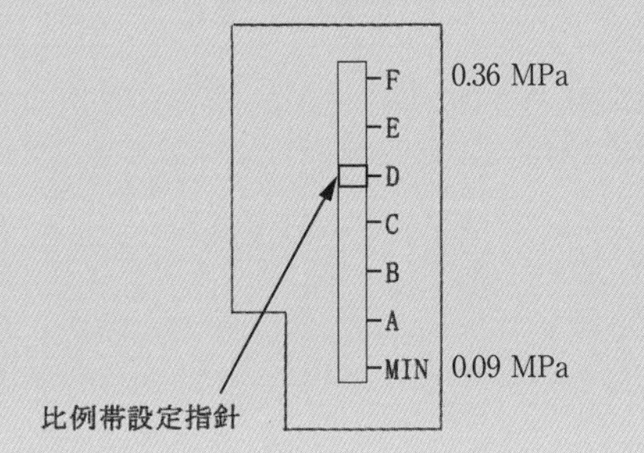

〔解説〕

比例帯は，図1(a)におけるD点に設定されている。比例帯の目盛範囲（F点＝0.36 MPa，MIN点＝0.09 MPa）を比例配分すると1目盛りは0.045 MPa$\left(\frac{0.36-0.09}{6}\right)$となる。

したがって，D点は0.09＋(0.045×4)＝0.27 MPaとなるので，(3)の設定圧力0.65 MPaから0.92 MPaの間で比例制御が行われる。

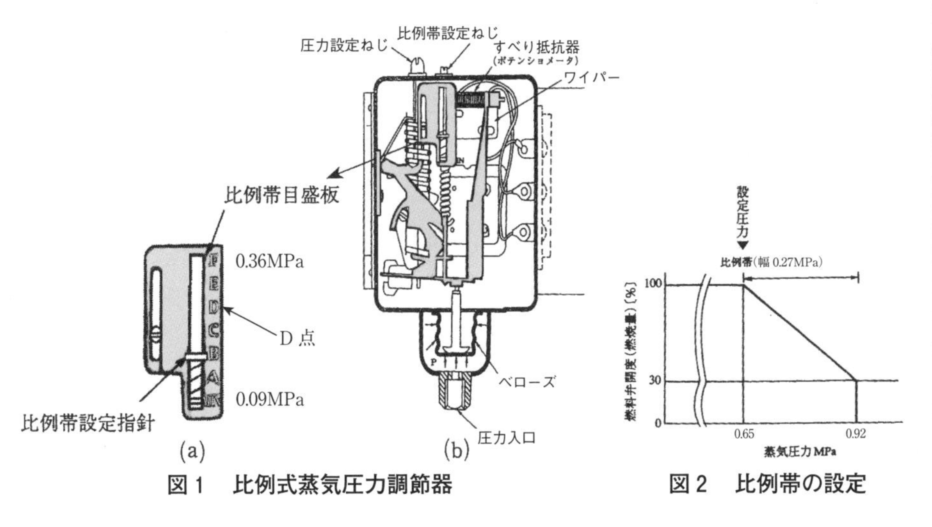

図1　比例式蒸気圧力調節器　　**図2　比例帯の設定**

〔答〕　(3)

〔ポイント〕　制御用機器（圧力調節器）の調整について理解すること「教本1.10.5」。

問10　ボイラーのドラム水位制御に関し，次のうち誤っているものはどれか。

(1)　水位制御の目的は，負荷が変動しても，ドラム水位をできるだけ一定に保つことである。
(2)　ドラム水位の逆応答とは，蒸気流量が増えるとドラム水位が一時的に上がる特性のことをいう。
(3)　二要素式は，ドラム水位及び蒸気流量を検出し，これらに応じて給水量を調節する方式である。
(4)　三要素式は，ドラム水位，蒸気流量及び燃料量を検出し，これらに応じて給水量を調節する方式である。
(5)　熱膨張管式水位調整装置には，単要素式と二要素式がある。

〔解説〕　ボイラーの水位制御は，蒸気の負荷変動に応じて給水量を調節するもので，制御方式には単要素式，二要素式及び三要素式がある。単要素式は，水位だけを検出し，その変化に応じて給水量を調節する方式で，水位検出器にはフロート式，電極式，差圧式又は熱膨張管式がある。二要素式は，水位の検出のほかに蒸気流量を検出する方式である。三要素式は，水位，蒸気流量に加えて給水流量を検出する方式である。負荷変動が激しいときは，単要素式より二要素式又は三要素式の方が良好な制御ができる。

制御方法としては，熱膨張管式のように熱膨張管の伸縮を検出してその機械力で直接調整弁を操作する自力式のものから，水位の変化によってオン・オフ制御で給水ポンプなどを発停するものがある。また，水位及び蒸気流量・給水流量の変化を偏差信号として給水調節器に伝え，調節弁で弁の開度を変えるようにしたものがある。

熱膨張管式水位調節装置は，単要素式と二要素式のものがあるが三要素式はない。

水位の特性で，蒸気量が急激に増えると，蒸気ドラム内の圧力が下がることにより比体積が大きくなり一時的に水位が上がる。これをドラム水位の逆応答という。

したがって，問の(4)の記述は誤りである。正しくは，三要素式は，水位，蒸気流量に加えて給水流量を検出する方式である。

〔答〕　(4)

〔ポイント〕　ボイラーの水位制御とその特性について理解すること「教本1.10.4 (1) (b)，1.10.5 (3) (b)」。

■ 令和２年後期：ボイラーの構造に関する知識 ■

問１　水管ボイラーの水循環に関し，次のうち誤っているものはどれか。

(1)　水管と蒸気の間の熱伝達率は，水管と沸騰水の間の熱伝達率よりはるかに小さいので，運転中，水の循環が悪くなり，水管内に発生蒸気が停滞すると，管壁温度が著しく高くなる。
(2)　自然循環式ボイラーの場合，循環力を大きくするには下降管を加熱せず，また，蒸気ドラムと水ドラムの高さの差を大きくする。
(3)　自然循環式ボイラーでは，熱負荷を増すと上昇管内の気水混合物の平均密度が増加し，循環力が低下するため，上昇管出口の管壁温度が上昇する。
(4)　自然循環式ボイラーでは，上昇管を上昇した蒸気は，蒸気ドラムで水分が分離された後に外部に供給され，その分の給水が蒸気ドラムに供給される。
(5)　強制循環式ボイラーでは，細い水管や水平の上昇管を用いる場合でも，循環ポンプによって循環を行わせることができる。

〔解説〕
(1)　熱伝達率の値は，気体の種類（物性値），流れの状態(乱流，層流)，表面の状態などによって変化してくる。水管内で発生蒸気が停滞したりすると熱伝達率は小さくなるので，管壁温度は著しく高くなる。流体の沸騰又は蒸気の凝縮のように相変化を伴う場合の熱伝達率は極めて大きい。

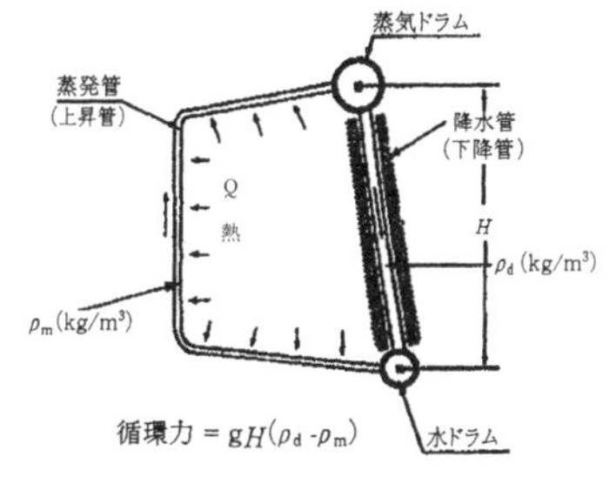

図　ボイラー水の自然循環

(2)　自然循環式の水管ボイラーは，ドラムと水管とで水の循環回路をつくるように構成され，降水管（下降管）の水と上昇管である蒸発管内の蒸気と水の混合体の密度差による圧力差によって循環している（図）。下降管と上昇管の密度の差による圧力差に上下のドラム間の高さ（H）を乗じたのが循環力である。循環力は下降管と上昇管の密度差が大きいほど，また上下のドラム間の高さ（H）があるほど，循環力は大きくなる。
(3)　自然循環式ボイラーでは，熱負荷を増すと上昇管内の気水混合体物の平均密度（ρm）が小さくなり，循環力は増加する。したがって，問の(3)の記述は誤りである。なおこの循環力は，循環回路の全流動抵抗に等しくなる。そのため，ボイラーの運転圧力が低くなると，蒸気の比体積が大きくなり流動抵抗が大きくなるので，上昇管出口での蒸気割合を抑えて循環比を大きく取る必要がある。
(4)　水管ボイラーは，気水混合体を循環する管路網が形成され，上昇した気水混合物は蒸気ドラムで蒸気と飽和水に分離されて，蒸気は外部に供給される。その分の給水が蒸気ドラムに供給され，分離された飽和水と混合し下降管に流れていく。
(5)　強制循環式ボイラーは，ボイラー水の循環回路中にポンプを設け，強制的にボイラー水の循環を行う形式なので，流路抵抗の大きい細い水管や水管を自由に配置できる。

〔答〕　(3)
〔ポイント〕　ボイラー水の自然循環及び水管ボイラーの流動方式について理解すること「教本1.1.3 (1)，(2)，1.4」。

問２　次のような仕様のボイラーに使用される燃料の低発熱量の値に最も近いものは，(1)〜(5)のうちどれか。

蒸発量……………………………… 6 t/h
発生蒸気の比エンタルピ…… 2770 kJ/kg
給水温度………………………… 30 ℃
ボイラー効率…………………… 90 %
燃料消費量……………………… 430 kg/h

(1)　35.7 MJ/kg
(2)　41.0 MJ/kg
(3)　44.9 MJ/kg
(4)　211.6 MJ/kg
(5)　230.6 MJ/kg

〔解説〕　ボイラーの効率は，全供給熱量に対するボイラーの熱出力の割合であり，次の算定式で表すことができる。

$$ボイラー効率（\%）=\frac{発生蒸気の熱量}{全供給熱量}\times 100$$

$$=\frac{蒸発量（蒸気の比エンタルピ-給水の比エンタルピ）}{燃料消費量\times燃料の低発熱量}\times 100$$

ここで，蒸発量：6 t/h（6,000 kg/h）
蒸気の比エンタルピ：2,770 kJ/kg
給水の比エンタルピ：$30\times 4{,}187=125.6$ kJ/h
ボイラー効率（%）：90 %
燃料消費量：430 kg/h

上式を燃料の低発熱量を求める式に変形し，数値を代入すれば，

$$燃料の低発熱量=\frac{6{,}000（2{,}770-125.6）}{430\times 90}\times 100$$

$$=40998\ \text{kJ/kg}$$

となり，これをMJ/kgに単位換算すると
40998/1000＝40.998 MJ/kg
したがって，問の(2)の41.0 MJ/kgが最も近い値である。

〔答〕 (2)

〔ポイント〕　ボイラーの効率に関する算定方法を理解すること「教本1.2.3 (2)」。

問３　炉筒煙管ボイラーに関し，次のうち誤っているものはどれか。

(1)　他の丸ボイラーに比べ，構造が複雑で内部は狭く，掃除や検査が困難なため，良質の水を供給することが必要である。
(2)　煙管には，スパイラル管を用いて，熱伝達率を向上させたものが多い。
(3)　ウェットバック式には，燃焼ガスが炉筒の内面に沿って前方に戻る方式のものがある。
(4)　戻り燃焼方式では，燃焼ガスが炉筒後部から煙管を通って後部煙室に入り，別の煙管を通って前方に戻る。
(5)　伝熱面積20～150m^2，蒸発量10 t/h程度のものが多いが，蒸発量が30 t/h程度のものもある。

〔解説〕
(1)　炉筒煙管ボイラーは，コンパクトな形状で，据付けにれんが積みを必要としないので，すべての組立てを製造工場で行い，完成状態で運搬できるパッケージ形式にしたものが多い。
　この種のボイラーは，他の丸ボイラーに比べ，構造が複雑で内部は狭く，掃除や検査が困難なため，軟化装置により処理した給水が使われる。
(2)　煙管にはスパイラル管を用いて熱伝達率をあげたものが多い。
(3)　炉筒煙管ボイラーの燃焼ガス反転部にウェットバック式とドライバック式がある。
　ウェットバック式は炉筒のガス反転部が胴内部にあり，その周囲が水で囲まれている構造（湿式煙室）をいう（図(a)，(b)）。一方，ドライバック式は，燃焼ガスの反転部が後部煙室（ガス側の乾式煙室）で反転するものをいう（図(c)）。
(4)　戻り燃焼方式は，後端の閉じられた炉筒を用い，燃焼火炎が炉筒後部で反転して前方に戻るものをいう（図(a)）。パス数は，燃焼ガスが炉筒内で反転するので２パスとなる。
　したがって，問の(4)の記述は誤りである。
(5)　工業用あるいは暖房用として，広く用いられている。圧力１MPa，伝熱面積20～150 m^2, 蒸発量10 t/h程度のものが多いが，最近，蒸発量が30 t/h程度のものもある。

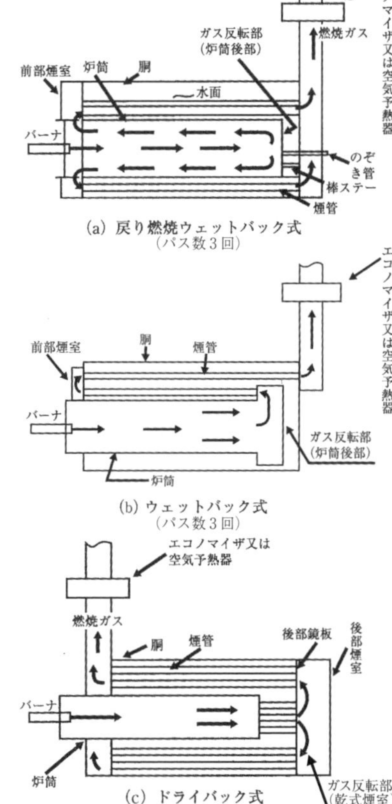

(a) 戻り燃焼ウェットバック式（パス数３回）
(b) ウェットバック式（パス数３回）
(c) ドライバック式（パス数２回）
図　炉筒煙管ボイラー

〔答〕(4)
〔ポイント〕　炉筒煙管ボイラーの構造と特徴を理解すること「教本1.3.5」。

問4　貫流ボイラーに関するAからDまでの記述で，正しいもののみを全て挙げた組合せは，次のうちどれか。

A　一連の長い管系で構成され，給水ポンプによって一端から押し込まれたボイラー水が順次，予熱，蒸発，過熱され，他端から過熱蒸気となって取り出される形式のものがある。
B　負荷変動により大きな圧力変動を生じやすいので，給水量や燃料量に対して応答の速い自動制御を必要とする。
C　超臨界圧ボイラーでは，ボイラー水が水の状態から加熱され，沸騰状態を経て連続的に高温・高圧蒸気の状態になる。
D　蒸気ドラムに加え，気水分離器を必要とする場合がある。

(1)　A，B
(2)　A，B，C
(3)　A，B，D
(4)　B，C
(5)　C，D

〔解説〕　大形貫流ボイラーの構造は，一連の長い管系だけから構成され給水ポンプによって一端から押し込まれた水が順次，予熱，蒸発，過熱され，他端から所要の過熱蒸気となって取り出される形式である。ドラムがなく管だけからなるため，高圧用に適している。また，貫流ボイラーでは，ズルツァボイラーのように水管が垂直以外にも水平，斜めに配置できる特徴を有している。

ただし，水の循環がなく，給水がそのまま細い管内で蒸発するから，特に十分な処理を行った水を使用しなければならない。構造上，伝熱面積当たりの保有水量が極めて少ないので起動はボイラーとして最も速いが，負荷変動によって大きい圧力変動が生じやいので，応答の速い給水量及び燃料供給量の自動制御を必要とし，また，給水量と燃料量の比が変化すると，ボイラー出口蒸気温度の激しい変化となって現れる。

超臨界圧ボイラーでは，水の状態から沸騰現象を伴うことなく連続的に蒸気の状態に変化するので，水の循環がなく，また気水を分離するための蒸気ドラムを要しない貫流式の構造が採用される。したがって，Dの記述は誤りである。

超臨界圧ボイラーでは，改訂教本1.2.2，図1.2.1の臨界点（K点）を超えた範囲で使用されるので，沸騰状態にはならない。したがって，Cの記述は誤りである。

以上のことから，問の(1)の組み合わせが正しい。なお，貫流ボイラーには，超臨界圧ボイラーのような高圧大容量のものから，業務用及び産業用プロセスで使われている小形低圧用の貫流ボイラーがある。

〔答〕　(1)

〔ポイント〕　貫流ボイラーの概要及び特徴について理解すること「教本1.4.4」。

問5　ボイラー各部の構造及び強さに関するAからDまでの記述で，正しいもののみを全て挙げた組合せは，次のうちどれか。

A　胴板を薄肉円筒として取り扱う場合，長手方向の断面に生じる周方向の応力は，周方向の断面に生じる長手方向の応力の1/2倍となる。
B　鏡板は，胴又はドラムの両端を覆っている部分をいい，煙管ボイラーのように管を取り付ける鏡板は，特に管寄せという。
C　半だ円体形鏡板は，同材質，同径，同厚の場合，全半球形鏡板より強度が低い。
D　炉筒は，燃焼ガスによって加熱され長手方向に膨張しようとするが，鏡板によって拘束されているため，炉筒板内部に圧縮応力が生じる。

(1)　A，B
(2)　A，C
(3)　A，C，D
(4)　B，C，D
(5)　C，D

〔解説〕　薄肉円筒の胴板には，長手方向の断面と周方向の断面に応力が生じる。周方向の断面に生じる応力（σ_θ）は長手方向の応力（σ_z）の2倍となる。

$\sigma_\theta = 2\sigma_z$

したがって，Aの記述は誤りである。

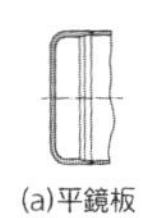
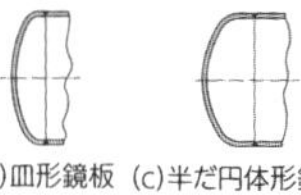
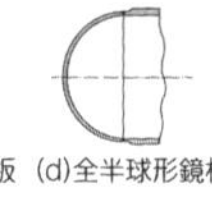
(a)平鏡板　(b)皿形鏡板　(c)半だ円体形鏡板　(d)全半球形鏡板

図　鏡板の種類

鏡板は，胴又はドラムの両端を覆っている部分をいい，煙管ボイラーのように管を取り付ける鏡板は，特に管板という。

Bの記述では，管寄せとなっており誤りである。

鏡板は，その形状によって平鏡板，皿形鏡板，半だ円体形鏡板，全半球形鏡板の4種類に分けられる。皿形鏡板は，球面殻，環状殻及び円筒殻から成っていて，環状殻の部分には内圧により曲げ応力が生じる。

また，強度については，全半球形鏡板が最も強く，半だ円体形鏡板，皿形鏡板，平鏡板の順に弱くなる（図）。

したがって，Cの記述は正しい。

炉筒は，燃焼ガスによって加熱され，長手方向に膨張しようとするが鏡板によって拘束されているため，炉筒板内部には圧縮圧力が生じる。この熱応力を緩和するため，炉筒の伸縮を自由にしなければならない。このために鏡板に取り付けられるガセットステーと炉筒との間には，ブリージングスペースを設ける。また，炉筒を波形にするか，又は伸縮継手を設ける必要がある。

したがって，Dの記述は正しい。

〔答〕　(5)

〔ポイント〕　炉筒など各部の構造と強度を理解すること「教本1.7.1，1.7.2，1.7.3」。

問６　空気予熱器及びエコノマイザに関し，次のうち誤っているものはどれか。

(1)　空気予熱器を設置することにより過剰空気量が少なくてすみ，燃焼効率が上がる。
(2)　空気予熱器の設置による通風抵抗の増加は，エコノマイザの設置による通風抵抗の増加より大きい。
(3)　高効率化や燃焼改善のためエコノマイザと空気予熱器を併用する場合は，一般に，ボイラー，空気予熱器，エコノマイザの順に配置する。
(4)　ヒートパイプ式空気予熱器は，金属製の管の中にアンモニア，水などの熱媒体を減圧して封入し，高温側で熱媒体を蒸発させ，低温側で熱媒体蒸気を凝縮させて，熱を移動させるものである。
(5)　再生式空気予熱器は，金属板の伝熱体を円筒内に収め，これを回転させ燃焼ガスと空気を金属板に交互に接触させて伝熱を行うものである。

〔解説〕

(1), (2)　空気予熱器を設置することにより燃焼空気温度が上昇するので，燃焼効率が増大し，過剰空気量が少なくてすむ。しかし，燃焼温度が上昇するため，NO_Xの発生が増加傾向にある。また，空気予熱器は煙道中にガス側と空気側両方に設置するので，エコノマイザよりも空気抵抗は大きくなる。

(3)　エコノマイザ及び空気予熱器は排ガス熱の回収のため，どちらかを単独に使用する場合が多い。しかし，高効率化，燃焼改善，低NO_X化のために両者を併用することもあるこの場合，ボイラー，エコノマイザ，空気予熱器の順に配置するのが一般的である。

したがって，問の(3)の配置順は，誤りである。

(4)　ヒートパイプは金属製の管の中に，アンモニア，水などの熱媒体を減圧し封入し，高温側で熱媒体を蒸発させ低温側で熱媒体蒸気を凝縮させるものであり，蒸発潜熱の授受によって熱を移動させるもので，ヒートパイプにはフィン付き管を使用するため，この方式の空気予熱器はコンパクトで通風抵抗の少ないものとすることができる。

(5)　再生式空気予熱器は，金属板の伝熱エレメントを円筒内に収め，この円筒を毎分１～３回で回転させることにより，熱ガスと空気を交互に接触させて伝熱を行うものである。特徴としては，コンパクトな形状にすることができるが，空気側とガス側との間に漏れが多い。

〔答〕　(3)

〔ポイント〕　空気予熱器には熱交換式，再生式及びヒートパイプ式がある。また，エコノマイザについて，その構造と特徴を理解すること「教本1.8.3, 1.8.4, 1.8.5」。

問7　ボイラーのばね安全弁及び安全弁の排気管に関し，次のうち誤っているものはどれか。

(1)　安全弁の吹下がり圧力は，吹出し圧力と吹止まり圧力との差で，必要がある場合は調整する。
(2)　安全弁は，蒸気流量を制限する構造によって，揚程式と全量式に分類される。
(3)　全量式安全弁は，のど部の面積で吹出し面積が決まる。
(4)　安全弁箱又は排気管の底部には，弁を取り付けたドレン抜きを設ける。
(5)　安全弁の取付管台の内径は，安全弁入口径と同径以上とする。

〔解説〕

(1)，(2)，(3)　ばね安全弁は，ばねを締めて，弁体を弁座に押し付けて気密を保つ構造となっており，設定圧力で作動するように調整する。吹出し圧力の調整は調整ボルトを締めたり，緩めたりして行う。

ボイラーの圧力が上昇すると，弁体が弁座から上がり，蒸気が吹き出す。閉弁位置から安全弁吹出し中の開弁位置までの弁体の軸方向の移動量をリフトという。

入口側の圧力が下がって弁が密閉するとき，すなわち，リフトがゼロになったときの入口側圧力を吹止まり圧力といい，吹出し圧力または，吹始め圧力と吹き上り圧力の差を吹下がりという。

安全弁の形式は，蒸気流量を制限する構造（図）によって，揚程式と全量式に分類される。

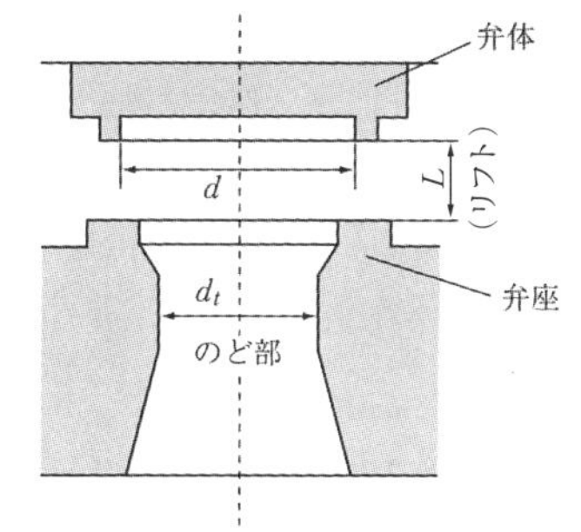

揚程式吹出し面積 $A_1 = \pi dL$
（弁座流路面積）
全量式吹出し面積 $A_f = \frac{\pi}{4} d_t^2$
（のど部の面積）
ここに
d：弁体側弁座口の内径
d_t：のど部の径
L：リフト

図　安全弁の吹き出し面積

①　揚程式
揚程式の吹出し量は，弁座流路面積（カーテン面積ともいう）で決められる。

②　全量式
全量式の吹出し量は，のど部面積で決められる。

(4)，(5)　以下は，安全弁の性能に大きく影響するので，注意のこと。

①　排気管の抵抗を小さくして安全弁の背圧を上げないようにする。
②　各部の熱膨張の影響を防ぐために，膨張継手を設けるなどする。
③　安全弁軸心から排気管中心までの距離は，なるべく短くして吹出し時に弁の取付管台に過大な力が掛からないようにする。
④　安全弁の取付管台の内径は，安全弁入口径と同径以上にする。
⑤　安全弁箱及び排気管底部には，ドレン抜きを設ける。ドレンが常に排出できるように，弁・コックは設けないこと。

したがって，問の(4)の記述は誤りである。

〔答〕　(4)

〔ポイント〕　安全弁は，蒸気流量を制限する構造によって，揚程式と全量式に分類される「教本1.9.3」。

問8　給水系統装置に関し，次のうち誤っているものはどれか。

(1)　給水ポンプ過熱防止装置は，ポンプ吐出量を絞り過ぎた場合に，過熱防止弁などにより吐き出ししようとする水の一部を吸込み側に戻す装置である。
(2)　ディフューザポンプは，その段数を増加することによって圧力を高めることができるので，高圧のボイラーには多段ディフューザポンプが用いられる。
(3)　渦流ポンプは，円周流ポンプとも呼ばれているもので，小容量の蒸気ボイラーなどの給水に用いられる。
(4)　脱気器は，物理的脱気法により主として給水中の溶存酸素を除去する装置で，加熱脱気器などがあり，給水ポンプの吸込み側に設けられる。
(5)　給水弁と給水逆止め弁をボイラーに取り付ける場合は，給水弁を給水ポンプに近い側に，給水逆止め弁をボイラーに近い側に，それぞれ取り付ける。

〔解説〕

(1)　給水ポンプにおいて，ポンプ吐出量が減少しすぎた場合，また，ポンプを締切り運転した場合，ポンプ内の水が過熱するおそれが生じる。これを防止するため，過熱防止装置（過熱防止弁又はオリフィス）によりポンプの必要過熱防止水量を給水タンク等のポンプ吸込み側に戻す装置である。
(2)　遠心ポンプには，ディフューザポンプと渦巻ポンプがある。
　ディフューザポンプは羽根車の周辺に案内羽根を有し，その段数を増加することによって圧力を高めることができるので，高圧ボイラーに適している。渦巻ポンプには案内羽根がなく，低圧ボイラー用に使用される。
(3)　特殊ポンプとして渦流ポンプは円周流ポンプとも呼ばれ，ポンプの回転円板の外周に溝を設けたもので小さい吐出流量で高い揚程が得られ，小容量のボイラーに用いられる。
(4)　給水中に溶存している酸素（O_2）や二酸化炭素（CO_2）を除去するには，次のような脱気法がある。物理的脱気法としてⓐ加熱脱気法，ⓑ真空脱気法，ⓒ膜脱気法，ⓓ窒素置換脱気法があり，化学的脱気法としては清缶剤によるものがある。
(5)　給水弁と逆止め弁をボイラーに設ける場合には，給水弁をボイラーに近い側に，逆止め弁をポンプ側に取り付け，逆止め弁が故障の場合に，給水弁を閉止することによって，蒸気圧力をボイラーに残したまま修理することができるようにする。
　給水弁にはアングル弁又は玉形弁，給水逆止め弁にはスイング弁又はリフト式が用いられる。
　問の(5)の弁の取付け順序は誤りである。

〔答〕 (5)

〔ポイント〕 給水系統装置「教本1.9.6」及び脱気の方法「教本3.4.6 (1)」について理解すること。

問 9　温度検出器に関し，次のうち適切でないものはどれか。

(1)　バイメタル式温度検出器は，熱膨張率の異なる２種類の薄い金属板を張り合わせたバイメタルにより，接点をオンオフするもので，振動により誤差が出ることがあり，また，応答速度も遅い。
(2)　溶液密封式温度検出器は，感温体内の揮発性液体の温度変化による膨張・収縮を利用して，ベローズなどにより接点をオンオフするものである。
(3)　保護管を用いて溶液密封式温度検出器の感温体をボイラー本体に取り付ける場合は，保護管内を真空にする。
(4)　測温抵抗体は，金属の電気抵抗が，温度によって一定の割合で変化する性質を利用して温度を測定するもので，使用する金属には，温度に対する抵抗変化が一定であること，温度係数が大きいことなどの要件が必要である。
(5)　熱電対は，２種類の材質の異なる金属線の両端を接合し，閉回路を作ったもので，両端で温度差が生じると回路中にその金属固有の熱起電力が発生する原理を利用して，温度を測定するものである。

〔解説〕

(1)　バイメタル式温度検出器は，温度による熱膨張率の異なる２種類の薄い金属板を張り合わせたバイメタルが屈曲することで，接点をオンオフする（図１）。バイメタルは，帯状やつる巻き状で使用される。構造は簡単であるが，振動により誤差が出たり，直動式で応答速度が遅い。

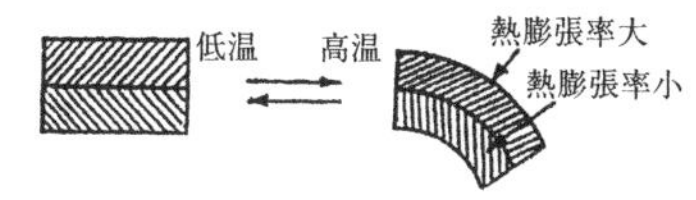

図１　バイメタルの原理

(2)，(3)　溶液密封式温度検出器の感温体は，直接ボイラー本体に取り付ける場合と，保護管を用いて取り付けるものもある。感温筒内の液体又は気体の温度による体積膨張を利用して，ブルドン管又はベローズの膨張伸縮により接点をオンオフする。感温部と可動部とは導管で離すことはできるが，次の問題がある。
・気体，液体の漏れによる劣化がある。
・経年劣化により，誤差が大きくなる。
・気圧による影響で，誤差が発生することがある。
保護管を用いて溶液密封式温度検出器の感温体をボイラー本体に取り付ける場合は，保護管内にシリコングリスなどを挿入して感度を良くする。
したがって，問の(3)の記述は誤りである。

(4)　金属の電気抵抗は，温度によって一定の割合で変化する。この性質を利用して温度を測定するものが測温抵抗体で，原理的にはどの金属でも良いが，温度に対する抵抗変化が一定で互換性があること，温度係数が大きいことなど，種々の条件から実際に使用される金属は，おのずから限られたものになっている。

(5)　２種類の材質の異なる金属線の両端を接合し，図２のような回路を作り，一端を加熱するなどの方法でT_1，T_2間に温度差を生じさせると，回路中にその金属固有の熱起電力が発生する。この一対の金属線を熱電対という。

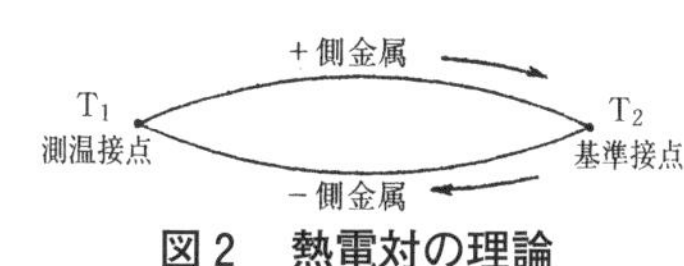

図２　熱電対の理論

〔答〕 (3)
〔ポイント〕　ボイラーの温度検出器について理解すること「教本1.10.5 (2)」。

問10　ボイラーのドラム水位制御に関し，次のうち誤っているものはどれか。

(1)　水位制御の目的は，負荷が変動しても，ドラム水位をできるだけ一定に保つことである。
(2)　ドラム水位の逆応答とは，蒸気流量が増えるとドラム水位が一時的に上がる特性のことをいう。
(3)　単要素式は，ドラム水位だけを検出し，これに応じて給水量を調節する方式である。
(4)　二要素式は，蒸気流量及び給水流量を検出し，これらに応じて給水量を調節する方式である。
(5)　熱膨張管式水位調整装置には，単要素式と二要素式がある。

〔解説〕　ボイラーの水位制御は，蒸気の負荷変動に応じて給水量を調節するもので，制御方式には単要素式，二要素式及び三要素式がある。単要素式は，水位だけを検出し，その変化に応じて給水量を調節する方式で，水位検出器はフロート式，電極式，差圧式又は熱膨張管式がある。二要素式は，水位の検出のほかに蒸気流量を検出する方式である。三要素式は，水位，蒸気流量に加えて給水流量を検出する方式である。負荷変動が激しいときは，単要素式より二要素式又は三要素式の方が良好な制御ができる。

制御方法としては熱膨張管式のように，熱膨張管の伸縮を検出してその機械力で直接調整弁を操作する自力式のものから，水位の変化によってオン・オフ制御で給水ポンプなどを発停するものがある。また，水位及び蒸気流量・給水流量の変化を偏差信号として給水調節器に伝え，調節弁で弁の開度を変えるようにしたものがある。

熱膨張管式水位調節装置は，単要素式と二要素式のものがあるが，三要素式はない。

水位の特性で，蒸気量が急激に増えると，蒸気ドラム内の圧力が下がることにより比体積が大きくなり一時的に水位が上がる。これをドラム水位の逆応答という。

したがって，問の(4)の記述は誤りである。正しくは，二要素式は水位と蒸気流量の検出方式である。

〔答〕　(4)

〔ポイント〕　ボイラーの水位制御とその特性について理解すること「教本1.10.4 (1) (b)，1.10.5 (3) (a)，(b)」。

問１　ボイラーの蒸気圧力上昇時の取扱いに関し，次のうち適切でないものはどれか。

(1)　ボイラー水の温度が上昇し，蒸気が十分発生してから，空気抜き弁を閉じる。
(2)　常温の水からたき始めるときの圧力上昇は，始めは遅く，次第に速くなるようにして，ボイラー本体各部の温度上昇が均等になるようにする。
(3)　空気予熱器に不同膨張による漏れなどを生じさせないため，燃焼初期はできる限り最低燃焼とし，空気予熱器内での異常燃焼を防ぐため，低燃焼中は空気予熱器の出口ガス温度を監視する。
(4)　エコノマイザの前に蒸発管群がない場合は，燃焼ガスを通し始めた後に，ボイラー水の一部をエコノマイザ入口に供給して，エコノマイザ内の水を循環させる。
(5)　ボイラー水の温度が高くなっていくと水位が上昇するので，高水位となったら，ボイラー水を排出して常用水位に戻す。

〔解説〕
(1)　水張りをしたボイラーに点火し，ボイラーを常温から暖缶し，ボイラー圧力が0.1 MPaを超えて，蒸気が十分発生し，その発生蒸気によりボイラー並びに配管中の空気抜き及びドレン切りを十分に行う。
(2)　常温の水からたき始めるときは，各部材に不同膨張を起こさせないよう徐々に昇圧（昇温）するようにする。ボイラー圧力を急速に上昇すると，不同膨張を起こし，大きな熱応力が発生し，また，耐火材の割れや脱落する原因となる。
(3)　燃焼初期においては，できる限り最低燃焼とする。たき始めから高温の燃焼ガスを空気予熱器に通すと部分的な加熱によって不同膨張を起こし，ケーシングやダクトから漏れが生じるおそれがある。特に再生式空気予熱器においては，その回転に支障を与えたり，密閉部分から漏れを生じやすいので留意する必要がある。また，未燃分が再燃焼（二次燃焼）し空気予熱器を焼損する場合があるので，点火後の低燃焼期間中は，空気予熱器の出口ガス温度を厳重に監視する。
(4)　エコノマイザの前に蒸発管群がない場合は，高温の燃焼ガスがエコノマイザに流れるので燃焼ガスを通す前に，ボイラー水の一部をエコノマイザ入口に供給してエコノマイザ内の水を循環させる。エコノマイザの前に蒸発管群がある場合は，燃焼ガスを通し始めて，エコノマイザ内の水の温度が上昇し蒸発が発生しても，そのままボイラーに通水する。
　したがって，(4)の記述は適切でない。
(5)　ボイラー胴の水位は常用水位の状態でたき始めるが，ボイラー水が加熱されると膨張し水位が上がるので，ボイラー水をブローして水位を常用水位まで下げる。

〔答〕 (4)

〔ポイント〕　ボイラーの圧力上昇時の取扱いを理解すること「教本3.1.4」。

問2　ボイラーの運転中の取扱いに関し，次のうち適切でないものはどれか。

(1)　運転中は，ボイラーの水位をできるだけ一定に保つように努め，どうしても水位が低下する場合は，燃焼を抑えて原因を調べる。
(2)　水面計の水位に全く動きがないときは，元弁が閉まっているか，又は水側連絡管に詰まりが生じている可能性があるので，直ちに水面計の機能試験を行う。
(3)　運転中，燃焼量を減少させる場合は，先に燃料量を減らし，その後空気量を減らす。
(4)　炉筒煙管ボイラーの安全低水面は，煙管最高部より炉筒が高い場合は，炉筒最高部（フランジ部を除く。）から100 mm上の位置とする。
(5)　給水ポンプ出口側の圧力計により給水圧力を監視し，ボイラーの圧力との差が減少傾向にあるときは，給水管路が詰まっている。

〔解説〕　ボイラーの運転中の取扱い時の留意事項に関する問題である。
(1)　水位は，できるだけ一定に保つように努めることが必要であるが，漏水，管の破孔などにより，どうしても水位が低下する場合は，燃焼を抑えて原因を調べる。
(2)　ボイラー水位が安定を保っているかどうか常時水面計を監視し，また，水面計の機能を保つための機能試験の励行が必要である。
　正常運転中のボイラーでは，水位は絶えず上下方向にかすかに動いているのが普通である。しかし，水位が全く動かないとき，また，二組の水面計の水位を対比し差異を認めたときは，水側及び蒸気側連絡管の詰まり，または元弁が閉まっている可能性があるので，元弁が開いているかの確認と水面計の機能試験を行う。
(3)　燃焼量の調整において，燃焼量を増やすときは空気量を先に増し，燃焼量を減らすときは先に燃料量を減らして，常に空気不足とならないようにする。空気不足の場合，不完全燃焼を起こす恐れがある。
(4)　ボイラーは，運転中に給水系統の不良，蒸気の大量消費などにより水位が安全低水面になると，燃料を遮断する低水位燃料遮断装置が設けられている。
　炉筒煙管ボイラーの安全低水面は，煙管より75 mmか炉筒より100 mmのいずれか高い水面をいう。
(5)　給水ポンプ出口側の圧力とボイラーの圧力との差が大きい場合，給水ポンプ出口側給水管路（給水系統）の詰まり，又は弁の絞り過ぎなどに原因があるので給水管路を調べる必要がある。
　給水ポンプ出口側の圧力とボイラー圧力との差が小さい場合は，正常な運転状態である。
　したがって，問の(5)の記述は適切でない。

〔答〕　(5)

〔ポイント〕　ボイラーの運転中の取扱いについて理解すること「教本3.1.6」。

問3　ボイラーの燃焼の異常に関するAからDまでの記述で，適切なもののみを全て挙げた組合せは，次のうちどれか。

A　燃焼室以外の燃焼ガス通路に堆積した未燃のすすが，燃焼することがあり，これを「スートファイヤ」という。
B　燃焼中に，燃焼室又は煙道内で連続的な高周波のうなりを発する現象を「かまなり」という。
C　火炎が長すぎる場合は，燃焼用空気の過剰，バーナノズル部の不良などが考えられる。
D　火炎が息づく原因としては，燃料油圧や油温の変動，燃料調整弁や風量調節用ダンパのハンチングなどが考えられる。

(1)　A，B，D
(2)　A，C，D
(3)　A，D
(4)　B，C
(5)　C，D

〔解説〕
A　不完全燃焼による未燃分が，燃焼室以外の燃焼ガス通路で適量の空気と混合して再び燃焼することがある。これを二次燃焼（スートファイア）という。二次燃焼を起こすと，起こす場所によってはボイラー燃焼状態が不安定となり危険である。また，小規模な二次燃焼でも耐火材，ケーシング又は空気予熱器などを焼損させる。
B　燃焼中に，燃焼室あるいは煙道内で連続的な低周波のうなりを発生することがある。この現象を「かまなり」という。かまなりは燃焼ガスの偏流，気柱振動及び渦などの発生によるものが原因と考えられる。高周波のうなりを発する現象ではない。
C　バーナの火炎が赤い，火炎が長すぎる及び火炎の先端に黒煙が出る場合は，空気の不足，燃料と空気の攪拌不良またはバーナノズル部の不良などが原因である。燃焼用空気の過剰は，原因にはならない。
D　火炎が息づく場合は，燃料油圧や油温の変動（一般に高すぎ）及び燃料調整弁や風量調節用ダンパのハンチングなどが原因である。
　AからDまでの記述で適切なものはAとDである。したがって適切なもののみを全て挙げた組合せは(3)である。

〔答〕(3)

〔ポイント〕　ボイラーの運転中の異常燃焼「教本3.1.7(4)」を理解すること。

令和３年前期と同様の問題です。（P.110参照）

問４　ボイラーの水面計及び圧力計の取扱いに関するＡからＤまでの記述で，適切なもののみを全て挙げた組合せは，次のうちどれか。

Ａ　水面計を取り付ける水柱管の蒸気側連絡管は，ボイラー本体から水柱管に向かって上がり勾配となるように配管する。

Ｂ　水面計のドレンコックを開くときは，ハンドルが管軸と同じ方向になるようにする。

Ｃ　圧力計のサイホン管には，水を満たし，内部の温度が80 ℃以上にならないようにする。

Ｄ　圧力計は，原則として，毎年１回，圧力計試験機による試験を行うか，又は試験専用の圧力計を用いて比較試験を行う。

(1)　Ａ，Ｂ　　　(4)　Ｂ，Ｃ，Ｄ
(2)　Ａ，Ｃ，Ｄ　　(5)　Ｃ，Ｄ
(3)　Ａ，Ｄ

〔解説〕

Ａ　ボイラー本体から水柱管への水側連絡管は，スラッジがたまりやすいので，水柱管に向かって上がり勾配の配管とすること（図）。
　また，水柱管又は水側連絡管の角曲り部には，点検・掃除用にプラグを設ける（図）。
　しかし，蒸気側連絡管の勾配については，規定されていない。

Ｂ　水面計コックの（蒸気・水）は，常時開とし，ドレンコックは常時閉とすること。コックのハンドルが管軸の方向と一致するとき「閉」であり，管軸と直角方向になっている場合は「開」である（図２）。
　コックのハンドルを通常の配管コックと同様に管軸とハンドルを平行で開とすると，振動によって次第にコックのハンドルが下がり，水面計コックが閉じ，ドレンコックが開いてしまう可能性があるので，これを防止するためである。

Ｃ　圧力計の内部が80 ℃以上の温度にならないようにする。サイホン管には水が満たされていなければならない。

Ｄ　常に，検査済みの正確な圧力計の予備品を１個用意しておき，使用中の圧力計の機能が疑わしいときは，随時，連絡管のコックを閉じて，予備の圧力計に取り替えて比較する。
　圧力計は，故障してから取り替えるのではなく，一定の使用時間を定めて定期的に取り替える。また，原則として毎年１回，圧力計の試験を行うことが必要である。
　したがって，適切なものの組み合わせは，問の(5)のＣ，Ｄである。

〔答〕　(5)

〔ポイント〕　圧力計及び水面計の取扱いについて理解すること「教本3.2.1 (1)，(2)，3.2.2 (1)，(2)，(3)」。

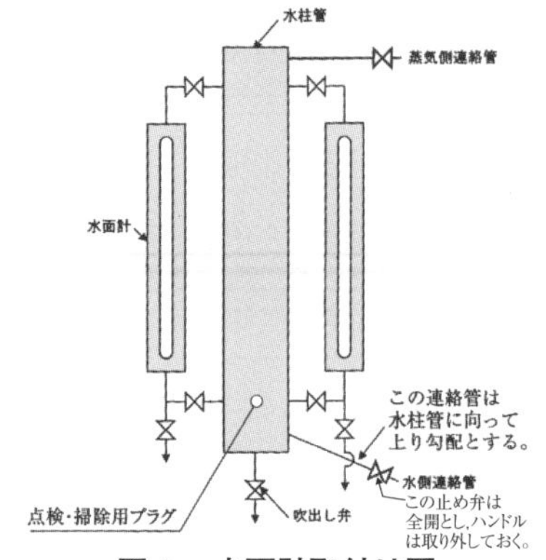

図１　水面計取付け図

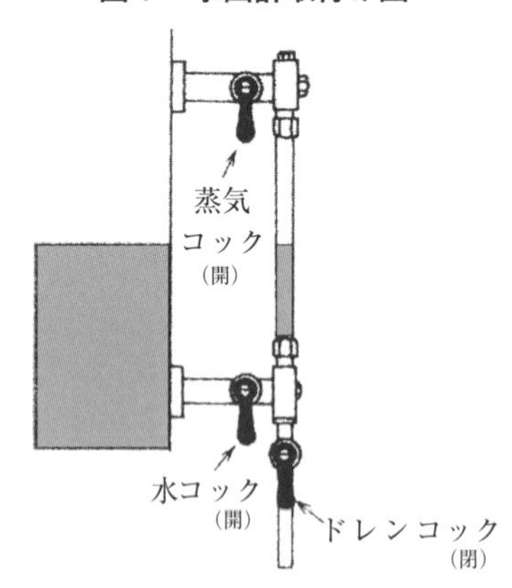

図２　正常運転時のコックハンドル位置

問5　ボイラーのばね安全弁の調整及び試験に関し，次のうち適切でないものはどれか。

(1)　安全弁の吹出し圧力が設定圧力よりも低い場合は，いったんボイラーの圧力を設定圧力の80 %程度まで下げ，調整ボルトを締めて，再度，試験をする。
(2)　調整ボルトを定められた位置に設定した後，ボイラーの圧力をゆっくり上昇させて安全弁を作動させ，吹出し圧力及び吹止まり圧力を確認する。
(3)　過熱器用安全弁は，過熱器の焼損を防ぐため，ボイラー本体の安全弁より先に作動するように調整する。
(4)　最高使用圧力の異なるボイラーが連絡している場合で，各ボイラーの安全弁をそれぞれの最高使用圧力に調整したいときは，圧力の高いボイラー側に蒸気逆止め弁を設ける。
(5)　安全弁の手動試験は，最高使用圧力の75 %以上の圧力で行う。

〔解説〕
(1)　安全弁の吹出し圧力が，設定圧力よりも低い場合は，いったんボイラーの圧力を設定圧力の80 %程度まで下げ，調整ボルトを締めて吹出し圧力（設定圧力）を再調整する。
(2)　安全弁を設定圧力で作動するように調整する場合は，調整ボルトを定められた位置に設定した後，ボイラーの圧力をゆっくり上昇させて安全弁を作動させ，吹出し圧力及び吹止まり圧力を確認する。
(3)　過熱器用安全弁はボイラー本体より先に吹き出すように調整する。これは，ボイラー本体（蒸気ドラム）の安全弁が過熱器の安全弁より先に吹き出すと，過熱器管内を流れる蒸気量が著しく減少するか，又は蒸気の流れが停止し，過熱器管が冷却されなくなり焼損するおそれがあるためである。過熱器の安全弁を出口側管寄せに取り付けるのも，そのためである。
(4)　各ボイラーの安全弁を，それぞれの最高使用圧力に調整したいときは，圧力の低いボイラー側に蒸気逆止弁を設けるか。または，それぞれ単独に配管しなければならない。それは，運転中に最高使用圧力の高い方のボイラー（Aボイラー）の蒸気圧力が，最高使用圧力の低い方のボイラー（Bボイラー）の蒸気圧力より高くなると，Aボイラーの蒸気がBボイラーに流れ込みBボイラーの蒸気圧力を上昇させ，安全弁が吹き出すおそれがあるためである。最高使用圧力の異なるボイラーが連絡する場合は，最高使用圧力の低いボイラーを基準に安全弁を調整する。
　したがって，(4)の記述は適切でない。
(5)　安全弁の揚弁レバー（試験レバー）を持ち上げて行う手動試験は，ボイラーが定常負荷のもとで揚弁機構に異常のないことを確認したり，安全弁に蒸気漏れがあった場合に作動させるのが目的である。蒸気圧力が安全弁の吹出し圧力（最高使用圧力とほぼ同じ）の75 %以上の圧力のとき，手動によってこの揚弁レバーを持ち上げれば，安全弁の弁体が揚げられ吹き出すようになっている。

〔答〕 (4)

〔ポイント〕 安全弁（本体付，過熱器付，エコノマイザ付）の調整について理解すること「教本3.2.3」。

問6　ボイラー水のブローに関するＡからＤまでの記述で，適切なもののみを全て挙げた組合せは，次のうちどれか。

Ａ　ブロー装置は，スケールやスラッジにより詰まることがあるので，適宜吹出しを行ってその機能を維持する。
Ｂ　水冷壁のブローは，いかなる場合も運転中に行ってはならない。
Ｃ　間欠ブローは，ボイラー水に浮遊している微細な粒子を排出し，ボイラー水の濃度を一定に保つことが目的である。
Ｄ　直列に設けられている２個の吹出し弁又はコックを閉じるときは，急開弁を先に操作する。

(1)　Ａ，Ｂ
(2)　Ａ，Ｂ，Ｃ
(3)　Ａ，Ｂ，Ｄ
(4)　Ａ，Ｃ
(5)　Ｃ，Ｄ

〔解説〕

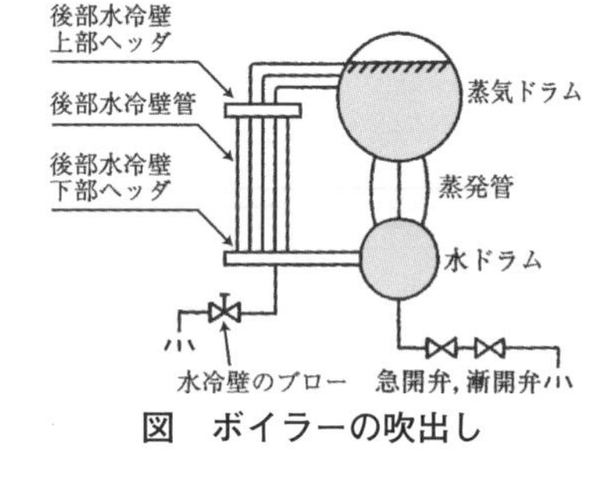

図　ボイラーの吹出し

Ａ　ブロー装置は，スケール，スラッジにより詰まることがあるので，適宜ブローを行い，その機能を維持しなければならない。
Ｂ　水冷壁の吹出しは，スラッジの吹出しが目的ではなく，ボイラー停止時に操作する排水用である。したがって，運転中に操作を行わないこと。
Ｃ　間欠ブロー（ボイラー底部からの吹出し）は，ボイラーを運転する前，運転を停止したとき又は燃焼が軽く負荷が低いときに行う。これらの場合が底部の沈殿物（スラッジ）を排出するのに最も効果がある。ボイラー水に浮遊している微細な粒子を排出するのが目的で使用されるのは連続ブローである。
Ｄ　吹出し操作に当たっては，吹出しを開始するときは急開弁（ボイラー側に取り付けられている。）を先に全開し，次に漸開弁（急開弁の下流側に取り付けられている。）を開けて開度を調節して吹出し量を調節する。閉じる場合は，漸開弁を閉とした後，急開弁（ボイラーに近い弁）を閉じる（図）。
　したがって，適切なものはＡとＢなので，これらのみを全て挙げた組合せは(1)である。

〔答〕　(1)

〔ポイント〕　吹出し（ブロー）装置について理解すること「教本3.2.4」。

問7　ボイラーの自動制御装置の点検に関し，次のうち適切でないものはどれか。

(1)　燃料遮断弁は，燃料漏れがないか点検するとともに，電磁コイルの絶縁抵抗を測定することにより，漏電がないか点検する。
(2)　コントロールモータは，これと燃料調節弁及び空気ダンパとの連結機構に，固定ねじの緩み，外れ及び位置のずれがないか点検する。
(3)　オンオフ式圧力調節器は，内蔵しているすべり抵抗器のワイパの接触不良，抵抗線の汚損，焼損，断線などが生じていないか点検する。
(4)　オンオフ式圧力調節器は，動作隙間を小さくしすぎるとハンチングを起こしたり，リレーなどの寿命が短くなるので，適正な動作隙間であるか点検する。
(5)　熱膨張管式水位調整装置の水側連絡管は，十分な放熱状態にあるか点検する。

〔解説〕
(1)　燃料遮断弁は内部弁座漏れがないこと，また，電磁コイルの絶縁抵抗を測定し漏電がないか点検する。
(2)　比例式制御調節の場合，コントロールモータと燃料調節弁，空気ダンパとはリンクで連結されているがその連結機構に，固定ねじのゆるみ，外れ及び位置のずれがないことを点検する。
(3), (4)中小容量のボイラーの蒸気圧力調節器には，オンオフ式蒸気圧力調節器と，比例式蒸気圧力調節器がある。

オンオフ式蒸気圧力調節器は，動作すき間の設定，比例式蒸気圧力調節器は，内蔵しているすべり抵抗器のワイパの接触不良，抵抗線の汚損，焼損，断線等が生じていないか点検する。

オンオフ式蒸気圧力調節器には，すべり抵抗器は内蔵していない。

したがって，問の(3)の記述は適切でない。

オンオフ式蒸気圧力調節器は，動作すき間の設定を小さくしすぎるとハンチングを起こしたり，リレーなどの寿命が短くなるので，適正な動作隙間であるか点検する。

(5)　熱膨張管式水位調整装置のメンテナンスを下記に示す。
①　熱膨張管の水側は１日１回以上ドレン弁を開いてブローする。
②　ドレン弁が漏れていないことを確認する。水側連絡管の加熱の状態は素手でしっかり握れる程度でなければならない。また，十分な放熱状態にあることを確認する。
③　テンションレリーフの摺（しゅう）動部及び各ピン，ジョイントの部分には，時々潤滑油を注油して作動が滑らかであることを確認する。

〔答〕 (3)

〔ポイント〕　ボイラーの自動制御装置の点検内容について理解すること「教本3.2.7」。

問 8　ボイラー水中の不純物に関し，次のうち適切でないものはどれか。

(1)　懸濁物には，微細なじんあい，エマルジョン化された鉱物油などがある。
(2)　スラッジは，主としてカルシウムやマグネシウムの炭酸水素塩の熱分解により生じる炭酸塩，りん酸塩などである。
(3)　ボイラー水の吹出しが適切に行われないときは，スラッジが水循環の緩慢な箇所にたまり，腐食，過熱などの原因となる。
(4)　スケールの熱伝導率は，軟鋼の 1 /20 ～ 1 /100程度であり，伝熱面にスケールが付着すると，ボイラー水による伝熱面の冷却が不十分となり，伝熱面の温度が上昇する。
(5)　硫酸塩類やケイ酸塩類のスケールは，伝熱面において熱分解して軟質沈殿物になるが，次第に固まり，腐食，過熱などの原因となる。

〔解説〕　ボイラー水中の溶解性蒸発残留物から生成して管壁，ドラムその他の伝熱面に固着するものをスケール，固着しないでドラム底部などに沈積する軟質の沈殿物をスラッジ，ボイラー水中に浮遊している不溶解物質を懸濁物と呼んでいる。

①　スケール

給水中の溶解性蒸発残留物は，ボイラー内で次第に濃縮され飽和状態となって析出し，スケールとなって伝熱面に付着する。不溶性の固形物となるものは一般的にカルシウムの塩類が主成分である。その他マグネシウム塩，共存する溶解性蒸発残留物，不溶となった固形物，水酸化鉄のような腐食生成物，油脂，シリカなどの相互の複雑な作用により生じるものなどもある。

硫酸塩類やけい酸塩類系のスケールは，熱分解せず伝熱面に硬く付着し，除去しにくい。スケールの熱伝導率は，軟鋼の 1 /20 ～ 1 /100程度である。したがって，ボイラーの伝熱面にスケールが付着すると，伝熱面とボイラー水との間に断熱材を置いたような結果となり，ボイラー水による伝熱面の冷却が不十分となり，伝熱面の温度を上昇させる。

したがって，問の(5)の記述は誤りである。

②　スラッジ（かまどろ）

スラッジは，主としてカルシウム，マグネシウムの炭酸水素塩が加熱（80 ～ 100 ℃）により分解して生じた炭酸塩，水酸化物とりん酸塩である。また，軟化を目的とした清缶剤を添加した場合に生じるりん酸カルシウムや，水酸化マグネシウムなどがスラッジとなる。ボイラー水のブローが適切に行われないときは，スラッジは，水循環の緩慢な箇所にたまり，次第に固まり，あるいは伝熱面に焼き付いて腐食，過熱，吹出し管内の閉塞などの原因となる。

③　懸濁物

懸濁物には，りん酸カルシウムなどの不溶物質，微細なじんあい，エマルジョン化された鉱物油などがあり，キャリオーバの原因となる。

〔答〕　(5)

〔ポイント〕　水中の不純物とその障害について理解すること「教本3.4.4」。

問9　蒸発量が1日6 tの炉筒煙管ボイラーで，ボイラー水の塩化物イオン濃度を450 mg/ Lに保持するとき，必要な連続吹出し量の値に最も近いものは，次のうちどれか。
　ただし，給水の塩化物イオン濃度は15 mg/ Lとする。
　なお，Lはリットルである。

(1)　7.2 kg/h
(2)　8.3 kg/h
(3)　8.6 kg/h
(4)　206.9 kg/h
(5)　258.6 kg/h

〔解説〕　蒸気中の塩化物イオン（Cl^-）濃度が0 mg/kg，ボイラーの水の1 Lが1 kg，ボイラー保有水量が変わらないと仮定し，1日にボイラーに入ってくる給水中の塩化物イオンの量と1 日のブロー量でボイラーから排出される塩化物イオンの量が等しいとして，式を立てて解けばよい（下図参照）。
　1時間の蒸発量は，6 T/日なので，6000 kg/24 時間＝250 kg/ h
　連続吹き出し量をxとすると，
　1時間にボイラーに入ってくる塩化物イオンは，（250＋x）×15 $mgCl^-$/h。
ブローによってボイラーから排出される塩化物イオンは，450×x $mgCl^-$/h
両者を等しいとおくと
　$(250+x)\times15=450\times x$
　$x=(250\times15)/(450-15)=8.62$ kg/ h
　したがって，最も近い値は(3)　8.6 kg/ h である。

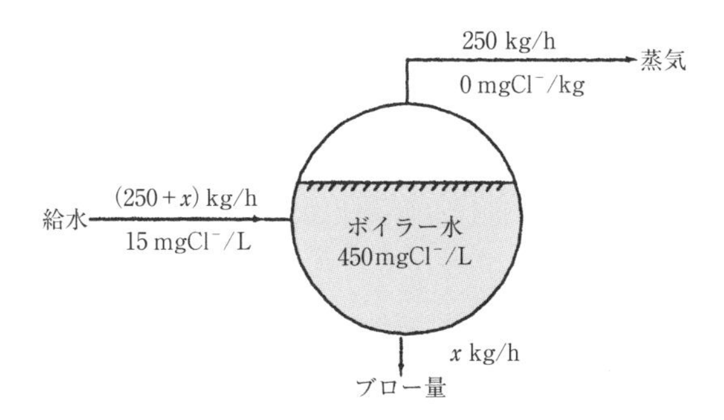

〔答〕　(3)

〔ポイント〕　ボイラー水の濃度管理について理解すること「教本3.4.6 (4)」。

問10　ボイラーの内面腐食に関するＡからＤまでの記述で，適切なもののみを全て挙げた組合せは，次のうちどれか。

Ａ　給水中に含まれる溶存気体のO_2やCO_2は，鋼材の腐食の原因となる。
Ｂ　内面腐食は，燃料中に含まれる硫黄分によるものがある。
Ｃ　アルカリ腐食は，高温のボイラー水中で濃縮したリン酸カルシウムと鋼材が反応して生じる。
Ｄ　ボイラー水の酸消費量を調整することによって，腐食を抑制する。

(1)　Ａ，Ｂ，Ｃ
(2)　Ａ，Ｃ
(3)　Ａ，Ｄ
(4)　Ｂ，Ｃ，Ｄ
(5)　Ｂ，Ｄ

〔解説〕

Ａ　給水中に含まれている溶存気体（O_2やCO_2など）及び水のpHを下げる種々の化合物，溶解塩類並びに電気化学的作用（イオン化）などによってボイラーに腐食が生じる。

Ｂ　内面腐食は，その形態によって，全面腐食と局部腐食があり，局部腐食には孔食（ピッチング），グルービング等がある。

　グルービングとは，細長く連続して溝状を呈する腐食で，溝部の溶存酸素による腐食とともに割れを伴うものもある。燃料中に含まれる硫黄分によるものではない。

Ｃ　ボイラー水を適度のアルカリ性に保ち腐食抑制をするが，高温において水中に生じた遊離のアルカリ（水酸化ナトリウム）が，ボイラー熱負荷の高いところでは管壁とスケールの間で濃縮して激しい腐食を起こす。これをアルカリ腐食という。リン酸カルシウムではない。

Ｄ　腐食を抑制するためボイラー水をアルカリ性に保つ調節は，酸消費量によって行う。

　酸消費量とは，水中に含まれる水酸化物，炭酸塩，炭酸水素塩などのアルカリ分を示すものであり，アルカリ分を所定のpHに中和するのに要する酸の量によって表したものである。

　酸消費量を表示するには，酸消費量（pH4.8）と酸消費量（pH8.3）がある。

　酸消費量（pH4.8）は，試料のpHをpH4.8まで中和するのに要する酸の量をいい，指示薬としてはメチルレッド溶液が使われる。

　酸消費量（pH8.3）は，試料のpHをpH8.3まで中和するのに要する酸の量をいい，指示薬としてはフェノールフタレイン溶液が使われる。

　ＡからＤまでの記述で適切なものはＡとＤである。したがって適切なもののみを全て挙げた組合せは(3)である。

〔答〕(3)

〔ポイント〕　ボイラーの内面（水側）を理解すること「教本3.5.1」。

■令和４年後期：ボイラーの取扱いに関する知識■

問１　ボイラーの起動時及び蒸気圧力上昇時の取扱いに関し，次のうち誤っているものはどれか。

(1)　ガスだきボイラーでは，適正な火力の点火用火種を使用して点火する。
(2)　常温の水からたき始めるときの圧力上昇は，始めは遅く，次第に速くなるようにして，ボイラー本体各部の温度上昇が均等になるようにする。
(3)　空気予熱器に不同膨張による漏れなどを生じさせないため，燃焼初期はできる限り低燃焼とし，低燃焼中は空気予熱器の入口ガス温度を監視することにより，空気予熱器内での異常燃焼を防ぐ。
(4)　エコノマイザの前に蒸発管群がない場合は，燃焼ガスを通し始める前に，ボイラー水の一部をエコノマイザ入口に供給して，エコノマイザ内の水を循環させる。
(5)　エコノマイザの前に蒸発管群がある場合は，燃焼ガスを通し始めて，エコノマイザ内の水の温度が上昇し蒸気が発生しても，そのまま通水する。

〔解説〕
(1)　ガスだきボイラーの点火では，点火前の準備，点火方法は油だきボイラーにおける場合と同じであるが，ガスは爆発の危険性が大きいので，特に次の注意が必要である。
①　ガス漏れの有無を綿密に点検する。ガス圧力が加わっている継手，コック，弁にガス漏れ検出器又は石けん液などの検出液を塗布して漏れの有無を点検する。
②　ガス圧力が適正で，安定していることを確認する。
③　点火用火種は適正な火力のものを使用することが必要である。
④　炉内及び煙道の通風，換気は特に慎重，かつ，十分に行う必要がある。
⑤　着火後，燃焼が不安定のときは直ちに燃料の供給を止める。特に，点火時は炉が冷えており低燃焼運転時なので，注意が必要である。
(2)　常温の水からたき始めるときは，各部材に不同膨張を起こさせないよう徐々に昇圧（昇温）するようにする。ボイラー圧力を急速に上昇すると，不同膨張を起こし，大きな熱応力が発生し，また，耐火材の割れや脱落する原因となる。
(3)　燃焼初期においては，できる限り最低燃焼とする。たき始めから高温の燃焼ガスを空気予熱器に通すと部分的な加熱によって不同膨張を起こし，ケーシングやダクトから漏れが生じるおそれがある。特に再生式空気予熱器においては，その回転に支障を与えたり，密閉部分から漏れを生じやすいので留意する必要がある。
　また，未燃分が再燃焼（二次燃焼）し空気予熱器を焼損する場合があるので，点火後の低燃焼期間中は，空気予熱器の出口ガス温度を厳重に監視する。
　したがって，(3)の記述は「空気予熱器の入口ガス温度」となっているので誤りである。
(4)，(5)　エコノマイザの前に蒸発管群がない場合は，高温の燃焼ガスがエコノマイザに流れるので燃焼ガスを通す前に，ボイラー水の一部をエコノマイザ入口に供給してエコノマイザ内の水を循環させる。
　エコノマイザの前に蒸発管群がある場合は，燃焼ガスを通し始めて，エコノマイザ内の水の温度が上昇し蒸発が発生しても，そのままボイラーに通水する。

〔答〕　(3)

〔ポイント〕　ボイラーの圧力上昇時の取扱いを理解すること「教本3.1.4」。

問2　平衡通風のボイラーを定格運転しているとき，ボイラー出口の排ガス温度が通常の温度より上昇する原因に関するAからDまでの記述で，正しいもののみを全て挙げた組合せは，次のうちどれか。

A　ボイラー伝熱面の外面が，すすやスラグなどにより汚れている。
B　ボイラー伝熱面の内面にスケールが付着している。
C　バッフルやれんが積みの破損などにより，火炎又は燃焼ガスの短絡が発生している。
D　ボイラー，過熱器，節炭器などから気水が漏れている。

(1)　A，B，C
(2)　A，C
(3)　B，C
(4)　B，C，D
(5)　B，D

〔解説〕　ボイラーを定格運転しているとき，ボイラー出口の排ガス温度が通常の温度より上昇する原因は，ボイラー伝熱面の外面の汚れ，内面のスケール付着及び火炎，燃焼ガスの短絡の発生である。気水が漏れた場合は，ボイラー出口の排ガス温度は下がる。

したがって，正しい記述はA，B，Cであり，正しいもののみを全て挙げた組合せは(1)である。

〔答〕　(1)

〔ポイント〕　ボイラーの取扱い「教本3.1」について理解すること。

問 3　重油焚(だ)きボイラーの燃焼の異常に関し，次のうち適切でないものはどれか。

(1)　不完全燃焼による未燃ガスやすすが，燃焼室以外の燃焼ガス通路で燃焼することがあり，これを二次燃焼という。
(2)　二次燃焼を起こすと，ボイラーの燃焼状態が不完全となったり，耐火材，ケーシングなどを焼損させることがある。
(3)　燃焼中に，燃焼室又は煙道内で瞬間的な低周波のうなりを発する現象を「かまなり」という。
(4)　火炎が息づく原因としては，燃料油圧や油温の変動，燃料調整弁や風量調節用ダンパのハンチングなどが考えられる。
(5)　火炎の中に細かい火花が生じる原因としては，噴霧媒体の圧力が変動したり，通風が強すぎたりすることなどが考えられる。

〔解説〕　ボイラーの運転中の異常燃焼に関する問題である。
(1)，(2)　不完全燃焼による未燃分が，燃焼室以外の燃焼ガス通路で再び燃焼することを二次燃焼という。
　二次燃焼を起こすと，耐火材，ケーシング又は空気予熱器などが焼損する。
(3)　燃焼中に，燃焼室あるいは煙道内で連続的な低周波のうなりを発生することがある。この現象を「かまなり」という。瞬間的ではない。
　かまなりは燃焼ガスの偏流，気柱振動及び渦などの発生によるものが原因と考えられる。
　したがって，(3)の記述は適切でない。
(4)　火炎が息づく場合は，燃料油圧や油温の変動（一般に高すぎ）及び燃料調整弁や風量調節用ダンパのハンチングなどが原因である。
(5)　バーナの火炎が赤い，火炎が長すぎる及び火炎の先端に黒煙が出る場合は，空気の不足，燃料と空気の攪拌不良またはバーナノズル部の不良などが原因である。また，火炎の中に細かい火花が生じる原因としては，噴霧媒体の圧力が変動したり，通風が強すぎたりする場合がある。

〔答〕　(3)

〔ポイント〕　ボイラーの運転中の異常燃焼を理解すること「教本3.1.7 (4)」。

問4　ボイラーに給水するディフューザポンプの取扱いに関し，次のうち適切でないものはどれか。

(1)　グランドパッキンシール式の軸については，運転中少量の水が連続して滴下する程度にパッキンが締まっていて，締め代が残っていることを確認する。
(2)　渦巻きポンプの起動は吐出し弁を全閉にして行うが，ディフューザポンプの起動では吐出し弁を全開にして行う。
(3)　運転前に，ポンプ内及びポンプ前後の配管内の空気を十分に抜く。
(4)　運転中は，ポンプの吐出し圧力，流量及び負荷電流が適正であることを確認する。
(5)　運転を停止するときは，吐出し弁を徐々に閉め，全閉にしてから ポンプ駆動用電動機を止める。

〔解説〕 給水ポンプ（ディフューザポンプ）の点検及び運転取扱いに関する問題である。

(1)，(3)　吸込側の軸シール部から空気が少しでも入ると，ポンプの機能が落ちる。

ポンプの軸をシールする方式にグランドパッキン式（図(a)）とメカニカルシール式（図(b)）がある。

グランドパッキン式では，運転中少量の水が滴下する程度にパッキンを締めるが，メカニカルシール式の軸については水漏れがないことを確認する。

また，運転前には，ポンプ内及びポンプ前後の配管内の空気は十分に抜いておくこと。

(2)，(4)，(5)　渦巻ポンプ及びディフューザポンプの起動時は，吸込弁を全開，吐出弁を全閉として，起動後は，吐出弁を徐々に開く。

したがって，問の(2)の記述は適切でない。

停止時は吐出弁を徐々に絞り，全閉にしてから電動機を止める。なお，吐出弁を閉じたまま長く運転すると，ポンプ内の水温が上昇し過熱を起こすので取り扱いには十分注意をする。運転中はポンプの吐出圧力，流量及び電動機の電流値を確認する。また，振動，異音，偏心，軸受の過熱，油漏れなどの有無を点検する。

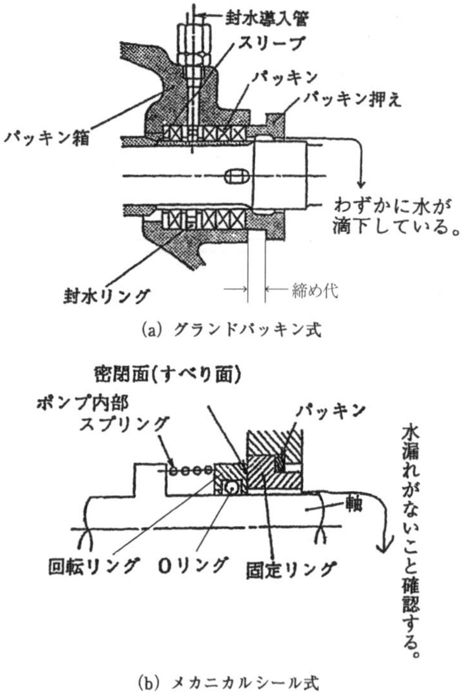

(a) グランドパッキン式

(b) メカニカルシール式

図　ポンプの軸シール方式

〔答〕 (2)

〔ポイント〕 ボイラー給水ポンプの取扱いについて理解すること「教本3.2.5」。

問5　ボイラーのスートブローに関し，次のうち誤っているものはどれか。

(1)　スートブローは，主としてボイラー内面の水管伝熱面などに付着するスケールやすすの除去を目的として行う。
(2)　スートブローは，ボイラーの負荷が最大負荷の50 ～ 70 %のところで行うのが良い。
(3)　スートブローの回数は，燃料の種類，負荷の程度，蒸気温度などに応じて決める。
(4)　スートブローの蒸気は，ドレンを切り，乾燥したものを用いる。
(5)　スートブロワが複数の場合は，原則として，燃焼ガスの流れに沿って上流側からスートブローを行う。

〔解説〕　ボイラーのすす吹き（スートブロー）の注意事項に関する問題である。

(1)，(4)　スートブローは，ボイラーの水管外面などに付着するすすの除去を目的とし，噴射流体には蒸気又は圧縮空気が用いられている。水管伝熱面などに付着するスケールは除去できない。

したがって，(1)の記述は誤りである。

両流体とも，それに含まれているドレンをよく切ることが必要であり，ドレンが含まれている状態で噴射すると，すすに含まれている，いおう分と反応して伝熱面を腐食させたり，ドレンによる衝撃力によって伝熱面を浸食したりする。

蒸気式スートブローの場合は，完全にドレンを排除するためにスートブロー中でもドレン弁は少し開けておく。

(3)　スートブローの回数は，燃料の種類，負荷の程度などの条件により決められる。

(4)，(5)　ボイラー運転中，燃焼量を下げると通風量が減少し，燃焼室内ガス圧力は低下する。このときスートブローを行うと，火炎が消失したり燃焼ガスの流れを乱すおそれがあるので，ボイラーの負荷の低いとき又は燃焼量を下げた状態でスートブローを行わないで，最大負荷よりやや低いところで行う。

また，消火中のスートブローは，燃焼ガスの流れがないので，除去したすすはボイラーの外に排出できないため，消火中はスートブローを行ってはならない。

〔答〕　(1)

〔ポイント〕　スートブローの操作方法について理解すること「教本3.2.6」。

問6　ボイラーの水位検出器の点検及び整備に関し，次のうち適切でないものはどれか。

(1)　1週間に1回以上，ボイラー水の水位を上下させることにより，水位検出器の作動状況を調べる。
(2)　電極式では，検出筒内の水のブローを1日に1回以上行い，水の純度の上昇による電気伝導率の低下を防ぐ。
(3)　電極式では，6か月に1回程度，検出筒を分解し内部掃除を行うとともに，電極棒を目の細かいサンドペーパーで磨く。
(4)　フロート式では，6か月に1回程度，フロート室を分解し，フロート室内のスラッジやスケールを除去するとともに，フロートの破れ，シャフトの曲がりなどがあれば補修を行う。
(5)　フロート式のマイクロスイッチ端子間の電気抵抗をテスターでチェックする場合，抵抗がスイッチが開のときは無限大で，閉のときは導通があることを確認する。

〔解説〕
(1)　ボイラーの水位検出器（電極式，フロート式）は，1日に1回以上ボイラー水の水位を上下させることにより，水位検出器の作動状況を調べる。1週間に1回ではない。
　したがって，(1)の記述は適切でない。。
(2)　電極式水位検出器の検出筒の水が，蒸気の凝縮により純度が高くならないように（水の導電性が低下しないように），検出筒の水を1日1回以上ブローする（図）。
(3)　電極式では，6～12か月に1回程度検出筒を分解・掃除し，電極棒に付着のスケールをサンドペーパーで磨き，電流を通りやすくする。
(4)，(5)　フロート式水位検出器は，フロート室及び連絡配管の汚れ，つまりを防ぐため，1日1回以上はブローを行い，水位検出器の作動確認を行う。また，フロート式は，6～12か月に1回程度フロート室内を解体し，ベローズ破損の有無，内部の鉄さびの発生及び水分の付着などの点検をして，整備・補修を行う。また，マイクロスイッチはしっかり固定されているかよく点検する。スイッチの電気抵抗をテスターでチェックした場合，スイッチ開の場合は抵抗が無限大となり，閉の場合は抵抗が0Ωとなる。

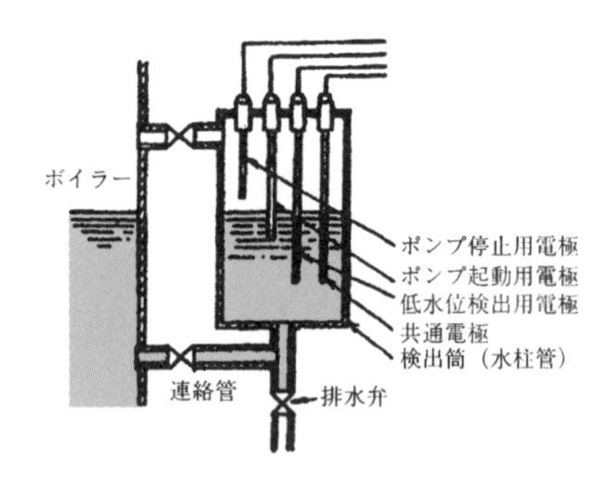

図　電極式水位検出器取付図

〔答〕(1)

〔ポイント〕　水位検出器（電極式とフロート式）の点検・整備の目的と要領について理解すること「教本3.2.7(3)」

問 7　ボイラー休止中の保存法に関し，次のうち誤っているものはどれか。

(1)　乾燥保存法では，ボイラー内に蒸気や水が浸入しないように蒸気管及び給水管のフランジ継手部に閉止板を挟むなどにより，外部と確実に遮断する。
(2)　乾燥保存法では，活性アルミナ，シリカゲルなどの吸湿剤を容器に入れてボイラー内の数箇所に置き，ボイラーを密閉する。
(3)　満水保存法は，休止期間がおおむね 3 か月以内の場合に採用されるが，凍結するおそれがある場合には採用できない。
(4)　短期満水保存法では，ボイラーの停止後にボイラー水の分析を行い，pH，りん酸イオン濃度，亜硫酸イオン濃度などを標準値の下限に保持する。
(5)　長期満水保存法で 1 か月以上の期間保存する場合に，窒素でシールする方法を併用すると，エコノマイザや再熱器に対しても防食上有効である。

〔解説〕　水側の休止保存法には，乾燥法と満水法とがある。
(1)　乾燥保存法（乾式保存法）
　休止期間が 3 か月程度以上の長期にわたる場合，又は凍結のおそれがある場合に採用される。乾燥保存法は，次のように行う。
(a)　乾燥剤による保存
①　ボイラー水を全部排出して内外面を清掃した後，れんが積みが特に湿気を帯びやすい場合など，必要に応じ熱風又は電熱による加熱装置を設けて定期的に加熱乾燥を行う。
②　ボイラー内に蒸気や水が漏れ込まないよう，蒸気管，給水管は確実に外部との連絡を断つ。この連絡遮断は，止め弁を閉止するよりもフランジ継手部分に閉止板を挟んで仕切るのが最も確実である。
③　吸湿剤を容器に入れて，ボイラー内の数箇所に配置し，密閉する。吸湿剤は，活性アルミナ，シリカゲルなどが使用される。
④　密閉の後 1 ～ 2 週間後に吸湿剤を点検し，その結果により吸湿剤の増減及び取替え時期を決定する。
(b)　窒素封入による保存
　ボイラー内部に窒素ガスを60 kPa程度に加圧封入して空気と置換する。
(2)，(3)，(4)，(5)　満水保存法（湿式保存法）
　満水保存法は，凍結のおそれがある場合は採用してはならない。休止期間が 3 か月程度以内の場合，又は緊急時の使用に備えて休止する場合に採用される。
(a)　短期満水保存法（2 週間未満）
　ボイラー停止前にボイラー水の分析を行い，特にpH，りん酸イオン，ヒドラジン，亜硫酸イオンなどを標準値の上限に近く保持する。ボイラーを停止し，残圧が0.3 ～ 0.1 MPaまで低下したら，スラッジなどの沈殿物を排出するために缶底吹出しを行う。次いで，薬液注入を併用しつつ給水を行い満水にする。
(b)　長期満水保存法（2 週間以上）
　ボイラー停止後，ボイラー水をいったん全量ブローするのがよい。その後給水して，添加する薬品の種類，濃度は短期の場合と同様としてよいが，薬液濃度を均一にすることが必要である。薬液の連続注入ができない場合は，常用水位まで給水した後，点火し0.2 ～ 0.5 MPaまで昇圧し，その後満水にする。1 か月以上保存する場合は，窒素によってシールする方法をとるのがよい。窒素封入を併用する方法は，信頼性が高く，過熱器，再熱器，エコノマイザ，脱気器及び給水加熱器に対しても防食上有効である。
　したがって，問の(4)の記述において，標準値の下限に保持するというのは誤りで，正しくは上限に保持するである。

〔答〕　(4)
〔ポイント〕　水側の休止保存法には，乾燥法と満水法がある「教本3.3.5」。

問8　水質に関するAからDまでの記述で，正しいもののみを全て挙げた組合せは，次のうちどれか。

A　水が酸性かアルカリ性かは，水中の水素イオン濃度と酸素イオン濃度により定まり，この程度を表示する方法として水素イオン指数（pH）が用いられる。
B　マグネシウム硬度は，水中のマグネシウムイオンの量を，これに対応する炭酸マグネシウムの量に換算して試料１リットル中のmg数で表す。
C　濁度は，水中に懸濁する不純物によって水が濁る程度を示すもので，濁度１度は，精製水１リットルに白陶土（カオリン）10 mgを含む濁りである。
D　電気伝導率は，その単位がS/m（ジーメンス毎メートル），mS/m，μS/mなどで表され，水溶液中のイオン濃度が高いほど大きくなる。

(1)　A，B，C
(2)　A，B
(3)　A，D
(4)　B，C，D
(5)　D

〔解説〕

A　水（水溶液）が酸性かアルカリ性かは，水中の水素イオン濃度（H+）と，水酸化物イオン濃度（OH^-）により定まり，これを表示する方法として水素イオン指数pHが用いられる。
　酸素イオン濃度ではなく，水酸化物イオン濃度が正しいためこの記述は誤りである。
　なお，常温（25 ℃）ではpH７未満は酸性，７は中性，７を超えるものはアルカリ性である。
B　硬度は水中のカルシウムイオン及びマグネシウムイオンの量を，これに対応する炭酸カルシウムの量に換算して試料１リットル中のmg数で表したものである。
　炭酸マグネシウムの量に換算したものではないため，この記述は誤りである。
　硬度はカルシウム硬度とマグネシウム硬度に区分され，その合計を全硬度という。
C　濁度は水中に懸濁する不純物によって水が濁る程度を示すもので，蒸留水１リットル中に白陶土（カオリン）１mgを含む濁り度を基準とし，これを濁度１度とする。10 mgではなく１mgが正しいためこの記述は誤りである。
D　電気伝導率を測定し，水中の電解質の濃度の概略値を知ることができる。電気抵抗の逆数を示し，S/m，mS/m，μS/mで表す。

したがって，正しいものは，(5)　D　である。

〔答〕 (5)

〔ポイント〕 水に関する用語と単位を理解すること「教本3.4.3」。

問 9　蒸発量が320 kg/hの炉筒煙管ボイラーに塩化物イオン濃度が15 mg/ Lの給水を行い，20 kg/hの連続吹出しを行う場合，ボイラー水の塩化物イオン濃度の値に最も近いものは，次のうちどれか。
なお，Lはリットルである。

(1)　175 mg/ L
(2)　195 mg/ L
(3)　215 mg/ L
(4)　235 mg/ L
(5)　255 mg/ L

〔解説〕 蒸気中の塩化物イオン（Cl^-）濃度が0 mg/kg，ボイラーの水の1 Lが1 kg，ボイラー保有水量が変わらないと仮定し，1日にボイラーに入ってくる給水中の塩化物イオンの量と1日のブロー量でボイラーから排出される塩化物イオンの量が等しいとして，式を立てて解けばよい（下図参照）。

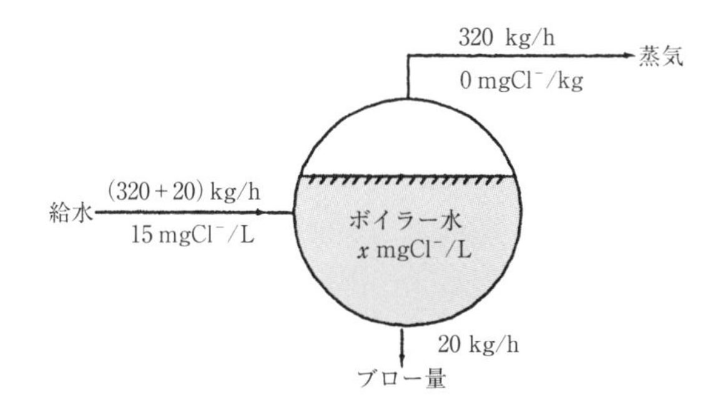

1 時間にボイラーに入ってくる塩化物イオンは，(320 + 20) ×15 $mgCl^-/h$。
ブローによってボイラーから排出される塩化物イオンは，20 × x $mgCl^-/h$
両者を等しいとおくと

$$(320+20) \times 15 = 20 \times x$$

$$x = \frac{(320+20) \times 15}{20} = 255\ mgCl^-/L$$

したがって，最も近い値は (5) 255 mg/Lである。

〔答〕 (5)

〔ポイント〕 ボイラー水の濃度管理について理解すること「教本3.4.6 (4)」。

問10　ボイラーの腐食，劣化及び損傷に関し，次のうち適切なものはどれか。

(1)　圧壊は，円筒又は球体の部分が外側からの圧力に耐えきれずに急激に押しつぶされて裂ける現象で，火炎に触れる胴の底部などに生じる。
(2)　苛性ぜい化は，熱負荷の高いところの管壁とスケールとの間で水酸化ナトリウムの濃度が高くなりすぎたときに生じる局部腐食である。
(3)　ピッチングは，米粒から豆粒大の点状の腐食で，主として水に溶存する二酸化炭素の作用により生じる。
(4)　グルービングは，主としてボイラー水に溶存する酸素の作用により生じる細長く連続した溝状の腐食で，曲げ応力や溶接による応力が大きく作用する箇所に生じる。
(5)　膨出は，火炎が触れる部分などが腐食により強度が低下して，外側に膨れ出る現象である。

〔解説〕

(1)　炉筒や火室のように円筒，又は球体の部分が外側からの圧力に耐えられずに，急激に押しつぶされて裂ける現象を圧壊という。火炎に触れる炉筒の上部や火室上部などに生じる。
　したがって，問の(1)の記述は適切でない。
(2)　苛性ぜい化は，拡管部の管と管穴の間など狭い隙間にボイラー水が浸入すると，加熱によってアルカリ分は濃縮され，応力の作用と相まって金属面の結晶粒界に割れが起こる現象である。
　したがって，問の(2)の記述は適切でない。
(3)　ピッチング（孔食）は，主としてボイラー水に溶存する酸素（O_2）の作用によるものである。
　したがって，問の(3)の記述は適切でない。
(4)　グルービングは，細長く連続した溝状（V字型）を呈する溶存酸素による腐食で，急熱・急冷が繰り返されることにより，材料に疲労が生じて発生する損傷である。主に，ガセットステーの取付部，ボイラー鏡板の湾曲部，鏡板にあけられた給水穴及びフランジの根元のような繰返し応力や集中応力を受ける部分に発生する腐食である。
　したがって，問の(4)の記述は適切である。
(5)　ボイラー本体の火炎に触れる部分が過熱されることにより，強度が低下し，内部の圧力に耐えられずに外部へ膨れ出る現象を膨出という。炉筒のフランジ部や煙管は割れが生じやすい。
　したがって，問の(5)の記述は適切でない。

〔答〕 (4)

〔ポイント〕　腐食の形態「教本3.5.1 (2)」，加圧水の事故「教本3.5.3 (1)」及び鋳鉄製ボイラーの特徴「教本1.5」を理解すること。

問１　ボイラーの蒸気圧力上昇時の取扱いに関するＡからＤまでの記述で，正しいもののみを全て挙げた組合せは，次のうちどれか。

Ａ　空気予熱器に不同膨張による漏れなどを生じさせないため，燃焼初期はできる限り低燃焼とし，低燃焼中は空気予熱器の出口ガス温度を監視して，空気予熱器内での異常燃焼を防ぐ。
Ｂ　エコノマイザの前に蒸発管群がない場合は，燃焼ガスを通し始めた後に，ボイラー水の一部をエコノマイザ入口に供給して，エコノマイザ内の水を循環させる。
Ｃ　ボイラー水の温度が高くなっていくと水位が上昇するので，高水位となったら，ボイラー水を排出して常用水位に戻す。
Ｄ　蒸気が十分発生し，蒸気の圧力が0.1 MPaを超えてから，空気抜き弁を開く。

(1)　Ａ，Ｂ，Ｃ
(2)　Ａ，Ｃ
(3)　Ａ，Ｃ，Ｄ
(4)　Ｂ，Ｄ
(5)　Ｃ，Ｄ

〔解説〕
Ａ　空気予熱器には，始めから高温のガスを通さないように注意する。煙道内の空気予熱器は温度変化によって不同膨張を起こし，ケーシングやダクトから漏れが生じることがある。特に再生式空気予熱器においては，ボイラーのたき始め前に運転し，その回転に支障を与えたり，密封部分から漏れを生じたりすることがないようにする。したがって，燃焼初期においてはできる限り最低燃焼とする必要がある。点火後の低燃焼期間中は，空気予熱器の出口ガス温度を厳重に監視する。突然温度が上昇するときは空気予熱器内で異常燃焼が発生していることを示す。
　したがって，問のＡの記述は正しい。
Ｂ　エコノマイザの前に蒸発管群がない場合は，高温の燃焼ガスがエコノマイザに流れるので燃焼ガスを通す前に，ボイラー水の一部をエコノマイザ入口に供給してエコノマイザ内の水を循環させる。エコノマイザの前に蒸発管群がある場合は，燃焼ガスを通し始めて，エコノマイザ内の水の温度が上昇し蒸発が発生しても，そのままボイラーに通水する。
Ｃ　ボイラー胴の水位は常用水位の状態でたき始めるが，ボイラー水が加熱されると膨張し水位が上がるので，ボイラー水をブローして水位を常用水位まで下げる。
　したがって，問のＣの記述は正しい。
Ｄ　水張りをしたボイラーに点火し，それと同時に空気抜き弁を開き，ボイラーを常温から暖缶し，ボイラー圧力が0.1 MPaを超えて蒸気が十分発生し，その発生蒸気によりボイラー並びに配管中の空気抜き及びドレン切りを十分に行う。

〔答〕　(2)

〔ポイント〕　ボイラーの圧力上昇時の取扱いを理解すること「教本3.1.4」。

問２　ボイラーにおけるキャリオーバに関し，次のうち誤っているものはどれか。

(1)　プライミングは，蒸気負荷の急増，ドラム水位の異常な上昇時などに生じやすい。
(2)　ホーミングは，ボイラー水に溶解した蒸発残留物などが過度に濃縮したときや有機物が存在するときに生じやすい。
(3)　プライミングやホーミングが急激に生じると，水位制御装置が水位が上がったものと認識し，低水位事故を起こすおそれがある。
(4)　キャリオーバが生じると，ウォータハンマが起こることがある。
(5)　キャリオーバが生じると，ボイラー水が過熱器に入り，過熱度が過昇する。

〔解説〕　ボイラーから出て行く蒸気にボイラー水が水滴の状態で，また泡の状態で混じって運び出される現象をキャリオーバといい，その発生原因からプライミング(気水共発)，ホーミング(泡立ち) 及びシリカの選択的キャリオーバに分けられる。
　プライミングとホーミングとは発生原因が異なるので，それぞれに対応する対策をとる必要がある（表１，２）。

表１　キャリオーバの現象と原因

	プライミング	ホーミング
現象	ボイラー水が水滴となって蒸気とともに運び出される	泡が発生しドラム内に広がり蒸気に水分が混入して運び出される
原因等	蒸気流量の急増等によるドラム水面の変動	溶解性蒸発残留物の過度の濃縮又は有機物の存在

表２　キャリオーバの原因と処置

原因	処置
①　蒸気負荷が過大である ②　主蒸気弁などを急に開く ③　高水位である ④　ボイラー水が過度に濃縮され，不純物が多い。また，油脂分が含まれている	①　燃焼量を下げる ②　主蒸気弁などを徐々に絞り，水位の安定を保つ ③　一部をブローする ④　水質試験を行い，吹出し量を増して，必要によりボイラー水を入れ替える

(1)　ボイラーの蒸気負荷（蒸気量）が急増したとき及びボイラーの水位が標準水位より高いと（蒸気室負荷が大きくなる)，水面と蒸気取出口の距離が接近し，また水面の面積が狭くなりプライミングが発生しやすくなる。
(2)　ホーミングが発生したときはボイラー水の一部を吹出し，新しい水を入れてボイラー水の濃度を下げる。
(3)　プライミング及びホーミングが急激に生じると，いずれも水位が高くなるので水位制御装置は水位を下げようと作動するため，低水位事故を起こすおそれがある。
(4)　キャリオーバが生じると，蒸気とともにボイラーから出た水分が蒸気配管にたまり，ウォータハンマを起こし，配管，弁などに損傷を与えることがある。
(5)　キャリオーバが発生して，ボイラー水が過熱器に入ると，過熱度が低下し，蒸気温度が低下する。かつ，過熱器管にスケールを付着させ焼損することがある。
　したがって，問の(5)の記述は誤りである。

〔答〕 (5)
〔ポイント〕　キャリオーバとその障害，原因及び処置（表１，表２）について理解すること「教本3.1.7 (3)」。

問3　ボイラーのばね安全弁の調整及び試験に関するAからDまでの記述で，適切なもののみを全て挙げた組合せは，次のうちどれか。

A　安全弁の吹出し圧力が設定圧力よりも低い場合は，一旦，ボイラーの圧力を設定圧力の80 %程度まで下げ，調整ボルトを緩めて，再度，試験をする。
B　ボイラー本体に安全弁が2個ある場合は，1個を最高使用圧力以下で先に作動するように調整し，他の1個を最高使用圧力の3 %増以下で作動するように調整することができる。
C　最高使用圧力の異なるボイラーが連絡している場合で，各ボイラーの安全弁をそれぞれの最高使用圧力に調整したいときは，圧力の高いボイラー側に蒸気逆止め弁を設ける。
D　安全弁の手動試験は，最高使用圧力の75 %以上の圧力で行う。

(1)　A，B，D　　(4)　B，C，D
(2)　A，C　　(5)　B，D
(3)　A，D

〔解説〕
A　安全弁の吹出し圧力が，設定圧力よりも低い場合は，いったんボイラーの圧力を設定圧力の80 %程度まで下げ，調整ボルトを締めて吹出し圧力（設定圧力）を再調整する。
B　安全弁が2個以上ある場合は，いずれか1個を最高使用圧力又はそれ以下で先に吹き出すように調整し，段階的な圧力で作動するようにする。1個の安全弁を最高使用圧力以下で作動するように調整したときは，他の安全弁を最高使用圧力の3パーセント増以下で作動するように調整することができる。したがって，問のBの記述は適切である。
C　各ボイラーの安全弁を，それぞれの最高使用圧力に調整したいときは，圧力の低いボイラー側に蒸気逆止弁を設けるか。または，それぞれ単独に配管しなければならない。それは，運転中に最高使用圧力の高い方のボイラー（Aボイラー）の蒸気圧力が，最高使用圧力の低い方のボイラー（Bボイラー）の蒸気圧力より高くなると，Aボイラーの蒸気がBボイラーに流れ込みBボイラーの蒸気圧力を上昇させ，安全弁が吹き出すおそれがあるためである。最高使用圧力の異なるボイラーが連絡する場合は，最高使用圧力の低いボイラーを基準に安全弁を調整する。
D　安全弁の揚弁レバー（試験レバー）を持ち上げて行う手動試験は，ボイラーが定常負荷のもとで揚弁機構に異常のないことを確認したり，安全弁に蒸気漏れがあった場合に作動させるのが目的である。蒸気圧力が安全弁の吹出し圧力（最高使用圧力とほぼ同じ）の75 %以上の圧力のとき，手動によってこの揚弁レバーを持ち上げれば，安全弁の弁体が揚げられ吹き出すようになっている。したがって，問のDの記述は適切である。

〔答〕(5)

〔ポイント〕安全弁（本体付，過熱器付，エコノマイザ付）の調整について理解すること「教本3.2.3」。

問4　ボイラー水の吹出しに関し，次のうち誤っているものはどれか。

(1)　吹出し装置は，スケールやスラッジにより詰まることがあるので，適宜吹出しを行ってその機能を維持する。
(2)　一人で２基以上のボイラーの吹出しを同時に行ってはならない。
(3)　鋳鉄製蒸気ボイラーの吹出しは，燃焼をしばらく停止してボイラー水の一部を入れ替えるときに行う。
(4)　吹出しが終了したときは，吹出し弁又はコックを確実に閉じた後，吹出し管の開口端を点検し，漏れていないことを確認する。
(5)　直列に設けられている２個の吹出し弁を閉じるときは，第一吹出し弁を先に操作する。

〔解説〕

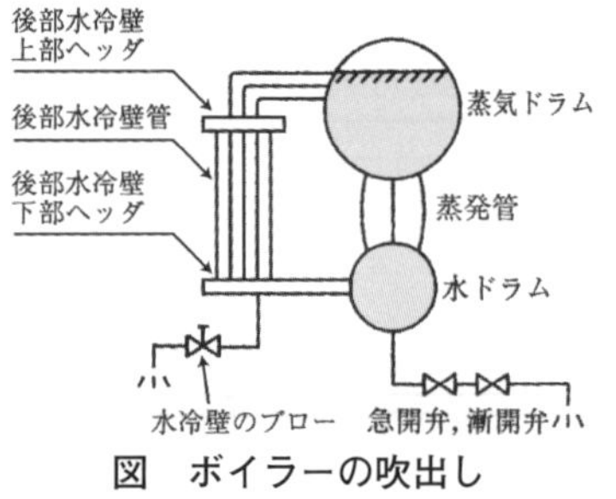

図　ボイラーの吹出し

(1)　ブロー装置は，スケール，スラッジにより詰まることがあるので，適宜ブローを行い，その機能を維持しなければならない。
(2)　ブローを行っている間は，他の作業を行ってはならない。また，１人で２基以上のボイラーのブローを同時に行ってはならない。
(3)　鋳鉄製蒸気ボイラーは，復水（ほぼ純水）のほとんどが回収されるので，補給水（不純物を含んでいる）の供給は僅かであり，ボイラー水中の不純物の濃縮及びスラッジの生成はほとんどないので，吹出しを行う必要はない。もし，燃焼中にブローを行うと，給水により急冷され割れが発生するおそれがあるので，燃焼中にブローを行ってはならない。吹出しを行う場合は，燃焼を停止し，しばらくしてから吹出しを行う。
(4)，(5)　吹出し操作に当たっては，吹出しを開始するときは急開弁（ボイラー側に取り付けられている。：第一吹き出し弁）を先に全開し，次に漸開弁（急開弁の下流側に取り付けられている。）を開けて開度を調節して吹出し量を調節する。閉じる場合は，漸開弁を閉とした後，急開弁(ボイラーに近い弁）を閉じる(図)。
　したがって，問の(5)の記述は誤りである。

〔答〕 (5)

〔ポイント〕 吹出し（ブロー）装置について理解すること「教本3.2.4」。

問５　ボイラーに給水するディフューザポンプの取扱いに関し，次のうち誤っているものはどれか。

(1)　運転前に，ポンプ内及びポンプ前後の配管内の空気を十分に抜く。
(2)　起動するときは，吐出し弁を全閉，吸込み弁を全開にした状態で行い，ポンプ駆動用電動機が過電流とならないようにする。
(3)　運転中は，ポンプの吐出し圧力，流量及び負荷電流が適正であることを確認する。
(4)　メカニカルシール式の軸については，運転中の水漏れを完全には止めることができない。
(5)　運転を停止するときは，吐出し弁を徐々に閉め，全閉にしてからポンプ駆動用電動機を止める。

〔解説〕

(1)，(4)　吸込側の軸シール部から空気が少しでも入ると，ポンプの機能が落ちる。

ポンプの軸をシールする方式にグランドパッキン式（図(a)）とメカニカルシール式(図(b)) がある。グランドパッキン式では，運転中少量の水が滴下する程度にパッキンを締めるが，メカニカルシール式の軸については水漏れがないことを確認する。また，運転前には，ポンプ内及びポンプ前後の配管内の空気は十分に抜いておくこと。問の(4)の記述内容は，グランドパッキン式のものであり誤りである。

(2)，(3)，(5)　ポンプの起動時は，吸込弁を全開，吐出弁を全閉として，起動後は，吐出弁を徐々に開く。停止時は吐出弁を徐々に絞り，全閉にしてから電動機を止める。なお，吐出弁を閉じたまま長く運転すると，ポンプ内の水温が上昇し過熱を起こすので取り扱いには十分注意をする。運転中はポンプの吐出圧力，流量及び電動機の電流値を確認する。また，振動，異音，偏心，軸受の過熱，油漏れなどの有無を点検する。

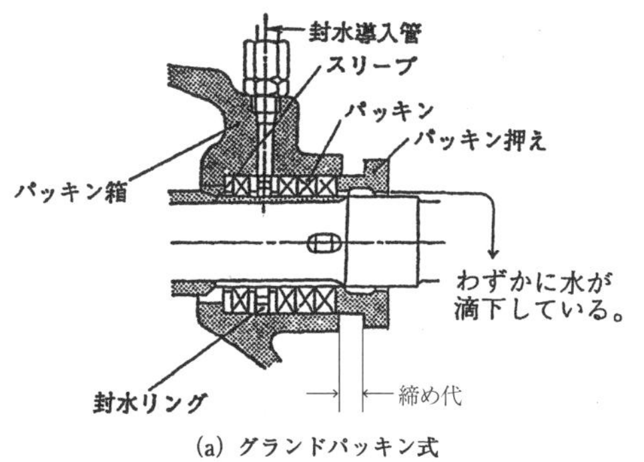

(a) グランドパッキン式

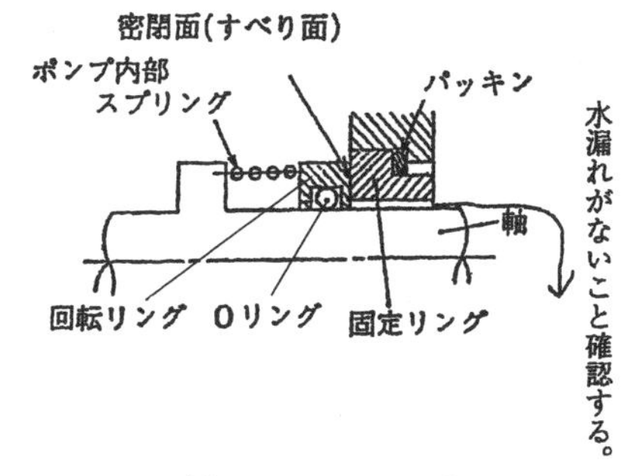

(b) メカニカルシール式

図　ポンプの軸シール方式

〔答〕(4)

〔ポイント〕　ボイラー給水ポンプの取扱いについて理解すること「教本3.2.5」。

問6　ボイラーの自動制御装置の点検などに関し，次のうち誤っているものはどれか。

(1)　燃料遮断弁は，燃料漏れがないか点検するとともに，電磁コイルの絶縁抵抗を測定することにより，漏電がないか点検する。
(2)　コントロールモータは，これと燃料調節弁及び空気ダンパとの連結機構に，固定ねじの緩み，外れ及び位置のずれがないか点検する。
(3)　溶液密封式温度検出器の感温体や保護管は，水あか，スケールなどが付着していないか，完全に挿入して取り付けられているか点検する。
(4)　オンオフ式圧力調節器では，比例帯が小さすぎるとハンチングを起こしたり，リレーなどの寿命が短くなるので，適正な設定値であるか点検する。
(5)　熱膨張管式水位調整装置の熱膨張管の水側は，１日１回以上ドレン弁を開いてブローする。

〔解説〕
(1)　燃料遮断弁は内部弁座漏れがないこと，また，電磁コイルの絶縁抵抗を測定し漏電がないか点検する。
(2)　比例式制御調節の場合，コントロールモータと燃料調節弁，空気ダンパとはリンクで連結されているがその連結機構に，固定ねじのゆるみ，外れ及び位置のずれがないことを点検する。
(3)　溶液密封式温度検出器の感温体は，直接ボイラー本体に取付ける場合と，保護管を用いて取付けるものもある。感温体および保護管は，水あか，スケールなどが付着していたり，また完全に挿入していないと正確な温度を測ることはできない。
(4)　中小容量のボイラーの蒸気圧力調節器には，オンオフ式蒸気圧力調節器と，比例式蒸気圧力調節器がある。
　オンオフ式蒸気圧力調節器は，動作すき間の設定，比例式蒸気圧力調節器は，内蔵しているすべり抵抗器のワイパの接触不良，抵抗線の汚損，焼損，断線等が生じていないか点検する。したがって，問の(4)の記述は誤りである。
(5)　熱膨張管式水位調整装置のメンテナンスを下記に示す。
　①　熱膨張管の水側は１日１回以上ドレン弁を開いてブローする。
　②　ドレン弁が漏れていないことを確認する。水側連絡管の加熱の状態は素手でしっかり握れる程度でなければならない。また，十分な放熱状態にあることを確認する。
　③　テンションレリーフの摺（しゅう）動部及び各ピン，ジョイントの部分には，時々潤滑油を注油して作動が滑らかであることを確認する。

〔答〕(4)

〔ポイント〕　ボイラーの自動制御装置の点検内容について理解すること「教本3.2.7」。

問7　水質に関し，次のうち誤っているものはどれか。

(1)　常温（25 ℃）でpHが7未満は酸性，7は中性，7を超えるものはアルカリ性である。
(2)　カルシウム硬度は，水中のマグネシウムイオンの量を，これに対応する炭酸カルシウムの量に換算して試料1リットル中のmg数で表す。
(3)　濁度は，水中に懸濁する不純物によって水が濁る程度を示すもので，濁度1度は，精製水1リットルに白陶土（カオリン）1 mgを含む濁りである。
(4)　酸消費量（pH4.8）を滴定する場合は，メチルレッド溶液を指示薬として用いる。
(5)　電気伝導率は，その単位がS/m（ジーメンス毎メートル），mS/m，μS/mなどで表され，ボイラー水の電気伝導率を測定することにより，水中の電解質の濃度の概略値を求めることができる。

〔解説〕

(1)　水（水溶液）が酸性かアルカリ性かは，水中の水素イオン濃度（H^+）と，水酸化物イオン濃度（OH^-）により定まり，これを表示する方法として水素イオン指数pHが用いられる。常温（25 ℃）ではpH 7未満は酸性，7は中性，7を超えるものはアルカリ性である。
(2)　硬度は水中のカルシウムイオン及びマグネシウムイオンの量を，これに対応する炭酸カルシウムの量に換算して試料1リットル中のmg数で表したものである。硬度はカルシウム硬度とマグネシウム硬度に区分され，その合計を全硬度という。
　したがって，問の(2)の記述は誤りである。
(3)　濁度は水中に懸濁する不純物によって水が濁る程度を示すもので，蒸留水1リットル中に白陶土（カオリン）1 mgを含む濁り度を基準とし，これを濁度1度とする。
(4)　酸消費量は水中に含まれる水酸化物，炭酸塩，炭酸水素塩などのアルカリ分を示すものであり，アルカリ分を所定のpHに中和するのに要する酸の量によって表したものである。
　酸消費量を表示するには，酸消費量（pH4.8）と酸消費量（pH8.3）がある。
　酸消費量（pH4.8）は，試料のpHをpH4.8まで中和するのに要する酸の量をいい，指示薬としてはメチルレッド溶液が使われる。
　酸消費量（pH8.3）は，試料のpHをpH8.3まで中和するのに要する酸の量をいい，指示薬としてはフェノールフタレイン溶液が使われる。
(5)　電気伝導率を測定し，水中の電解質の濃度の概略値を知ることができる。電気抵抗の逆数を示し，S/m，mS/m，μS/mで表す。
　水中の電解質の濃度の概略値は，全蒸発残留物として次の式で求めることができる。
　全蒸発残留物（mg/L）≒電気伝導率（mS/m）×（5～7）

〔答〕(2)

〔ポイント〕　水に関する用語と単位を理解すること「教本3.4.3」。

問8　蒸発量が125 kg/hの炉筒煙管ボイラーに塩化物イオン濃度が15 mg/Lの給水を行い，5 kg/hの連続吹出しを行う場合，ボイラー水の塩化物イオン濃度の値に最も近いものは，次のうちどれか。
　なお，Lはリットルである。

(1)　370 mg/L
(2)　390 mg/L
(3)　410 mg/L
(4)　430 mg/L
(5)　450 mg/L

〔解説〕　蒸気中の塩化物イオン（Cl^-）濃度が0 mg/kg，ボイラーの水の1 Lが1 kg，ボイラー保有水量が変わらないと仮定し，1日にボイラーに入ってくる給水中の塩化物イオンの量と1日のブロー量でボイラーから排出される塩化物イオンの量が等しいとして，式を立てて解けばよい（下図参照）。

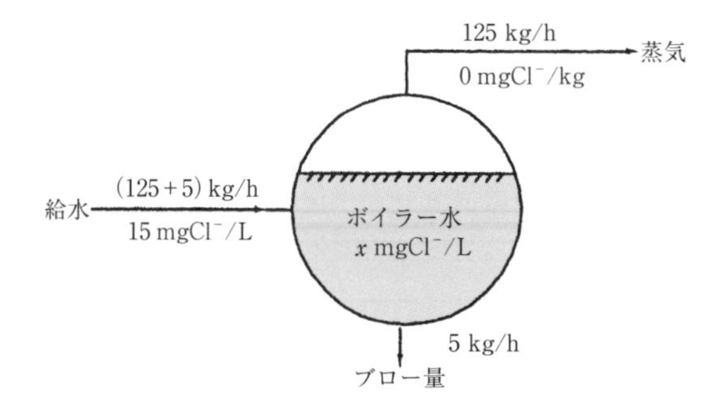

　1時間にボイラーに入ってくる塩化物イオンは，（125＋5）×15 $mgCl^-$/h。
ブローによってボイラーから排出される塩化物イオンは，5×x $mgCl^-$/h
両者を等しいとおくと

$$(125+5)\times 15 = 5\times x$$

$$x=\frac{(125+5)\times 15}{5}=390\ \mathrm{mgCl^-/L}$$

　したがって，最も近い値は(2)　390 mg/Lである。

〔答〕(2)

〔ポイント〕　ボイラー水の濃度管理について理解すること「教本3.4.6(4)」。

問９　ボイラーの清缶剤に関し，次のうち誤っているものはどれか。
なお，Ｌはリットルである。

(1)　軟化剤は，ボイラー水中の硬度成分を不溶性の化合物（スラッジ）に変えるための薬剤である。
(2)　軟化剤には，炭酸ナトリウム，りん酸ナトリウムなどがある。
(3)　脱酸素剤は，ボイラー給水中の酸素を除去するための薬剤である。
(4)　溶存酸素１mg/Lの除去には，計算上はヒドラジン１mg/Lを要するが，実際はこれより多く用いる。
(5)　低圧のボイラーの酸消費量付与剤としては，タンニン及び亜硫酸ナトリウムが用いられる。

〔解説〕
(1)　軟化剤は，ボイラー水中の硬度成分の不溶性の化合物（スラッジ）に変えて，スケール付着を防止する。
(2)　軟化剤には，炭酸ナトリウム，りん酸ナトリウムなどがある。
(3)　ボイラー給水中の溶存酸素の除去をするものが脱酸素剤である。
(4)　ヒドラジン（N_2H_4）は，反応生成物が窒素と水であり，ボイラーの溶解性蒸発残留物濃度が上昇しない利点があるため，高圧ボイラーに使用される。１mg/Lの溶存酸素の除去のためには，１mg/Lのヒドラジンが必要とされる。

$$N_2H_4 + O_2 \rightarrow N_2 + 2H_2O$$

(5)　酸消費量調節剤には，ボイラー水に酸消費量を付与するものと酸消費量の上昇を抑制するものとがある。酸消費量付与剤としては，低圧ボイラーでは水酸化ナトリウム，炭酸ナトリウムが用いられ，高圧ボイラーでは水酸化ナトリウム，りん酸ナトリウム（Na_3PO_4），アンモニア（NH_3）が用いられる。酸消費量抑制剤にはりん酸二水素ナトリウム（NaH_2PO_4），ヘキサメタりん酸ナトリウム（$(NaPO_3)_6$）が用いられる。
　したがって，問の(5)の記述は誤りである。

〔答〕　(5)

〔ポイント〕　清缶剤の使用目的と薬品名を理解すること「教本3.4.6 (2)，(3)」。

問10　ボイラーの腐食，劣化及び損傷に関し，次のうち誤っているものはどれか。

(1)　グルービングは，不連続な溝状の全面腐食で，残留応力との相互作用により応力腐食割れが生じることがある。
(2)　苛性ぜい化は，管と管穴の間などの狭い隙間にボイラー水が浸入し，濃縮されてアルカリ濃度が高くなったときに，金属面の結晶粒界に割れが生じる現象である。
(3)　圧壊は，円筒又は球体の部分が外側からの圧力に耐えきれずに急激に押しつぶされて裂ける現象で，過熱された炉筒上面などに生じる。
(4)　膨出は，火炎に触れる水管などが過熱されて強度が低下し，内部の圧力に耐えきれずに外側へ膨れ出る現象である。
(5)　鋳鉄製ボイラーのセクションに割れが生じる原因は，無理な締付け，不均一な加熱，急熱急冷による不同膨張などである。

〔解説〕
(1)　グルービングは，細長く連続した溝状（V字型）を呈する溶存酸素による腐食で，急熱・急冷が繰り返されることにより，材料に疲労が生じて発生する損傷である。主に，ガセットステーの取付部，ボイラー鏡板の湾曲部，鏡板にあけられた給水穴及びフランジの根元のような繰返し応力や集中応力を受ける部分に発生する腐食である。
　したがって，問の(1)の記述は誤りである。
(2)　苛性ぜい化は，拡管部の管と管穴の間など狭い隙間にボイラー水が浸入すると，加熱によってアルカリ分は濃縮され，応力の作用と相まって金属面の結晶粒界に割れが起こる現象である。
(3)　炉筒や火室のように円筒，又は球体の部分が外側からの圧力に耐えられずに，急激に押しつぶされて裂ける現象を圧壊という。火炎に触れる炉筒の上部や火室上部などに生じる。
(4)　ボイラー本体の火炎に触れる部分が過熱されることにより，強度が低下し，内部の圧力に耐えられずに外部へ膨れ出る現象を膨出という。炉筒のフランジ部や煙管は割れが生じやすい。
(5)　鋳鉄製ボイラーの各セクションに割れが生じる原因の大部分は，不同膨張に基づく熱応力によるものである。

〔答〕 (1)

〔ポイント〕 腐食の形態「教本3.5.1 (2)」，加圧水の事故「教本3.5.3 (1)」及び鋳鉄製ボイラーの特徴「教本1.5」を理解すること。

■ 令和３年後期：ボイラーの取扱いに関する知識 ■

問１　ボイラーの蒸気圧力上昇時の取扱いに関し，次のうち適切でないものはどれか。

(1)　常温の水からたき始めるときは，ボイラー本体各部の圧力上昇が平均するように温度の上昇を調整する。
(2)　空気予熱器内での異常燃焼を防ぐため，燃焼初期はできる限り低燃焼とし，低燃焼中は空気予熱器の出口ガス温度を監視する。
(3)　エコノマイザの前に蒸発管群がある場合は，燃焼ガスを通し始めて，エコノマイザ内の水の温度が上昇し蒸気が発生しても，そのまま通水する。
(4)　ボイラー水の温度が高くなると水位が上昇するので，高水位となったら，ボイラー水を排出して常用水位に戻す。
(5)　ボイラー水の温度が上昇し，蒸気が十分発生してから，空気抜弁を閉じる。

〔解説〕
(1)　常温の水からたき始めるときは，各部材に不同膨張を起こさせないよう徐々に昇圧（昇温）するようにする。ボイラー圧力を急速に上昇すると，不同膨張を起こし，大きな熱応力が発生し，また，耐火材の割れや脱落する原因となる。
　したがって，(1)の記述は適切でない。
(2)　燃焼初期においては，できる限り最低燃焼とする。たき始めから高温の燃焼ガスを空気予熱器に通すと部分的な加熱によって不同膨張を起こし，ケーシングやダクトから漏れが生じるおそれがある。特に再生式空気予熱器においては，その回転に支障を与えたり，密閉部分から漏れを生じやすいので留意する必要がある。また，未燃分が再燃焼（二次燃焼）し空気予熱器を焼損する場合があるので，点火後の低燃焼期間中は，空気予熱器の出口ガス温度を厳重に監視する。
(3)　エコノマイザの前に蒸発管群がない場合は，高温の燃焼ガスがエコノマイザに流れるので燃焼ガスを通す前に，ボイラー水の一部をエコノマイザ入口に供給してエコノマイザ内の水を循環させる。エコノマイザの前に蒸発管群がある場合は，燃焼ガスを通し始めて，エコノマイザ内の水の温度が上昇し蒸発が発生しても，そのままボイラーに通水する。
(4)　ボイラー胴の水位は常用水位の状態でたき始めるが，ボイラー水が加熱されると膨張し水位が上がるので，ボイラー水をブローして水位を常用水位まで下げる。
(5)　水張りをしたボイラーに点火し，ボイラーを常温から暖缶し，ボイラー圧力が0.1 MPaを超えて，蒸気が十分発生し，その発生蒸気によりボイラー並びに配管中の空気抜き及びドレン切りを十分に行う。

〔答〕 (1)

〔ポイント〕　ボイラーの圧力上昇時の取扱いを理解すること「教本3.1.4」。

問2　ボイラーの送気開始時及び運転中の取扱いに関するAからDまでの記述で，正しいもののみを全て挙げた組合せは，次のうちどれか。

A　送気開始時は，ドレンを切り，暖管を十分に行った後，主蒸気弁を段階的に少しずつ開き全開状態にしてから，少し戻して送気する。
B　油だきボイラーの燃焼状態を監視し，火炎が輝白色で，炉内が明るいかなどを確認し，その状態を保つ。
C　運転中，水面計の水位に全く動きがないときは，元弁が閉まっているか，又は水側連絡管に詰まりが生じている可能性があるので，直ちに水面計の機能試験を行う。
D　送気し始めると，ボイラーの圧力が上昇するので，圧力計を見ながら燃焼量を調節する。

(1)　A，B，C
(2)　A，C
(3)　A，C，D
(4)　A，D
(5)　B，D

〔解説〕
A　送気開始時，閉止している主蒸気弁を開くときは，ウォータハンマを起こさないように主蒸気管を暖め，ドレンを排出しながら徐々に送気量を増やす。その後，主蒸気弁は全開としたら，熱膨張による弁棒の固着を防止するために必ず少し戻した状態とする。
　したがって，この記述は正しい。
B　燃焼状態の良好な油だきにおける火炎は，オレンジ色で炉壁などに衝突することなく，全般に緩やかな浮遊状態をとる。
C　運転中のボイラーでは，水面計の水位は絶えず上下方向にかすかに動いているのが普通である。全く動きのない場合は，元弁が閉まっているかどこかに詰まりを生じている可能性があるので，直ちに機能試験を行う。
　したがって，この記述は正しい。
D　主蒸気弁を開け送気を始めると，ボイラーの圧力が降下するので，圧力計を見ながら燃焼量を徐々に増やしていくこと。

〔答〕　(2)

〔ポイント〕　ボイラーの送気開始時及び運転中の取扱いについて理解すること「教本3.1.5，3.1.6」。

問３　重油焚きボイラーの燃焼の状態に関し，次のうち誤っているものはどれか。

(1)　燃焼室以外の燃焼ガス通路に堆積した未燃のすすが，燃焼することがあり，これを「スートファイヤ」という。
(2)　燃焼中に，燃焼室又は煙道内で連続的な低周波のうなりを発する現象を「かまなり」という。
(3)「かまなり」の原因としては，燃焼によるもの，ガスの偏流によるもの，渦によるものなどが考えられる。
(4)　火炎が息づく原因としては，燃料油圧や油温の変動，燃料調整弁や風量調節用ダンパのハンチングなどが考えられる。
(5)　火炎が短い場合は，燃焼用空気の不足，バーナノズル部の不良などが原因として考えられる。

〔解説〕
(1)　不完全燃焼による未燃分が，燃焼室以外の燃焼ガス通路で適量の空気と混合して再び燃焼することがある。これを二次燃焼（スートファイア）という。二次燃焼を起こすと，起こす場所によってはボイラー燃焼状態が不安定となり危険である。また，小規模な二次燃焼でも耐火材，ケーシング又は空気予熱器などを焼損させる。
(2), (3)　燃焼中に，燃焼室あるいは煙道内で連続的な低周波のうなりを発生することがある。この現象を「かまなり」という。かまなりは燃焼ガスの偏流，気柱振動及び渦などの発生によるものが原因と考えられる。
(4)　火炎が息づく場合は，燃料油圧や油温の変動（一般に高すぎ）及び燃料調整弁や風量調節用ダンパのハンチングなどが原因である。
(5)　バーナの火炎が赤い，火炎が長すぎる及び火炎の先端に黒煙が出る場合は，空気の不足，燃料と空気の攪拌不良またはバーナノズル部の不良などが原因である。

したがって，(5)の記述は誤りである。

〔答〕 (5)

〔ポイント〕 ボイラーの運転中の異常燃焼を理解すること「教本3.1.7 (4)」。

問4　ボイラーの水面計及び圧力計の取扱いに関し，次のうち誤っているものはどれか。

(1)　運転開始時の水面計の機能試験は，残圧がある場合は点火直前に行う。
(2)　水面計を取り付ける水柱管の水側連絡管の取付けは，ボイラー本体から水柱管に向かって上がり勾配とする。
(3)　水面計のコックを開くときは，ハンドルが管軸に対し直角方向になるようにする。
(4)　圧力計のサイホン管の垂直部にはコックを取り付け，ハンドルが管軸と同じ方向のときにコックが閉じるようにする。
(5)　圧力計は，原則として，毎年1回，圧力計試験機による試験を行うか，又は試験専用の圧力計を用いて比較試験を行う。

〔解説〕

(1)　水面計の機能試験は1日1回以上行う。運転開始時，機能試験の正しい取扱いは，残圧がある場合には点火直前に行い，残圧がない場合は点火して圧力が上がり始めた時に行う。

(2)　ボイラー本体から水柱管への水側連絡管は,スラッジがたまりやすいので,水柱管に向かって上がり勾配の配管とすること（図1）。また，水柱管又は水側連絡管の角曲がり部には，点検・掃除用にプラグを設ける（図1）。

(3)　水面計コックの（蒸気・水）は，常時開，ドレンコックは常時閉とすること。コックのハンドルが管軸の方向と一致するとき「閉」であり，管軸と直角方向になっている場合は「開」である（図2）。コックのハンドルを通常の配管コックと同様に管軸とハンドルを平行で開とすると，振動によって次第にコックのハンドルが下がり，コックが閉となる可能性があるので，これを防止するためである。

(4)　圧力計のサイホン管の垂直部にはコックを取り付け，コックのハンドルが管軸の方向と一致するとき開通していることを確認する。
　したがって，(4)の記述は誤りである。

(5)　常に，検査済みの正確な圧力計の予備品を1個用意しておき，使用中の圧力計の機能が疑わしいときは，随時，連絡管のコックを閉じて，予備の圧力計に取り替えて比較する。圧力計は，故障してから取り替えるのではなく，一定の使用時間を定めて定期的に取り替える。また，原則として毎年1回，圧力計の試験を行うことが必要である。

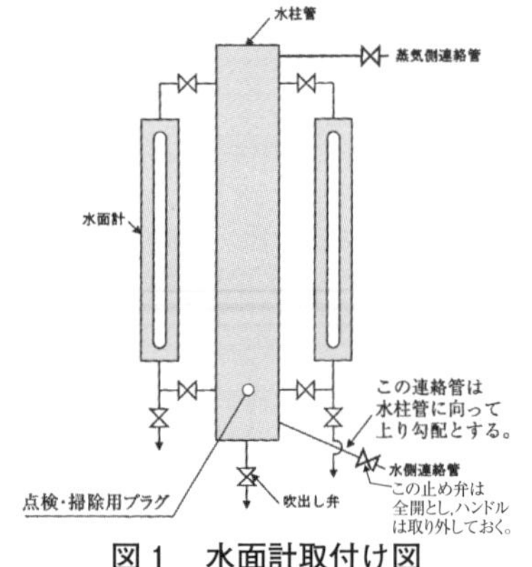

図1　水面計取付け図

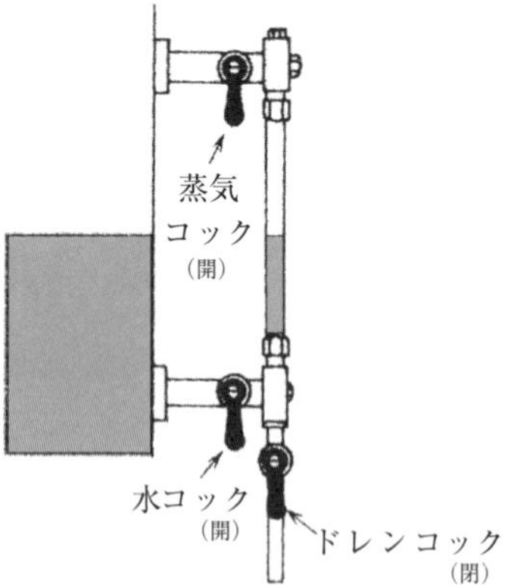

図2　正常運転時のコックハンドル位置

〔答〕 (4)

〔ポイント〕 圧力計及び水面計の取扱いについて理解すること「教本3.2.1 (1), (2), 3.2.2 (1), (2), (3)」。

問5　ボイラーのばね安全弁の調整及び試験に関し，次のうち適切でないものはどれか。

(1)　調整ボルトを定められた位置に設定した後，ボイラーの圧力をゆっくり上昇させて安全弁を作動させ，吹出し圧力及び吹止まり圧力を確認する。
(2)　安全弁が設定圧力になっても作動しない場合は，一旦，ボイラーの圧力を設定圧力の80 %程度まで下げ，調整ボルトを緩めて，再度，試験をする。
(3)　ボイラー本体に安全弁が２個ある場合において，１個を最高使用圧力以下で先に作動するように調整し，他の１個を最高使用圧力の３%増以下で作動するように調整することができる。
(4)　過熱器用安全弁は，過熱器の焼損を防ぐため，ボイラー本体の安全弁より先に作動するように調整する。
(5)　最高使用圧力の異なるボイラーが連絡している場合において，各ボイラーの安全弁をそれぞれの最高使用圧力に調整したいときは，圧力の高いボイラー側に蒸気逆止め弁を設ける。

〔解説〕
(1)　安全弁を設定圧力で作動するように調整する場合は，調整ボルトを定められた位置に設定した後，ボイラーの圧力をゆっくり上昇させて安全弁を作動させ，吹出し圧力及び吹止まり圧力を確認する。
(2)　安全弁の吹出し圧力が，設定圧力よりも低い場合は，いったんボイラーの圧力を設定圧力の80 %程度まで下げ，調整ボルトを締めて吹出し圧力（設定圧力）を再調整する。
(3)　安全弁が２個以上ある場合は，いずれか１個を最高使用圧力又はそれ以下で先に吹き出すように調整し，段階的な圧力で作動するようにする。１個の安全弁を最高使用圧力以下で作動するように調整したときは，他の安全弁を最高使用圧力の３パーセント増以下で作動するように調整することができる。
(4)　過熱器用安全弁はボイラー本体より先に吹き出すように調整する。これは，ボイラー本体（蒸気ドラム）の安全弁が過熱器の安全弁より先に吹き出すと，過熱器管内を流れる蒸気量が著しく減少するか，又は蒸気の流れが停止し，過熱器管が冷却されなくなり焼損するおそれがあるためである。過熱器の安全弁を出口側管寄せに取り付けるのも，そのためである。
(5)　各ボイラーの安全弁を，それぞれの最高使用圧力に調整したいときは，圧力の低いボイラー側に蒸気逆止弁を設けるか。または，それぞれ単独に配管しなければならない。それは，運転中に最高使用圧力の高い方のボイラー（Ａボイラー）の蒸気圧力が，最高使用圧力の低い方のボイラー（Ｂボイラー）の蒸気圧力より高くなると，Ａボイラーの蒸気がＢボイラーに流れ込みＢボイラーの蒸気圧力を上昇させ，安全弁が吹き出すおそれがあるためである。最高使用圧力の異なるボイラーが連絡する場合は，最高使用圧力の低いボイラーを基準に安全弁を調整する。

　したがって，(5)の記述は適切でない。

〔答〕 (5)

〔ポイント〕 安全弁（本体付，過熱器付，エコノマイザ付）の調整について理解すること「教本3.2.3」。

問６　ボイラーの水位検出器の点検及び整備に関し，次のうち誤っているものはどれか。

(1)　１日に１回以上，ボイラー水の水位を上下させることにより，水位検出器の作動状況を調べる。
(2)　電極式では，検出筒内の水のブローを１日に１回以上行い，水の純度を高く維持して電気伝導率の低下を防ぐ。
(3)　電極式では，６か月に１回程度，検出筒を分解し内部掃除を行うとともに，電極棒を目の細かいサンドペーパーで磨く。
(4)　フロート式では，６か月に１回程度，フロート室を分解し，フロート室内のスラッジやスケールを除去するとともに，フロートの破れ，シャフトの曲がりなどがあれば補修を行う。
(5)　フロート式のマイクロスイッチの端子間の電気抵抗は，スイッチが閉のときはゼロで，開のときは無限大であることをテスターでチェックする。

〔解説〕
(1)　ボイラーの水位検出器（電極式，フロート式）は，１日に１回以上ボイラー水の水位を上下させることにより，水位検出器の作動状況を調べる。
(2)　電極式水位検出器の検出筒の水が，蒸気の凝縮により純度が高くならないように（水の導電性が低下しないように），検出筒の水を１日１回以上ブローする(図)。
　したがって，(2)の記述は誤りである。
(3)　電極式では，６～12か月に１回程度検出筒を分解・掃除し，電極棒に付着のスケールをサンドペーパーで磨き，電流を通りやすくする。
(4)，(5)　フロート式水位検出器は，フロート室及び連絡配管の汚れ，つまりを防ぐため，１日１回以上はブローを行い水位検出器の作動確認を行う。また，フロート式は，６～12か月に１回程度フロート室内を解体し，ベローズ破損の有無，内部の鉄さびの発生及び水分の付着などの点検をして，整備・補修を行う。また，マイクロスイッチはしっかり固定されているかよく点検する。スイッチの電気抵抗をテスターでチェックした場合，スイッチ開の場合は抵抗が無限大となり，閉の場合は抵抗が０Ωとなる。

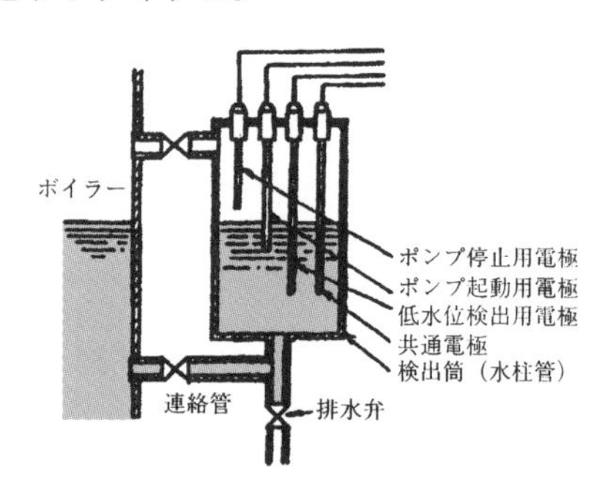

図　電極式水位検出器取付図

〔答〕 (2)

〔ポイント〕　水位検出器（電極式とフロート式）の点検・整備の目的と要領について理解すること「教本3.2.7 (3)」。

問7　ボイラー休止中の保存法に関するAからDまでの記述で，正しいもののみを全て挙げた組合せは，次のうちどれか。

A　乾燥保存法には，窒素封入による保存方法があり，ボイラー内部に窒素ガスを0.2 MPa程度まで加圧封入して空気と置換し，外部からの空気の入り込みを防止する。
B　短期満水保存法により10日間程度の期間保存するときは，スラッジなどを排出した後，薬液注入を併用しつつ給水を行い，満水にする。
C　短期満水保存法では，ボイラーの停止後にボイラー水の分析を行い，pH，りん酸イオン濃度，亜硫酸イオン濃度などを標準値の中間値以下に保持する。
D　長期満水保存法で1か月以上の期間保存する場合に，窒素でシールする方法を併用すると，エコノマイザや過熱器に対しても防食上有効である。

(1)　A，B
(2)　A，B，D
(3)　A，C
(4)　B，C，D
(5)　B，D

〔解説〕
A　窒素封入による保存方法は，主として高圧，大容量のボイラーに用いられるが，中・低圧ボイラーにも用いられることもある。この方法は，乾燥剤による保存法に準じて準備し，ボイラー内部に窒素ガスを60 kPa程度に加圧封入して空気と置換するものである。保存中は，窒素封入中の表示を行い酸欠事故防止を図る。
B，C　短期満水保存法（2週間未満）は，ボイラー停止前にボイラー水の分析を行い，特にpH，りん酸イオン，ヒドラジン，亜硫酸イオンなどを標準値の上限に近く保持する。ボイラーを停止し，残圧が0.3～0.1 MPaまで低下したら，スラッジなどの沈殿物を排出するために缶底吹出しを行う。次いで，薬液注入を併用しつつ給水を行い満水にする。
　Bの記述は正しく，Cの記述は誤りである。
D　1か月以上保存する場合は，窒素によってシールする方法をとるのがよい。窒素封入を併用する方法は，信頼性が高く，過熱器，再熱器，エコノマイザ，脱気器及び給水加熱器に対しても防食上有効である。
　この記述は正しい。

〔答〕　(5)

〔ポイント〕　水側の休止保存法には，乾燥法と満水法がある「教本3.3.5」。

問8　蒸発量が300 kg/hの炉筒煙管ボイラーに塩化物イオン濃度が15 mg/Lの給水を行い，20 kg/hの連続吹出しを行う場合，ボイラー水の塩化物イオン濃度の値に最も近いものは，次のうちどれか。
なお，Lはリットルである。

(1)　200 mg/L
(2)　220 mg/L
(3)　240 mg/L
(4)　260 mg/L
(5)　280 mg/L

〔解説〕　蒸気中の塩化物イオン（Cl^-）濃度が0 mg/kg，ボイラーの水の1 Lが1 kg，ボイラー保有水量が変わらないと仮定し，1日にボイラーに入ってくる給水中の塩化物イオンの量と1日のブロー量でボイラーから排出される塩化物イオンの量が等しいとして，式を立てて解けばよい（下図参照)。

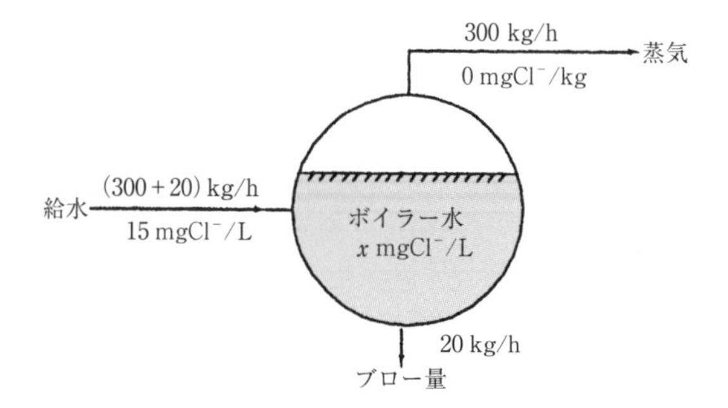

1時間にボイラーに入ってくる塩化物イオンは，(300＋20)　×15 $mgCl^-$/h。
ブローによってボイラーから排出される塩化物イオンは，$20\times x$ $mgCl^-$/h
両者を等しいとおくと

$$(300+20)\times 15=20\times x$$

$$x=\frac{(300+20)\times 15}{20}=240\ \mathrm{mgCl^-/L}$$

したがって，最も近い値は（3） 240 mg/Lである。

〔答〕 (3)

〔ポイント〕　ボイラー水の濃度管理について理解すること「教本3.4.6 (4)」。

問9　ボイラーの清缶剤に関し，次のうち適切でないものはどれか。

(1)　脱酸素剤は，ボイラー給水中の酸素を除去するための薬剤である。
(2)　脱酸素剤には，ヒドラジン，アンモニアなどがある。
(3)　軟化剤は，ボイラー水中の硬度成分を不溶性の化合物（スラッジ）に変えるための薬剤である。
(4)　軟化剤には，炭酸ナトリウム，りん酸ナトリウムなどがある。
(5)　高圧のボイラーの酸消費量付与剤としては，りん酸ナトリウム，水酸化ナトリウムなどが用いられる。

〔解説〕
(1)　ボイラー給水中の溶存酸素の除去をするものが脱酸素剤である。
(2)　脱酸素剤には，亜硫酸ナトリウム，ヒドラジン等がある。
　したがって，(2)の記述は適切でない。
(3)　軟化剤は，ボイラー水中の硬度成分の不溶性の化合物（スラッジ）に変えて，スケール付着を防止する。
(4)　軟化剤には，炭酸ナトリウム，りん酸ナトリウムなどがある。
(5)　酸消費量調節剤には，ボイラー水に酸消費量を付与するものと酸消費量の上昇を抑制するものとがある。酸消費量付与剤としては，低圧ボイラーでは水酸化ナトリウム，炭酸ナトリウムが用いられ，高圧ボイラーでは水酸化ナトリウム，りん酸ナトリウム（Na_3PO_4），アンモニア（NH_3）が用いられる。酸消費量抑制剤にはりん酸二水素ナトリウム（NaH_2PO_4），ヘキサメタりん酸ナトリウム（$(NaPO_3)_6$）が用いられる。

〔答〕(2)

〔ポイント〕　清缶剤の使用目的と薬品名を理解すること「教本3.4.6 (2)，(3)」。

問10　ボイラーの腐食，劣化及び損傷に関し，次のうち適切でないものはどれか。

(1)　苛性ぜい化は，管と管穴の間などの狭い隙間にボイラー水が浸入し，濃縮されてアルカリ濃度が高くなったときに，金属面の結晶粒界に割れが生じる現象である。
(2)　クラックは，円筒又は球体の部分が外側からの圧力に急激に押しつぶされて裂ける現象である。
(3)　グルービングは，細長く連続した溝状の腐食で，曲げ応力や溶接による応力が大きく作用する箇所に生じる局部腐食である。
(4)　膨出は，火炎に触れる水管などが過熱されて強度が低下し，内部の圧力に耐えきれずに外側へ膨れ出る現象である。
(5)　鋳鉄製ボイラーのセクションに割れが生じる原因は，無理な締付け，不均一な加熱，急熱急冷による不同膨張などである。

〔解説〕
(1)　苛性ぜい化は，拡管部の管と管穴の間など狭い隙間にボイラー水が浸入すると，加熱によってアルカリ分は濃縮され，応力の作用と相まって金属面の結晶粒界に割れが起こる現象である。
(2)　クラックは，割れのことである。ボイラー本体が過熱された場合は，過熱，膨出部分に割れが生じやすい。通常の使用においても，工作の無理に基づく残留応力がある部分，応力が集中する部分，加熱による伸縮などの影響から材料の組織に小さな破壊が起こり，徐々に大きく進み，割れとなって現れることがある。
　したがって，(2)の記述は適切でない。
(3)　グルービングは，細長く連続した溝状（V字型）を呈する溶存酸素による腐食で，急熱・急冷が繰り返されることにより，材料に疲労が生じて発生する損傷である。主に，ガセットステーの取付部，ボイラー鏡板の湾曲部，鏡板にあけられた給水穴及びフランジの根元のような繰り返し応力や集中応力を受ける部分に発生する腐食である。
(4)　ボイラー本体の火炎に触れる部分が過熱されることにより，強度が低下し，内部の圧力に耐えられずに外部へ膨れ出る現象を膨出という。炉筒のフランジ部や煙管は割れが生じやすい。
(5)　鋳鉄製ボイラーの各セクションに割れが生じる原因の大部分は，不同膨張に基づく熱応力によるものである。

〔答〕 (2)

〔ポイント〕 腐食の形態「教本3.5.1 (2)」，加圧水の事故「教本3.5.3 (1)」及び鋳鉄製ボイラーの特徴「教本1.5」を理解すること。

■ 令和３年前期：ボイラーの取扱いに関する知識 ■

問１　油だきボイラーの手動操作による点火について，適切でないものは次のうちどれか。

(1)　ファンを運転し，ダンパをプレパージの位置に設定して換気した後，ダンパを点火位置に戻し，炉内通風圧を調節する。
(2)　点火前に，回転式バーナではバーナモータを起動し，蒸気噴霧式バーナでは噴霧用蒸気を噴射させる。
(3)　バーナの燃料弁を開いてから，点火した点火棒をバーナの先端のやや前方の下部に置き，バーナに点火する。
(4)　燃料の種類及び燃焼室熱負荷の大小に応じて，燃料弁を開いてから２ ～ ５秒間の点火制限時間内に着火させる。
(5)　バーナが上下に２基配置されている場合は，下方のバーナから点火する。

〔解説〕　手動操作による点火方法の手順は，次の通りである。
（ｉ）点火用火種（点火棒）を準備する。点火棒は，バーナ火口まで届く長さの鉄棒に綿布などを巻きつけ，油を浸み込ませたものである。ただし，現在は点火棒を使用せず点火バーナが用いられるのがほとんどである。
（ⅱ）点火操作は，次の順序により行う。
①　ファンを運転してプレパージを行う。
②　ダンパを絞って点火に必要な空気量を調節する。
③　ロータリバーナの場合にはバーナモータを起動し，圧力（油圧）噴霧式バーナでは戻り弁を開き，蒸気（空気）噴霧式バーナでは噴霧用蒸気（空気）を噴射させる（事前に配管内のドレンを排除しておく。）。
④　点火用火種に点火し，これを炉内に差し込み，バーナ先端のやや前方下部に置く。
⑤　燃料弁を開く。
必ず点火用火種を用いて点火し，隣接しているバーナや炉壁の熱で点火してはならない。燃料の種類及び燃焼室熱負荷の大小に応じて２ ～ ５秒間の点火制限時間を定め，燃料弁を開いてからその制限時間内に着火しないとき，及び燃焼状態が不安定なときは，直ちに燃料弁を閉じ点火操作を打ち切って，ダンパを全開にし炉内及び煙道のガスを完全に換気したのち，不着火や燃焼不良の原因を調べ，それを修復してから再び点火操作を行う。
（ⅲ）バーナが２基以上ある場合の点火操作は，初めに１基のバーナに点火し，燃焼が安定してから他のバーナに点火する。バーナが上下に配置されている場合は，下方のバーナから点火する。急ぐ場合でも，２基以上のバーナを同時に点火してはならない。
燃料弁を開くのは，点火用火種に点火した後である。
したがって，問の(3)の記述は誤りである。

〔答〕 (3)

〔ポイント〕　ボイラーの点火の順序について理解すること「教本3.1.3 (2)（ｂ）」。

問2　ボイラーの送気開始時及び運転中の取扱いに関し，次のうち適切でないものはどれか。

(1)　送気開始時は，ウォータハンマを起こさないようにドレンを切り，暖管を十分に行った後，主蒸気弁を段階的に少しずつ開き，全開状態にしてから必ず少し戻して送気する。
(2)　運転中は，２個の水面計の水位を対比し，差異を認めたときは，水面計の機能試験を行う。
(3)　運転中は，ボイラーの水位をできるだけ一定に保つように努め，どうしても水位が低下する場合は，燃焼を抑えて原因を調べる。
(4)　運転中は，給水ポンプ出口側の圧力計により給水圧力を監視し，ボイラーの圧力との差が増加気味のときには，給水管路が詰まっていないか調べる。
(5)　送気開始時は，ボイラーの圧力が上昇するので，圧力計を見ながら燃焼量を調節する。

〔解説〕
(1)　送気開始時，閉止している主蒸気弁を開くときは，ウォータハンマを起こさないように主蒸気管を暖め，ドレンを排出しながら徐々に送気量を増やす。
　その後，主蒸気弁は全開としたら，熱膨張による弁棒の固着を防止するために必ず少し戻した状態とする。
(2)　ボイラー水位が安定を保っているかどうか常時水面計を監視し，また，水面計の機能を保つための機能試験の励行が必要である。
　正常運転中のボイラーでは，水位は絶えず上下方向にかすかに動いているのが普通である。しかし，水位が全く動かないとき，また，二組の水面計の水位を対比し差異を認めたときは，水側及び蒸気側連絡管の詰まり，または元弁が閉まっている可能性があるので，元弁が開いているかの確認と水面計の機能試験を行う。
(3)　水位は，できるだけ一定に保つように努めることが必要であるが，漏水，管の破孔などにより，どうしても水位が低下する場合は，燃焼を抑えて原因を調べる。
(4)　給水ポンプ出口側の圧力とボイラーの圧力との差が大きい場合，給水ポンプ出口側給水管路（給水系統）の詰まり，又は弁の絞り過ぎなどに原因があるので給水管路を調べる必要がある。
　給水ポンプ出口側の圧力とボイラー圧力との差が小さい場合は，正常な運転状態である。
(5)　主蒸気弁を開け送気を始めると，ボイラーの圧力が降下するので，圧力計を見ながら燃焼量を徐々に増やしていくこと。
　したがって，問の(5)の記述は誤りである。

〔答〕 (5)

〔ポイント〕　ボイラーの送気開始時及び運転中の取扱いについて理解すること「教本3.1.5，3.1.6」。

問3　ボイラーにおけるキャリオーバに関し，次のうち誤っているものはどれか。

(1)　キャリオーバは，蒸気室負荷が大きいと生じやすい。
(2)　シリカは，蒸気圧力が高いほど，また，ボイラー水中のシリカ濃度が高いほど飽和蒸気に溶解しやすい。
(3)　プライミングやホーミングが急激に生じると，水位制御装置が水位が下がったものと認識し，給水を始める。
(4)　キャリオーバが生じると，自動制御関係の検出端の開口部及び連絡配管の閉塞又は機能に障害を起こすことがある。
(5)　キャリオーバが生じたときは，燃焼量を減少させる。

〔解説〕　ボイラーから出て行く蒸気にボイラー水が水滴の状態で，また泡の状態で混じって運び出される現象をキャリオーバといい，その発生原因からプライミング（気水共発），ホーミング（泡立ち）及びシリカの選択的キャリオーバに分けられる。
　プライミングとホーミングとは発生原因が異なるので，それぞれに対応する対策をとる必要がある。

表1　キャリオーバの現象と原因

	プライミング	ホーミング
現象	ボイラー水が水滴となって蒸気とともに運び出される	泡が発生しドラム内に広がり蒸気に水分が混入して運び出される
原因等	蒸気流量の急増等によるドラム水面の変動	溶解性蒸発残留物の過度の濃縮又は有機物の存在

表2　キャリオーバの原因と処置

原因	処置
①　蒸気負荷が過大である ②　主蒸気弁などを急に開く ③　高水位である ④　ボイラー水が過度に濃縮され，不純物が多い。また，油脂分が含まれている	①　燃焼量を下げる ②　主蒸気弁などを徐々に絞り，水位の安定を保つ ③　一部をブローする ④　水質試験を行い，吹出し量を増して，必要によりボイラー水を入れ替える

(1)　ボイラーの蒸気負荷（蒸気量）が急増したとき及びボイラーの水位が標準水位より高いと（蒸気室負荷が大きくなる），水面と蒸気取出口の距離が接近し，また水面の面積が狭くなりプライミングが発生しやすくなる。
(2)　シリカの選択的キャリオーバとは，ボイラー水中の各種固形物のなかでシリカだけが蒸気中に溶解した状態でボイラーから運び出される現象をいい，高温・高圧になるほど蒸気中へのシリカの溶解度が増大する。
(3)　プライミング及びホーミングが急激に生じると，いずれも水位が高くなるので水位制御装置は水位を下げようと作動するため，低水位事故を起こすおそれがある。
　したがって，問の(3)の記述は誤りである。正しくは，水位制御装置が水位が高くなったものと認識し，給水を減らそうとする。
(4)　キャリオーバが生じると，水中に溶解又は浮遊している固形物が，制御装置の検出口及び連絡配管を閉塞して機能の障害を起こすことがある。
(5)　キャリオーバが生じた時は，燃焼量を下げる。また，ボイラー水の一部をブローなどを行う（表2）。

〔答〕　(3)
〔ポイント〕　キャリオーバとその障害，原因及び処置（表1，表2）について理解すること「教本3.1.7 (3)」。

問４　ボイラーの水面計及び圧力計の取扱いに関するＡからＤまでの記述で，適切なもののみを全て挙げた組合せは，次のうちどれか。

Ａ　水面計を取り付ける水柱管の蒸気側連絡管は，ボイラー本体から水柱管に向かって上がり勾配となるように配管する。

Ｂ　水面計のドレンコックを開くときは，ハンドルが管軸と同じ方向になるようにする。

Ｃ　圧力計のサイホン管には，水を満たし，内部の温度が80℃以上にならないようにする。

Ｄ　圧力計は，原則として，毎年１回，圧力計試験機による試験を行うか，又は試験専用の圧力計を用いて比較試験を行う。

(1)　Ａ，Ｂ
(2)　Ａ，Ｃ，Ｄ
(3)　Ａ，Ｄ
(4)　Ｂ，Ｃ，Ｄ
(5)　Ｃ，Ｄ

〔解説〕

Ａ　ボイラー本体から水柱管への水側連絡管は，スラッジがたまりやすいので，水柱管に向かって上がり勾配の配管とすること（図）。また，水柱管又は水側連絡管の角曲り部には，点検・掃除用にプラグを設ける（図）。しかし，蒸気側連絡管の勾配については，規定されていない。

Ｂ　水面計コックの（蒸気・水）は，常時開とし，ドレンコックは常時閉とすること。コックのハンドルが管軸の方向と一致するとき「閉」であり，管軸と直角方向になっている場合は「開」である（図２）。

コックのハンドルを通常の配管コックと同様に管軸とハンドルを平行で開とすると，振動によって次第にコックのハンドルが下がり，水面計コックが閉じ，ドレンコックが開いてしまう可能性があるので，これを防止するためである。

Ｃ　圧力計の内部が80℃以上の温度にならないようにする。サイホン管には水が満たされていなければならない。

Ｄ　常に，検査済みの正確な圧力計の予備品を１個用意しておき，使用中の圧力計の機能が疑わしいときは，随時，連絡管のコックを閉じて，予備の圧力計に取り替えて比較する。

圧力計は，故障してから取り替えるのではなく，一定の使用時間を定めて定期的に取り替える。また，原則として毎年１回，圧力計の試験を行うことが必要である。

したがって，適切なものの組み合わせは，問の(5)のC，Dである。

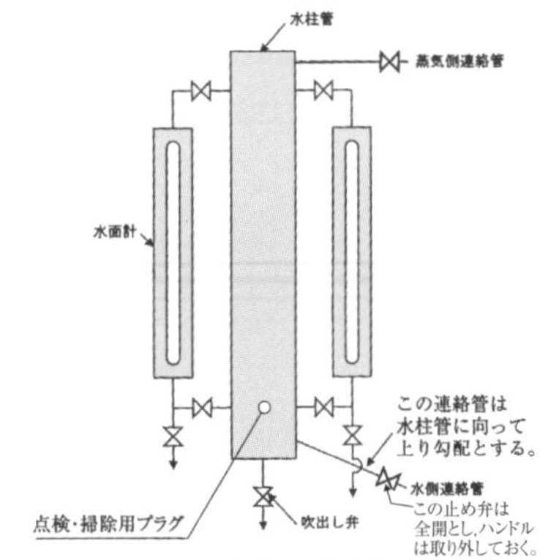

図１　水面計取付け図

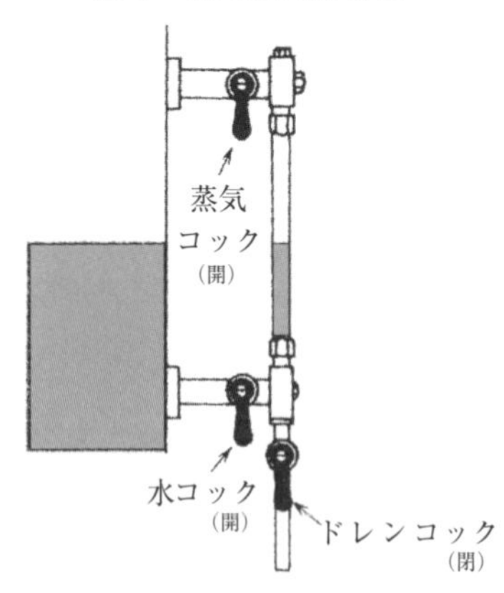

図２　正常運転時のコックハンドル位置

〔答〕　(5)

〔ポイント〕　圧力計及び水面計の取扱いについて理解すること「教本3.2.1 (1), (2), 3.2.2 (1), (2), (3)」。

問5　ボイラーのばね安全弁及び逃がし弁の調整及び試験に関し，次のうち誤っているものはどれか。

(1)　調整ボルトを定められた位置に設定した後，ボイラーの圧力をゆっくり上昇させて安全弁を作動させ，吹出し圧力及び吹止まり圧力を確認する。
(2)　安全弁の吹出し圧力が設定圧力よりも低い場合は，一旦，ボイラーの圧力を設定圧力の80％程度まで下げ，調整ボルトを締めて，再度，試験をする。
(3)　過熱器用安全弁は，過熱器の焼損を防ぐため，過熱器の出口管寄せに取り付ける。
(4)　エコノマイザの逃がし弁（安全弁）は，必要がある場合に出口に取り付け，エコノマイザの保護のため，ボイラー本体の安全弁より低い圧力で作動するように調整する。
(5)　最高使用圧力の異なるボイラーが連絡している場合，各ボイラーの安全弁は，最高使用圧力の最も低いボイラーを基準に調整する。

〔解説〕
(1)　安全弁を設定圧力で作動するように調整する場合は，調整ボルトを定められた位置に設定した後，ボイラーの圧力をゆっくり上昇させて安全弁を作動させ，吹出し圧力及び吹止まり圧力を確認する。
(2)　安全弁の吹出し圧力が，設定圧力よりも低い場合は，いったんボイラーの圧力を設定圧力の80％程度まで下げ，調整ボルトを締めて吹出し圧力（設定圧力）を再調整する。
(3)　過熱器用安全弁はボイラー本体より先に吹き出すように調整する。これは，ボイラー本体（蒸気ドラム）の安全弁が過熱器の安全弁より先に吹き出すと，過熱器管内を流れる蒸気量が著しく減少するか，又は蒸気の流れが停止し，過熱器管が冷却されなくなり焼損するおそれがあるためである。過熱器の安全弁を出口側管寄せに取り付けるのも，そのためである。
(4)　エコノマイザの出口に逃がし弁（安全弁）を取付ける必要のある場合には，エコノマイザの安全弁より給水が吹き出してボイラー給水がとどこおらないよう，ボイラー本体の安全弁より高い圧力に調整する。したがって，問の(4)の記述は誤りである。
(5)　各ボイラーの安全弁を，それぞれの最高使用圧力に調整したいときは，圧力の低いボイラー側に蒸気逆止弁を設けるか。または，それぞれ単独に配管しなければならない。それは，運転中に最高使用圧力の高い方のボイラー（Aボイラー）の蒸気圧力が，最高使用圧力の低い方のボイラー（Bボイラー）の蒸気圧力より高くなると，Aボイラーの蒸気がBボイラーに流れ込みBボイラーの蒸気圧力を上昇させ，安全弁が吹き出すおそれがあるためである。
　最高使用圧力の異なるボイラーが連絡する場合は，最高使用圧力の低いボイラーを基準に安全弁を調整する。

〔答〕　(4)

〔ポイント〕　安全弁（本体付，過熱器付，エコノマイザ付）の調整について理解すること「教本3.2.3」。

問6　ボイラー水の吹出しに関し，次のうち誤っているものはどれか。

(1)　ボイラーの運転中にボイラー水の循環が不足気味のときは，上昇管内の気水混合物の比重を小さくし，循環を良くするため水冷壁の吹出しを行う。
(2)　炉筒煙管ボイラーの吹出しは，ボイラーを運転する前，運転を停止したとき又は燃焼負荷が低いときに行う。
(3)　吹出し弁又はコックを操作する者が水面計の水位を直接見ることができない場合は，水面計の監視者と共同で合図しながら吹出しを行う。
(4)　鋳鉄製蒸気ボイラーの吹出しは，燃焼をしばらく停止してボイラー水の一部を入れ替えるときに行う。
(5)　直列に設けられている２個の吹出し弁又はコックを開くときは，ボイラーに近い方を先に操作する。

〔解説〕

(1)　水冷壁からのブローは運転中に行ってはならない。循環を良くするためのものでなく，ボイラーを空（から）にするときの排水が目的である。良好な水管理を行っていればスラッジは堆積しないので，水冷壁の吹出しを考える必要はない（図）。

水冷壁のブローは，ボイラー運転中に行うと，水循環を乱して水管を過熱させる危険性があるので，運転中には行ってはならない。

したがって，問の(1)の記述は誤りである。

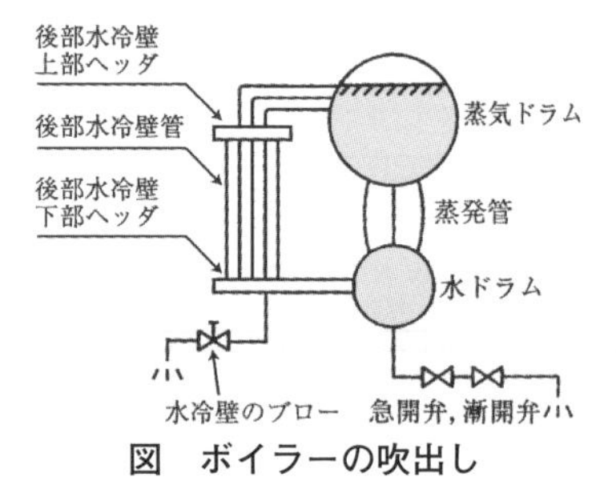

図　ボイラーの吹出し

(2)　ボイラー底部からの吹出しは，ボイラーを運転する前，運転を停止したとき又は燃焼が軽く負荷が低いときに行う。これらの場合が底部の沈殿物（スラッジ）を排出するのに最も効果がある。
(3)　吹出し弁又はコックを操作する担当者が水面計の水位を直接見ることができない場合には，水面計の監視者と共同で合図しながら吹出しを行う。
(4)　鋳鉄製蒸気ボイラーは，復水（ほぼ純水）のほとんどが回収されるので，補給水（不純物を含んでいる）の供給は僅かであり，ボイラー水中の不純物の濃縮及びスラッジの生成はほとんどないので，吹出しを行う必要はない。

もし，燃焼中にブローを行うと，給水により急冷され割れが発生するおそれがあるので，燃焼中にブローを行ってはならない。吹出しを行う場合は，燃焼を停止し，しばらくしてから吹出しを行う。
(5)　吹出し操作に当たっては，吹出しを開始するときは急開弁（ボイラー側に取り付けられている。）を先に全開し，次に漸開弁（急開弁の下流側に取り付けられている。）を開けて開度を調節して吹出し量を調節する。閉じる場合は，漸開弁を閉とした後，急開弁（ボイラーに近い弁）を閉じる（図）。

〔答〕　(1)

〔ポイント〕　吹出し（ブロー）装置について理解すること「教本3.2.4」。

問7　ボイラーの水位検出器の点検及び整備に関し，次のうち誤っているものはどれか。

(1)　1日に1回以上，ボイラー水の水位を上下させることにより，水位検出器の作動状況を調べる。
(2)　電極式では，検出筒内の水のブローを1日に1回以上行い，水の純度の上昇による電気伝導率の低下を防ぐ。
(3)　電極式では，6か月に1回程度，検出筒を分解し，内部掃除を行うとともに，電極棒を目の細かいサンドペーパーで磨く。
(4)　フロート式では，6か月に1回程度，フロート室を分解し，フロート室内のスラッジやスケールを除去するとともに，フロートの破れ，シャフトの曲がりなどがあれば補修を行う。
(5)　フロート式のマイクロスイッチの端子間の電気抵抗は，スイッチが開のときはゼロで，閉のときは無限大であることをテスターでチェックする。

〔解説〕
(1)　ボイラーの水位検出器（電極式，フロート式）は，1日に1回以上ボイラー水の水位を上下させることにより，水位検出器の作動状況を調べる。
(2)　電極式水位検出器の検出筒の水が，蒸気の凝縮により純度が高くならないように（水の導電性が低下しないように），検出筒の水を1日1回以上ブローする(図)。
(3)　電極式では，6～12か月に1回程度検出筒を分解・掃除し，電極棒に付着のスケールをサンドペーパーで磨き，電流を通りやすくする。
(4)，(5)　フロート式水位検出器は，フロート室及び連絡配管の汚れ，つまりを防ぐため，1日1回以上はブローを行い水位検出器の作動確認を行う。また，フロート式は，6～12か月に1回程度フロート室内を解体し，ベローズ破損の有無，内部の鉄さびの発生及び水分の付着などの点検をして，整備・補修を行う。
　また，マイクロスイッチはしっかり固定されているかよく点検する。スイッチの電気抵抗をテスターでチェックした場合，スイッチ開の場合は抵抗が無限大となり，閉の場合は抵抗が0Ωとなる。
　したがって，問の(5)の記述は誤りである。

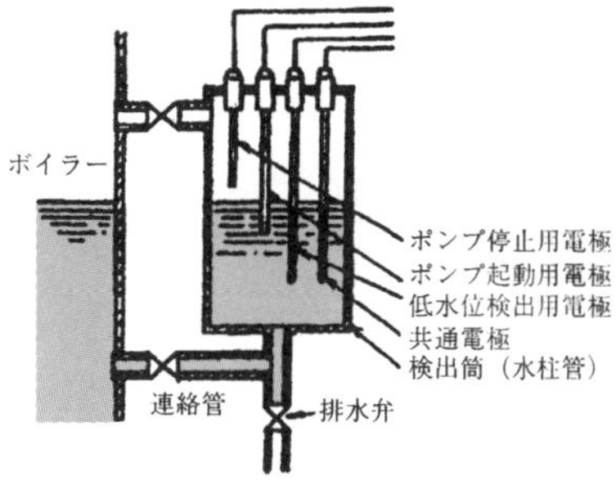

図　電極式水位検出器取付図

〔答〕　(5)

〔ポイント〕　水位検出器（電極式とフロート式）の点検・整備の目的と要領について理解すること「教本3.2.7 (3)」。

問8　蒸発量が270 kg/hの炉筒煙管ボイラーに塩化物イオン濃度が14 mg/Lの給水を行い，20 kg/hの連続吹出しを行う場合，ボイラー水の塩化物イオン濃度の値に最も近いものは，次のうちどれか。
　なお，Lはリットルである。

(1)　145 mg/L
(2)　165 mg/L
(3)　185 mg/L
(4)　205 mg/L
(5)　225 mg/L

〔解説〕　蒸気中の塩化物イオン（Cl^-）濃度が0 mg/kg，ボイラーの水の1 Lが1 kg，ボイラー保有水量が変わらないと仮定し，1日にボイラーに入ってくる給水中の塩化物イオンの量と1日のブロー量でボイラーから排出される塩化物イオンの量が等しいとして，式を立てて解けばよい（下図参照）。

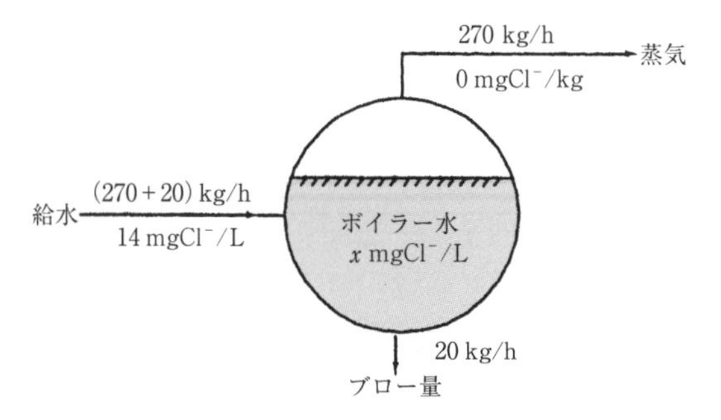

　1時間にボイラーに入ってくる塩化物イオンは，$(270+20)\times 14\ \mathrm{mgCl^-/h}$。
ブローによってボイラーから排出される塩化物イオンは，$20\times x\ \mathrm{mgCl^-/h}$
両者を等しいとおくと

$$(270+20)\times 14 = 20\times x$$

$$x=\frac{(270+20)\times 14}{20}=203\ \mathrm{mgCl^-/L}$$

　したがって，最も近い値は(4)　205 mg/Lである。

〔答〕　(4)

〔ポイント〕　ボイラー水の濃度管理について理解すること「教本3.4.6 (4)」。

問９　ボイラー給水中の溶存気体の除去に関し，次のうち適切でないものはどれか。

(1)　加熱脱気法は，水を加熱し，溶存気体の溶解度を下げることにより，溶存気体を除去する方法で，酸素は除去できるが，窒素や二酸化炭素は除去できない。
(2)　真空脱気法では，水を真空雰囲気にさらすことによって溶存気体を除去する。
(3)　膜脱気法では，高分子気体透過膜の片側に水を供給し，反対側を真空にして，溶存気体を除去する。
(4)　窒素置換脱気法では，水中に窒素を吹き込むことにより，酸素の分圧を下げて，溶存酸素を除去する。
(5)　化学的脱気法では，脱酸素剤としてタンニン，亜硫酸ナトリウムなどを用いて，溶存酸素を除去する。

〔解説〕
(1)　加熱脱気法：水を加熱し，溶存気体の溶解度を減少させて水中の酸素，二酸化炭素などを除去するものである。
　したがって，問の(1)の記述は誤りである。
(2)　真空脱気法：水を真空雰囲気にさらすことによって，水中の酸素，二酸化炭素などを除去するものである。真空にするのには，真空ポンプ又は蒸気エゼクターが用いられる。
(3)　膜脱気法：高分子気体透過膜であるシリコーン系，四ふっ化エチレン系などの膜は，気体を通過させるが液体を通さないという性質をもっているので，気体透過膜の片側に水を供給し，反対側を真空にすることによって水中の溶存酸素などを除去することができる。
(4)　窒素置換脱気法：水中に窒素を吹き込むことにより酸素の分圧を下げて，水中の溶存酸素濃度を下げることを利用した脱酸素装置である。
(5)　薬剤による方法（化学的脱気法）：脱酸素剤としては，亜硫酸ナトリウム，ヒドラジン，タンニンがあり，いずれも還元剤である。これらの脱酸素剤と溶存酸素が化学的に反応して，これを除去する。

〔答〕(1)

〔ポイント〕　給水中の溶存気体の除去する方法を理解すること「教本3.4.6 (1)，(3)」。

問10　ボイラーの腐食，劣化及び損傷に関し，次のうち適切でないものはどれか。

(1)　アルカリ腐食は，熱負荷の高いところの管壁とスケールとの間で水酸化ナトリウムの濃度が高くなりすぎたときに生じる。
(2)　ピッチングは，米粒から豆粒大の点状の腐食で，主として水に溶存する酸素の作用により生じる。
(3)　グルービングは，主として水に溶存する酸素の作用により生じる細長く連続した溝状の腐食で，曲げ応力や溶接による応力が大きく作用する箇所に生じる。
(4)　圧壊は，円筒又は球体の部分が外側からの圧力に耐えきれずに急激に押しつぶされて裂ける現象で，火炎に触れる胴の底部などに生じる。
(5)　ボイラー本体に割れが生じる原因は，過熱，過大な応力などである。

〔解説〕

(1)　ボイラー水を適度のアルカリ性に保ち腐食抑制をするが，高温において水中に生じた遊離アルカリ（水酸化ナトリウム）が，ボイラー熱負荷の高いところでは管壁とスケールの間で濃縮して激しい腐食を起こす。これをアルカリ腐食という。
(2)　ピッチング（孔食）は，主としてボイラー水に溶存する酸素（O_2）の作用によるものである。
(3)　グルービングは，細長く連続した溝状（V字型）を呈する溶存酸素による腐食で，急熱・急冷が繰り返されることにより，材料に疲労が生じて発生する損傷である。
　主に，ガセットステーの取付部，ボイラー鏡板の湾曲部，鏡板にあけられた給水穴及びフランジの根元のような繰返し応力や集中応力を受ける部分に発生する腐食である。
(4)　炉筒や火室のように円筒，又は球体の部分が外側からの圧力に耐えられずに，急激に押しつぶされて裂ける現象を圧壊という。火炎に触れる炉筒の上部や火室上部などに生じる。
　したがって，問の(4)の記述は誤りである。正しくは，圧壊が発生するのは，火炎の触れる炉筒の上部や火室上部が過熱されて強度が下がり，外力に耐えられず発生する。
(5)　ボイラーの破裂（割れ）が生じる原因は，過熱による強度の低下や過大な応力などである。

〔答〕 (4)

〔ポイント〕　腐食の形態「教本3.5.1 (2)」と加圧水の事故を理解すること「教本3.5.3 (1)」。

問１　ボイラーの蒸気圧力上昇時の取扱いに関し，次のうち誤っているものはどれか。

(1)　常温の水からたき始めるときの圧力上昇は，始めは遅く，次第に速くなるようにして，ボイラー本体各部の温度上昇が均等になるようにする。
(2)　空気予熱器内での異常燃焼を防ぐため，燃焼初期はできる限り低燃焼とし，低燃焼中は空気予熱器の出口ガス温度を監視する。
(3)　エコノマイザの前に蒸発管群がある場合のエコノマイザは，燃焼ガスを通し始めた後に，ボイラー水の一部をエコノマイザ入口に供給して，エコノマイザ内の水を循環させる。
(4)　ボイラー水の温度が高くなると水位が上昇するので，高水位となったら，ボイラー水を排出して常用水位に戻す。
(5)　ドレンが抜き出せる構造の過熱器は，過熱器出口の管寄せの空気抜弁及びドレン弁を開放し，昇圧時にボイラー内の空気を抜くとともに，発生蒸気はドレン弁などから排出する。

〔解説〕
(1)　常温の水からたき始めるときは，各部材に不同膨張を起こさせないよう徐々に昇圧（昇温）するようにする。ボイラー圧力を急速に上昇すると，不同膨張を起こし，大きな熱応力が発生し，また，耐火材の割れや脱落する原因となる。
(2)　燃焼初期においては，できる限り最低燃焼とする。たき始めから高温の燃焼ガスを空気予熱器に通すと部分的な加熱によって不同膨張を起こし，ケーシングやダクトから漏れが生じるおそれがある。特に再生式空気予熱器においては，その回転に支障を与えたり，密閉部分から漏れを生じやすいので留意する必要がある。
　また，未燃分が再燃焼（二次燃焼）し空気予熱器を焼損する場合があるので，点火後の低燃焼期間中は，空気予熱器の出口ガス温度を厳重に監視する。
(3)　エコノマイザの前に蒸発管群がない場合は，高温の燃焼ガスがエコノマイザに流れるので燃焼ガスを通す前に，ボイラー水の一部をエコノマイザ入口に供給してエコノマイザ内の水を循環させる。
　エコノマイザの前に蒸発管群がある場合は，燃焼ガスを通し始めて，エコノマイザ内の水の温度が上昇し蒸発が発生しても，そのままボイラーに通水する。
　したがって，問の(3)の記述は誤りである。
(4)　ボイラー胴の水位は常用水位の状態でたき始めるが，ボイラー水が加熱されると膨張し水位が上がるので，ボイラー水をブローして水位を常用水位まで下げる。
(5)　過熱器は，点火前にドレン抜き及び空気抜き弁を開放しておき，昇圧時にボイラー内の空気を抜くとともに，発生蒸気をドレン弁から排出し過熱器の焼損を防止する。

〔答〕　(3)

〔ポイント〕　ボイラーの圧力上昇時の取扱いを理解すること「教本3.1.4」。

問２　ボイラーの運転中の取扱いに関するＡからＤまでの記述で，正しいもののみを全て挙げた組合せは，次のうちどれか。

Ａ　水面計の水位が，絶えず上下方向にかすかに動いている場合は，水側連絡管に詰まりが生じている可能性があるので，直ちに水面計の機能試験を行う。

Ｂ　蒸気（空気）噴霧式の油バーナでは，油に着火して燃焼が安定してから，噴霧蒸気（空気）を噴出させる。

Ｃ　炉筒煙管ボイラーの安全低水面は，煙管最高部より炉筒が高い場合には，炉筒最高部から75 mm上の位置とする。

Ｄ　油だきボイラーでは火炎がオレンジ色で，燃焼音も低く，全般に緩やかな浮遊状態であるか監視する。

(1)　Ａ，Ｂ
(2)　Ａ，Ｂ，Ｃ
(3)　Ｂ，Ｄ
(4)　Ｃ，Ｄ
(5)　Ｄ

〔解説〕

Ａ　ボイラー水位が安定を保っているかどうか常時水面計を監視し，また，水面計の機能を保つための機能試験の励行が必要である。

正常運転中のボイラーでは，水位は絶えず上下方向にかすかに動ているのが普通である。しかし，水位が全く動かないとき，また，二組の水面計の水位を対比し差異を認めたときは，水側及び蒸気側連絡管の詰まり，または元弁が閉まっている可能性があるので，元弁が開いているかの確認と水面計の機能試験を行う。したがって，Ａの記述は誤りである。

Ｂ　手動操作による点火方法は，

（ｉ）点火用火種（点火棒）を準備する。点火棒は，バーナ火口まで届く長さの鉄棒に綿布などを巻きつけ，油を浸み込ませたものである。

（ⅱ）点火操作は，次の順序により行う。

①　ファンを運転してプレパージを行う。

②　ダンパを絞って点火に必要な空気量を調節する。

③　ロータリバーナの場合にはバーナモータを起動し，圧力（油圧）噴霧式バーナでは戻り弁を開き，蒸気（空気）噴霧式バーナでは噴霧用蒸気又は空気を噴射させる（事前に配管内のドレンを排除しておく。）。

④　点火用火種に点火し，これを炉内に差し込み，バーナ先端のやや前方下部に置く。

⑤　燃料弁を開く。

つまり，噴霧用蒸気又は空気は，燃料弁を開く前に噴射させる。したがって，Ｂの記述は誤りである。

Ｃ　ボイラーは，運転中に給水系統の不良，蒸気の大量消費などにより水位が安全低水面になると，燃料を遮断する低水位燃料遮断装置が設けられている。

炉筒煙管ボイラーの安全低水面は，煙管より75 mmか炉筒より100 mmのいずれか高い水面をいう。したがって，Ｃの記述は誤りである。

Ｄ　燃焼状態の良好な油だきにおける火炎は，オレンジ色で炉壁などに衝突することなく，全般に緩やかな浮遊状態をとる。火炎は，断続したり火花を発生することなく安定し，燃焼音も低く，炉内圧力にも変動がない。したがって，Ｄの記述は正しい。

〔答〕　(5)

〔ポイント〕　運転中の取扱い「教本3.1.6 (1)，(3)」，手動操作による点火方法「教本3.1.3 (2)，(b)」を理解すること。

問3　ボイラーの燃焼の異常に関し，次のうち適切でないものはどれか。

(1)　二次燃焼を起こすと，ボイラーの燃焼状態が不完全となったり，耐火材，ケーシングなどを焼損させることがある。
(2)　燃焼中に，燃焼室又は煙道内で瞬間的な低周波のうなりを発する現象を「かまなり」という。
(3)　「かまなり」の原因としては，燃焼によるもの，ガスの偏流によるもの，渦によるものなどが考えられる。
(4)　火炎が息づく原因としては，燃料油圧や油温の変動，燃料調整弁や風量調節用ダンパのハンチングなどが考えられる。
(5)　火炎が輝白色で炉内が明るい場合は，燃焼用空気量が過剰である。

〔解説〕
(1)　不完全燃焼による未燃分が，燃焼室以外の燃焼ガス通路で再び燃焼することを二次燃焼という。二次燃焼を起こすと，耐火材，ケーシング又は空気予熱器などが焼損する。
(2), (3)　燃焼中に，燃焼室あるいは煙道内で連続的な低周波のうなりを発生することがある。この現象を「かまなり」という。かまなりは燃焼ガスの偏流，気柱振動及び渦などの発生によるものが原因と考えられる。瞬間的な低周波のうなりを発する現象ではない。したがって，問の(2)の記述は適切でない。
(4)　火炎が息づく場合は，燃料油圧や油温の変動（一般に高すぎ）及び燃料調整弁や風量調節用ダンパのハンチングなどが原因である。
(5)　常に燃焼用空気量の過不足に注意し，効率の高い燃焼を行うようにしなければならない。
　空気量の過不足は，燃焼ガス計測器により，O_2又はCO_2，COの値を知り，判断することが望ましいが，炎の形及び色によって判断することが大切である。すなわち，
①　空気量が多い場合には，炎は短く，輝白色を呈し炉内は明るい。
②　空気量が少ない場合には，炎は暗赤色を呈し，煙が出て炉内の見通しがきかない。
③　空気量が適量である場合には，オレンジ色を呈し，炉内の見通しがきく。

〔答〕 (2)

〔ポイント〕　運転時の異常とその対策を理解すること「教本3.1.7 (4)」。

問４　ボイラーの水面計の取扱いに関し，次のうち正しいものはどれか。

(1)　水面計を取り付ける水柱管の水側連絡管は，ボイラー本体から水柱管に向かって下がり勾配となるように配管する。
(2)　運転開始時の水面計の機能試験は，残圧がある場合は圧力が上がり始めたときに行い，残圧がない場合には点火直前に行う。
(3)　水柱管の水側連絡管の角曲がり部にはプラグを設けておき，スラッジがたまったらプラグを外して掃除する。
(4)　水面計のドレンコックを閉じるときは，ハンドルが管軸と直角方向になるようにする。
(5)　水面計のコックは水漏れを防止するため，１年ごとに分解整備する。

〔解説〕

(1)，(3)　ボイラー本体から水柱管への水側連絡管は，スラッジがたまりやすいので，水柱管に向かって上がり勾配の配管すること（図１）。また，水柱管又は水側連絡管の角曲がり部には，点検・掃除用にプラグを設ける（図１）。したがって，問の(3)の記述は正しい。

(2)　水面計の機能試験は１日１回以上行う。運転開始時，機能試験の正しい取扱いは，残圧がある場合には点火直前に行い，残圧がない場合は点火して圧力が上がり始めた時に行う。

(4)　水面計コックの（蒸気・水）は，常時開，ドレンコックは常時閉とすること。
　コックのハンドルが管軸の方向と一致するとき「閉」であり，管軸と直角方向になっている場合は「開」である（図２）。
　コックのハンドルを通常の配管コックと同様に管軸とハンドルを平行で開とすると，振動によって次第にコックのハンドルが下がり，コックが閉となる可能性があるので，これを防止するためである。

(5)　水面計のコックは，開閉が多いため漏れやすくなるので６か月ごとに分解整備すること。

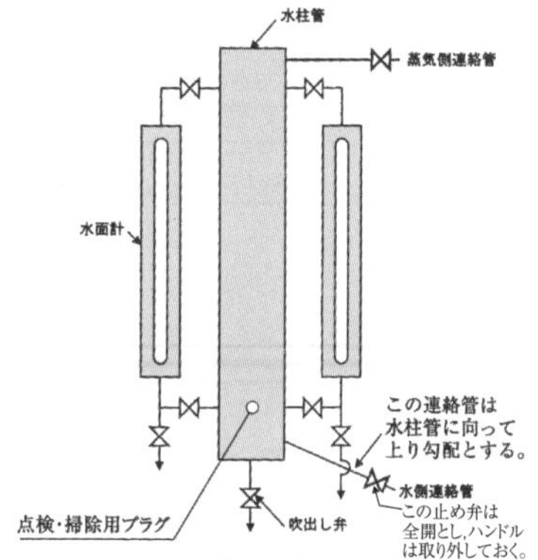

図１　水面計取付け図

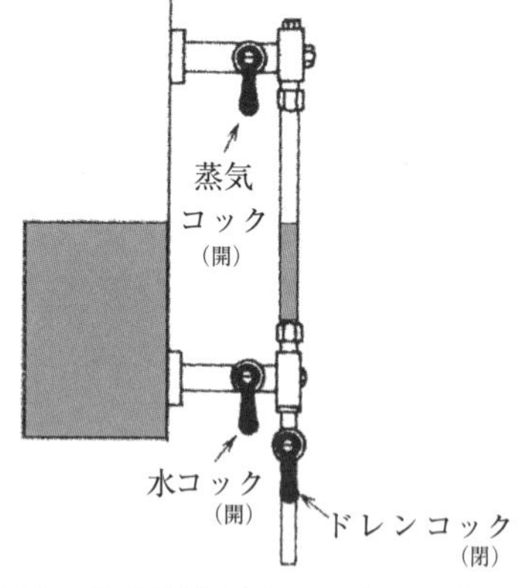

図２　正常運転時のコックハンドル位置

〔答〕　(3)

〔ポイント〕　水面計の取扱いについて理解すること「教本3.2.2 (1)，(2)，(3)」。

問 5　ボイラーのばね安全弁及び逃がし弁の調整及び試験に関し，次のうち誤っているものはどれか。

(1)　調整ボルトを定められた位置に設定した後，ボイラーの圧力をゆっくり上昇させて安全弁を作動させ，吹出し圧力及び吹止まり圧力を確認する。
(2)　安全弁の吹出し圧力が設定圧力よりも低い場合は，一旦，ボイラーの圧力を設定圧力の80％程度まで下げ，調整ボルトを締めて，再度，試験をする。
(3)　ボイラー本体に安全弁が２個ある場合において，１個を最高使用圧力以下で先に作動するように調整し，他の１個を最高使用圧力の３％増以下で作動するように調整することができる。
(4)　エコノマイザの逃がし弁（安全弁）は，必要がある場合に出口に取り付け，ボイラー本体の安全弁より高い圧力で作動するように調整する。
(5)　最高使用圧力の異なるボイラーが連絡している場合において，各ボイラーの安全弁をそれぞれの最高使用圧力に調整したいときは，圧力の高いボイラー側に蒸気逆止め弁を設ける。

〔解説〕
(1)　安全弁を設定圧力で作動するように調整する場合は，調整ボルトを定められた位置に設定した後，ボイラーの圧力をゆっくり上昇させて安全弁を作動させ，吹出し圧力及び吹止まり圧力を確認する。
(2)　安全弁の吹出し圧力が，設定圧力よりも低い場合は，いったんボイラーの圧力を設定圧力の80％程度まで下げ，調整ボルトを締めて吹出し圧力（設定圧力）を再調整する。
(3)　安全弁は２個以上備えるが，伝熱面積が50 m^2以下の蒸気ボイラーでは，１個とすることができる。
　安全弁が２個以上ある場合の調整は，いずれか１個の最高使用圧力以下で先に作動するように調整し，他の１個は最高使用圧力の３％増以下で作動するように調整することができる。
(4)　エコノマイザの出口に逃がし弁（安全弁）を取付ける必要のある場合には，エコノマイザの安全弁より給水が吹き出してボイラー給水がとどこおらないよう，ボイラー本体の安全弁より高い圧力に調整する。
(5)　最高使用圧力の異なるボイラーが連絡している場合には，運転中に最高使用圧力の高い方のボイラー（Ａボイラー）の蒸気圧力が，最高使用圧力の低い方のボイラー（Ｂボイラー）の蒸気圧力より高くなると，Ａボイラーの蒸気がＢボイラーに流れ込みＢボイラーの蒸気圧力を上昇させ，安全弁が吹き出すおそれがある。
　最高使用圧力の異なるボイラーが連絡する場合は，最高使用圧力の低いボイラーを基準に安全弁を調整する。
　問の(5)において，圧力の高いボイラー側に蒸気逆止め弁を設けるという記述は誤りで，正しくは圧力の低いボイラー側である。

〔答〕 (5)

〔ポイント〕　安全弁（本体付，過熱器付，エコノマイザ付）の調整について理解すること「教本3.2.3」。

問6　ボイラー水の吹出しに関し，次のうち誤っているものはどれか。

(1)　炉筒煙管ボイラーの吹出しは，ボイラーを運転する前，運転を停止したとき又は燃焼負荷が低いときに行う。
(2)　水冷壁の吹出しは，いかなる場合も運転中に行ってはならない。
(3)　鋳鉄製蒸気ボイラーの吹出しは，復水のほとんどが回収されるので，スラッジの生成が少なく，一般に必要としない。
(4)　直列に設けられている2個の吹出し弁を閉じるときは，第一吹出し弁を先に操作する。
(5)　吹出しが終了したときは，吹出し弁又はコックを確実に閉じた後，吹出し管の開口端を点検し，漏れていないことを確認する。

〔解説〕

(1)　炉筒煙管ボイラーの吹出しは，ボイラーを運転する前，運転を停止した時，またはボイラー運転の負荷が低い時に行う。この時期，スラッジがボイラー底部に沈殿して排出するのに最も効果があるためである。

(2)　水冷壁の吹出しは，スラッジの吹出しが目的ではなく，ボイラー停止時に操作する排水用である。したがって，運転中に操作を行わないこと。

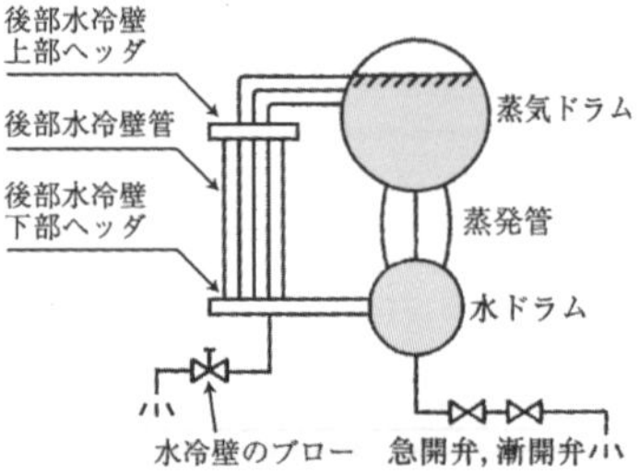

図　ボイラーの吹出し

(3)　鋳鉄製蒸気ボイラーは，復水（ほぼ純水）のほとんどが回収されるので，補給水（不純物を含んでいる）の供給は僅かであり，ボイラー水中の不純物の濃縮及びスラッジの生成はほとんどないので，吹出しを行う必要はない。
　もし，燃焼中にブローを行うと，給水により急冷され割れが生じるおそれがあるので，燃焼中にブローを行ってはならない。吹出しを行う場合は，燃焼を停止し，しばらくしてから吹出しを行う。

(4)，(5)　吹出し操作に当たっては，吹出しを開始するときは急開弁（ボイラー側に取り付けられている。）を先に全開し，次に漸開弁（急開弁の下流側に取り付けられている。）を開けて開度を調節して吹出し量を調節する。閉じる場合は，漸開弁を閉とした後，急開弁（ボイラーに近い弁：第一吹出し弁）を閉じる（図）。
　吹出しが終了したときは，吹出し弁又はコックを確実に閉じた後，吹出し管の開口端を点検し，漏れていないことを確認する。
　したがって，問の(4)の記述は誤りである。

〔答〕　(4)

〔ポイント〕　吹出し（ブロー）装置について理解すること「教本3.2.4」。

問7　ボイラーの自動制御装置の点検に関し，次のうち誤っているものはどれか。

(1)　燃料遮断弁は，燃料漏れがないか点検するとともに，電磁コイルの絶縁抵抗を測定することにより，漏電がないか点検する。
(2)　コントロールモータは，これと燃料調節弁及び空気ダンパとの連結機構に，固定ねじの緩み，外れ及び位置のずれがないか点検する。
(3)　オンオフ式圧力調節器は，内蔵しているすべり抵抗器のワイパの接触不良，抵抗線の汚損，焼損，断線などが生じていないか点検する。
(4)　オンオフ式圧力調節器は，動作隙間を小さくしすぎるとハンチングを起こしたり，リレーなどの寿命が短くなるので，適正な動作隙間であるか点検する。
(5)　熱膨張管式水位調整装置の熱膨張管の水側は，１日１回以上ドレン弁を開いてブローする。

〔解説〕
(1)　燃料遮断弁は漏れがないこと，また，電磁コイルの絶縁抵抗を測定し漏電がないか点検する。
(2)　比例式制御調節の場合，コントロールモータと燃料調節弁，空気ダンパとはリンクで連結されているがその連結機構に，固定ねじのゆるみ，外れ及び位置のずれがないことを点検する。
(3)，(4)　中小容量のボイラーの蒸気圧力調節器には，オンオフ式蒸気圧力調節器と，比例式蒸気圧力調節器がある。
オンオフ式蒸気圧力調節器は，動作すき間の設定，比例式蒸気圧力調節器は，比例帯の設定が変わっていないか確認する。また比例式蒸気圧力調節器は，内蔵しているすべり抵抗器のワイパの接触不良，抵抗線の汚損，焼損，断線等が生じていないか点検する。
したがって，問の(3)の記述は誤りである。

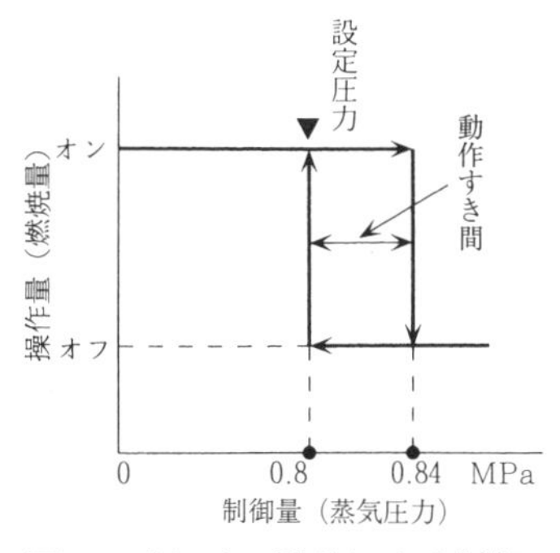

図１　オンオフ動作による制御

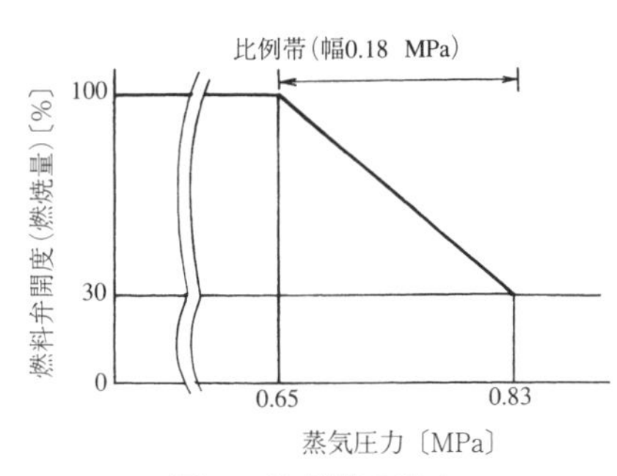

図２　比例帯の設定

(5)　熱膨張管式水位調整装置は熱膨張管の蒸気側と水側の温度差を検出し作動するので，水側連絡管は十分な放熱状態で冷えていることを確認することが大事である。そのため，作動状態を確認するため，１日１回以上ドレン弁を開いてブローする。また，ドレン弁の漏れがないことを確認する。

〔答〕(3)
〔ポイント〕　ボイラーの自動制御装置の点検内容について理解すること「教本3.2.7」。

問８　ボイラー水中の不純物に関し，次のうち誤っているものはどれか。

⑴　ボイラー水中の溶解性蒸発残留物から生成して管壁，ドラムその他の伝熱面に固着するものをスケール，固着しないでドラム底部などに沈積する軟質沈殿物をスラッジという。
⑵　スケールは，一般的にカルシウムの塩類が主成分となるが，その他共存する溶解性蒸発残留物などの作用により生じることもある。
⑶　スラッジは，主としてマグネシウムの水酸化物が熱分解して生じた炭酸塩，炭酸水素塩及びりん酸塩である。
⑷　硫酸塩類やけい酸塩類のスケールは，熱分解しないで伝熱面に硬く固着して除去しにくい。
⑸　懸濁物には，りん酸カルシウムなどの不溶物質，微細なじんあい，乳化した鉱物油などがあり，キャリオーバの原因となる。

〔解説〕
⑴，⑵，⑷　ボイラー水中の溶解性蒸発残留物から生成して管壁，ドラムその他の伝熱面に固着するものをスケール，固着しないでドラム底部などに沈積する軟質の沈殿物をスラッジ，ボイラー水中に浮遊している不溶解物質を懸濁物と呼んでいる。
　不溶性の固形物となるものは一般的にカルシウムの塩類が主成分である。その他マグネシウム塩，共存する溶解性蒸発残留物，不溶となった固形物，水酸化鉄のような腐食生成物，油脂，シリカなどの相互の複雑な作用により生じるものなどもある。
　硫酸塩類やけい酸塩類系のスケールは，熱分解せず伝熱面に硬く付着し，除去しにくい。
⑶　スラッジは，主としてカルシウム，マグネシウムの炭酸水素塩が加熱（80～100 ℃）により分解して生じた炭酸塩，水酸化物とりん酸塩である。また，軟化を目的とした清缶剤を添加した場合に生じるりん酸カルシウムや，水酸化マグネシウムなどがスラッジとなる。ボイラー水のブローが適切に行われないときは，スラッジは，水循環の緩慢な箇所にたまり，次第に固まり，あるいは伝熱面に焼き付いて腐食，過熱，吹出し管内の閉塞などの原因となる。
　したがって，問の⑶の記述は誤りである。
⑸　懸濁物には，りん酸カルシウムなどの不溶物質，微細なじんあい，エマルジョン化された鉱物油などがあり，キャリオーバの原因となる。

〔答〕　⑶

〔ポイント〕　水中の不純物とその障害について理解すること「教本3.4.4」。

問9　ボイラーの清缶剤に関し，次のうち誤っているものはどれか。なお，Lはリットルである。

(1)　軟化剤は，ボイラー水中の硬度成分を不溶性の化合物（スラッジ）に変えるための薬剤である。
(2)　軟化剤には，炭酸ナトリウム，りん酸ナトリウムなどがある。
(3)　脱酸素剤は，ボイラー給水中の酸素を除去するための薬剤である。
(4)　溶存酸素1 mg/Lの除去には，計算上は亜硫酸ナトリウム7.88mg/Lを要するが，実際はこれより多く用いる。
(5)　低圧のボイラーの酸消費量抑制剤としては，水酸化ナトリウム，アンモニアなどが用いられる。

〔解説〕 清缶剤は，水に起因するスケールの付着，腐食，キャリオーバなどの障害を防止するために，給水又はボイラー水に直接添加する薬剤をいう。pH及び酸消費量調節剤，軟化剤，脱酸素剤等があり，主な目的は次のとおりである。

(1)，(2)　軟化剤は，ボイラー水中の硬度成分の不溶性の化合物（スラッジ）に変えて，スケール付着を防止する。

軟化剤には，炭酸ナトリウム，りん酸ナトリウムなどがある。

(3)，(4)　溶存酸素の除去をする脱酸素剤には，亜硫酸ナトリウム，ヒドラジン等がある。

表　清缶剤の作用による分類

作用分類	主な作用（効果）	主な商品名
pH及び酸消費量の調節剤	ボイラー水に適度の酸消費量を与え腐食を防止する。	・水酸化ナトリウム（NaOH） ・炭酸ナトリウム（Na_2CO_3）
軟化剤	硬度成分をスラッジに変えてスケール付着を防止する。	・炭酸ナトリウム（Na_2CO_3） ・りん酸ナトリウム（Na_3PO_4）
スラッジ分散剤	スラッジが伝熱面に焼きついてスケールとして固まらないようにする。	・タンニン
脱酸素剤	ボイラー水中の酸素を除去して溶存気体による腐食を防止する。	・亜硫酸ナトリウム（Na_2SO_3） ・ヒドラジン（N_2H_4） ・タンニン
給水，復水系統の防食剤	給水・復水系統の配管等が（O_2）（CO_2）によって腐食されるのを防止する。	・pH調節剤（防食） ・被膜性防食剤

①　亜硫酸ナトリウム（Na_2SO_3）

給水中に含まれている溶存酸素の除去に用いられ，1 mg/Lの溶存酸素の除去に7.88 mg/Lの亜硫酸ナトリウムが必要とされる。

$$2Na_2SO_3 + O_2 \rightarrow 2Na_2SO_4$$

②　ヒドラジン（N_2H_4）

反応生成物が窒素と水であり，ボイラーの溶解性蒸発残留物濃度が上昇しない利点があるため，高圧ボイラーに使用される。1 mg/Lの溶存酸素の除去のためには，1 mg/Lのヒドラジンが必要とされる。

$$N_2H_4 + O_2 \rightarrow N_2 + 2H_2O$$

(5)　酸消費量調節剤には，ボイラー水に酸消費量を付与するものと酸消費量の上昇を制御するものがある。水酸化ナトリウム，炭酸ナトリウムは酸消費量付与剤である。

酸消費量抑制剤にはりん酸二水素ナトリウム（NaH_2PO_4），ヘキサメタりん酸ナトリウム（$(NaPO_3)_6$）が用いられる。

したがって，問の(5)の記述は誤りである。

〔答〕 (5)

〔ポイント〕 清缶剤の使用目的と薬品名を理解すること「教本3.4.6 (2)，(3)」。

問10　ボイラーの腐食，劣化及び損傷に関し，次のうち適切でないものはどれか。

(1)　苛性ぜい化は，管と管穴の間などの狭い隙間にボイラー水が浸入し，濃縮されてアルカリ濃度が高くなったときに，金属面の結晶粒界に割れが生じる現象である。
(2)　ピッチングは，米粒から豆粒大の点状の腐食で，主として水に溶存する酸素の作用により生じる局部腐食である。
(3)　グルービングは，細長く連続した溝状の腐食で，曲げ応力や溶接による応力が大きく作用する箇所に生じる局部腐食である。
(4)　圧壊は，円筒又は球体の部分が外側からの圧力に耐えきれずに急激に押しつぶされて裂ける現象で，火炎に触れる胴の底部などに生じる。
(5)　鋳鉄製ボイラーのセクションに割れが生じる原因は，無理な締付け，不均一な加熱，急熱急冷による不同膨張などである。

〔解説〕
(1)　苛性ぜい化は，拡管部の管と管穴の間など狭い隙間にボイラー水が浸入すると，加熱によってアルカリ分は濃縮され，応力の作用と相まって金属面の結晶粒界に割れが起こる現象である。
(2)　ピッチング（孔食）は，主としてボイラー水に溶存する酸素（O_2）の作用によるものである。
(3)　グルービングは，細長く連続した溝状（V字型）を呈する溶存酸素による腐食で，急熱・急冷が繰り返されることにより，材料に疲労が生じて発生する損傷である。
　主に，ガセットステーの取付部，ボイラー鏡板の湾曲部，鏡板にあけられた給水穴及びフランジの根元のような繰返し応力や集中応力を受ける部分に発生する腐食である。
(4)　炉筒や火室のように円筒，又は球体の部分が外側からの圧力に耐えられずに，急激に押しつぶされて裂ける現象を圧壊という。火炎に触れる炉筒の上部や火室上部などに生じる。
　したがって，問の(4)の記述は誤りである。正しくは，圧壊が発生するのは，火炎の触れる炉筒の上部や火室上部が過熱されて強度が下がり，外力に耐えられず発生する。
(5)　鋳鉄製ボイラーの各セクションに割れが生じる原因の大部分は，不同膨張に基づく熱応力によるものである。

〔答〕　(4)

〔ポイント〕　腐食の形態「教本3.5.1 (2)」，加圧水の事故「教本3.5.3(1)」及び鋳鉄製ボイラーの特徴「教本1.5」を理解すること。

■ 令和５年前期：燃料及び燃焼に関する知識 ■

問１　液体燃料に関し，次のうち適切でないものはどれか。

(1)　重油は，一般に，密度が大きいものほど動粘度が高く，単位質量当たりの発熱量は小さい。
(2)　質量比は，ある体積の試料の質量と，それと同体積の水の質量との比であり，試料及び水の温度条件を示す記号を付して表す。
(3)　燃料の密度は，粘度，引火点，炭素・水素比（C/H比），残留炭素分，硫黄分，窒素分と互いに関連し，一般に密度の大きいものほど難燃性となる。
(4)　重油の実際の引火点は，250 ℃程度で，着火点は350 ～ 500 ℃程度である。
(5)　燃料中の炭素・水素比（C/H比）の概略値は，C重油で８，A重油で７，灯油で６である。

〔解説〕
(1)　単位体積当たりの質量を密度といい，その温度条件を付して，15 ℃又はt ℃における密度をg/cm³の単位で密度（15 ℃）又は密度（t ℃）として表す。
　燃料の密度は，燃焼性を表す粘度，引火点，炭素・水素比，残留炭素分，硫黄分，窒素分と互いに関連し，特殊なものを除けば，通常，密度の大きいものほど難燃性となる（表参照）。

表　油の密度と燃焼性との関連

	C重油	B重油	A重油	軽油	灯油
イ）密度	大きい	⟶		小さい	
ロ）低発熱量	小さい	⟶		大きい	
ハ）引火点	高　い	⟶		低　い	
ニ）粘度	高　い	⟶		低　い	
ホ）凝固点	高　い	⟶		低　い	
へ）流動点	高　い	⟶		低　い	
ト）残留炭素	多　い	⟶		少ない	
チ）炭素	少ない	⟶		多　い	
リ）水素	少ない	⟶		多　い	
ヌ）硫黄	多　い	⟶		少ない	

　灯油は，重油に比べて燃焼性は良く，硫黄分は少ない。
　重油は，燃焼性が悪く，密度が大きいほど，発熱量は小さい。
(2)　質量比は，ある体積の試料の質量と，それと同体積の水の質量の比であって，試料及び水の温度条件を示す記号を付して質量比15/４℃又は質量比60/60 °Fとして表す。
(3)，(5)　燃料の元素分析のうち，燃焼性を示す指標として炭素と水素の質量比（C/H）があり，C/Hが大きいほどすすを生じやすい。
　油のC/H比の概略値は，次のとおりである。
　C重油：８，A重油：７，灯油：６
(4)　重油の引火点は，規格では60 ℃ないし70 ℃以上であるが，実際は100 ℃前後である。また，着火点（着火温度）は250 ～ 400 ℃程度である。
　したがって，問の(4)の記述は適切でない。

〔答〕(4)

〔ポイント〕　液体燃料の性質について理解すること「教本2.1.2 (2)，(3)」。

問２　重油の添加剤に関するＡからＤまでの記述で，適切なもののみを全て挙げた組合せは，次のうちどれか。

Ａ　水分分離剤は，油中に存在する水分を表面活性作用により分散させて燃焼を促進する。
Ｂ　流動点降下剤は，油の流動点を降下させ，低温における流動性を確保する。
Ｃ　スラッジ分散剤は，分離沈殿するスラッジを溶解又は分散させる。
Ｄ　高温腐食防止剤は，重油灰中のバナジウムと化合物を作り，灰の融点を降下させて，水管などへの付着を抑制し，腐食を防止する。

(1)　Ａ，Ｂ
(2)　Ａ，Ｂ，Ｃ
(3)　Ａ，Ｄ
(4)　Ｂ，Ｃ
(5)　Ｂ，Ｃ，Ｄ

〔解説〕　重油には，いろいろな目的のために各種の添加剤が加えられることがある。主な添加剤とその使用目的をあげれば，次のとおりである。

①　燃焼促進剤
触媒作用によって燃焼を促進し，ばいじんの発生を抑制する。

②　水分分離剤
油中にエマルジョン（乳化）状に存在する水分を凝集し沈降分離する。

③　スラッジ分散剤
分離沈殿してくるスラッジを溶解又は表面活性作用により分散させる。

④　流動点降下剤
流動点を降下させ，低温度における流動を確保する。

⑤　高温腐食防止剤
重油灰中のバナジウムと化合物をつくり，灰の融点を上昇させ，水管などへの付着を抑制し，腐食を防止する。重油の灰分に五酸化バナジウム（V_2O_5）が含まれていると，鉄鋼表面に付着しV_2O_5を含んだスケールが生成される。このスケールは溶融点が低いので，650～700℃程度で激しく酸化される。そのため，高温腐食防止の添加剤によりスケール灰の融点を高くする。

⑥　低温腐食防止剤
燃焼ガス中の三酸化硫黄（SO_3）と反応して非腐食性物質に変え，腐食を防止する。

ＡからＤまでの記述で適切なものはＢとＣである。したがって，適切なもののみを全て挙げた組合せは(4)である。

〔答〕　(4)

〔ポイント〕　重油の添加剤の目的について理解すること「教本2.1.2 (4)」。

問3　ボイラー用気体燃料に関し，次のうち適切でないものはどれか。

(1)　気体燃料は，空気との混合状態を比較的自由に設定でき，火炎の広がり，長さなどの調整が容易である。
(2)　ガス火炎は，油火炎に比べて輝度が低く，燃焼室での輝炎による放射伝熱量が少なく，管群部での対流伝熱量が多い。
(3)　天然ガスのうち湿性ガスは，メタン，エタンのほかプロパン以上の高級炭化水素を含み，その発熱量（MJ/m^3）は乾性ガスより大きい。
(4)　バイオガスは，植物などから生成・排出される有機物から得られるガスで，ブタンが主成分である。
(5)　LNGは，天然ガスを脱硫・脱炭酸プロセスで精製した後，－162 ℃に冷却し，液化したものである。

〔解説〕

(1)　気体燃料は，燃焼させる上で液体燃料のような微粒化，蒸発のプロセスが不要であるため，空気との混合状態を比較的自由に設定でき，火炎の広がり長さなどの調整が容易である。
(2)　ガス火炎は，油火炎に比べて輝度が低いので，燃焼室における放射伝熱量は少ないが，燃焼ガス中の水蒸気成分が多いので，ガス高温部（蒸発管群部）の不輝炎からの熱放射は高くなるため，管群部での対流伝熱量は多い。
(3)　天然ガスは，性状から，乾性ガスと湿性ガスとに大別される。
　乾性ガスは，可燃成分のほとんどがメタン（CH_4）から成る。
　湿性ガスはメタン，エタンのほか，相当量のプロパン以上の高級炭化水素を含み，常温常圧において液体分を凝出している。
　発熱量　乾性ガス　38 ～ 39 MJ/m^3_N
　　　　　湿性ガス　44 ～ 51 MJ/m^3_N
(4)　バイオガスとは，一般に動物や植物から生成・排出される有機物の発酵から得られるガスをいう。古くから利用している例としては，し尿，下水汚泥，ビール製造廃液などの工場有機排水などをメタン発酵させて得られる消化ガスがある。メタン発酵法は消化性細菌を加えてガスを得るもので，発生した消化ガスはメタンが主成分で，50 ～ 75 %の含有率である。ブタンではない。
　したがって，問の(4)の記述は適切でない。
(5)　液化天然ガス（LNG）は，都市ガスの主成分であり，CO，H_2Sの不純物を含まず，CO_2やSO_2などの排出も少ない燃料である（天然ガスを脱硫，脱炭酸プロセスで精製してあるため）。

〔答〕(4)

〔ポイント〕　気体燃料の種類と特性について理解すること「教本2.1.3」。

問4　ボイラーにおける重油の燃焼に関するAからDまでの記述で，適切なもののみを全て挙げた組合せは，次のうちどれか。

A　バーナで噴霧された油滴は，送入された空気と混合し，バーナタイルなどの放射熱により加熱されて徐々に気化し，温度が上昇して火炎を形成する。
B　燃焼用空気が不足している場合は，火炎は短く，かつ，オレンジ色で，逆火の危険性がある。
C　重油の加熱温度が高すぎると，バーナ管内で油が気化し，ベーパロックを起こす。
D　重油の加熱温度が低すぎると，噴霧状態にむらができ，息づき燃焼となる。

(1)　A，B，C
(2)　A，C
(3)　A，C，D
(4)　B，D
(5)　C，D

〔解説〕
A　バーナで噴霧された油は，送入された空気と混合し，バーナタイルの放射熱により予熱され徐々に気化する。それ以後は，固形残さ粒子が分解し，完全に気化して，燃焼を行う（図）。

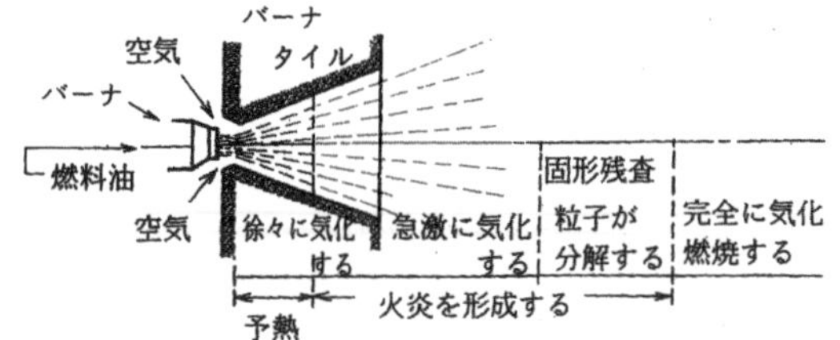

図2　液体燃料の燃焼過程

B　燃焼用空気の調整は，常に燃焼用空気量の過不足に注意し，効率の高い燃焼を行うようにしなければならない。
　空気量の過不足は，燃焼ガス計測器により，O_2又はCO_2，COの値を知り，判断することが望ましいが，炎の形及び色によって判断することが大切である。すなわち，
①　空気量が多い場合には，炎は短く，輝白色を呈し炉内は明るい。
②　空気量が少ない場合には，炎は暗赤色を呈し，煙が出て炉内の見通しがきかない。
③　空気量が適量である場合には，オレンジ色を呈し，炉内の見通しがきく。
C　加熱温度が高すぎるとき
①　バーナ管内で油が気化し，ベーパロックを起こす。
②　噴霧状態にむらができ，いきづき燃焼となる。
③　炭化物（カーボン）生成の原因となる。
D　加熱温度が低すぎるとき
①　霧化不良となり，燃焼が不安定となる。
②　すすが発生し，炭化物が付着する。
　AからDまでの記述で適正なものはAとCである。したがって，適正なもののみを全て挙げた組合せは(2)である。

〔答〕　(2)

〔ポイント〕　液体燃料の燃焼について理解すること「教本2.2.1 (2)」。

問5　炭素2kgを完全燃焼させるときに必要な理論酸素量の値に最も近いものは，(1)〜(5)のうちどれか。

なお，炭素が完全燃焼して二酸化炭素になる反応式は次のとおりである。また酸素の体積は，標準状態（0℃，101.325 kPa）の体積とする。

$C+O_2 \rightarrow CO_2$

(1)　3.7 m^3
(2)　11.2 m^3
(3)　17.8 m^3
(4)　22.4 m^3
(5)　53.4 m^3

〔解説〕　理論酸素量とは，完全燃焼に必要な最小の酸素量を理論的に算出したものをいう。

炭素の燃焼計算式は，

炭素：	C	+	O_2	=	CO_2	··
（分子量）	1 kmol		1 kmol		1 kmol	
（質量）	12 kg		32 kg		44 kg	
（体積）			22.4 m^3_N		22.4 m^3_N	

で示されている。炭素12 kgを燃焼させるのに必要な理論空気量は22.4 m^3_Nなので，2kgでは，22.4×2/12=3.7 m^3となる。

〔答〕 (1)

〔ポイント〕　燃焼計算について理解すること「教本2.2.3(4)」。

問6　液体燃料の供給装置に関し，次のうち適切でないものはどれか。

(1)　常温で流動性の悪い燃料油をストレージタンクに貯蔵する場合は，タンク底面にコイル状の蒸気ヒータを装備して加熱する。
(2)　オートクリーナは，フィルタ清掃用の回転ブラシを備えた単室形のストレーナで，比較的良質の燃料油のろ過に多く用いられる。
(3)　噴燃ポンプは，燃料油をバーナから噴射するときに必要な圧力まで昇圧して供給するもので，ギアポンプ又はスクリューポンプが多く用いられる。
(4)　噴燃ポンプには，吐出し圧力の過昇を防止するため，吐出し側と吸込み側の間に逆止め弁が設けられる。
(5)　主油加熱器は，噴燃ポンプの吐出し側に設けられ，バーナの構造に合った粘度になるように燃料油を加熱する装置である。

〔解説〕　機器（重油の場合）の構成を次のフローシートに示す。

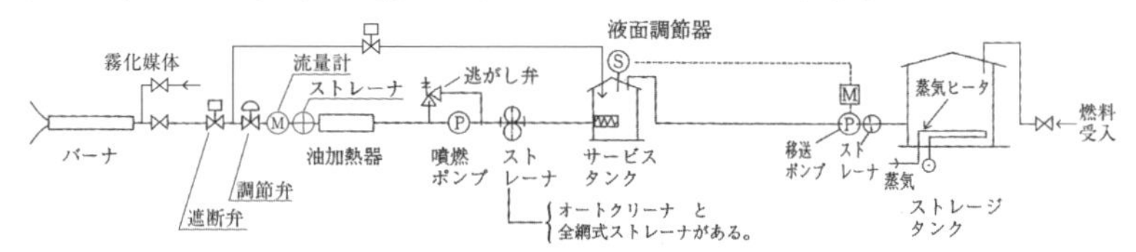

(1)　油タンク

①　ストレージタンク

1週間から1か月分程度の使用量を貯蔵する。

ストレージタンクに流動性の悪い燃料油を貯蔵する場合，タンク底面に蒸気ヒータを装備する。

②　サービスタンク

容量はボイラーの定格使用油の2時間分程度とする。

サービスタンクには，フロート式の液面調節器を設けて液位の調節を行っている。

(2)　ストレーナ

移送ポンプや噴燃ポンプの保護のために，ポンプなどの吸込み側にストレーナを設けて，燃料や配管中のごみ，さび等の固形物を除去する。

また，流量計，調節弁，遮断弁及びアトマイザの目詰りなどを防止するため，噴燃ポンプの吐出し側に吸込み側より細かい網目をもつストレーナを設ける。

比較的良質の燃料油では，フィルタ清掃用の回転ブラシを備えたオートクリーナと呼ばれる単室形のストレーナが多用され，粘度の高い重質油では複式の金網形ストレーナが使用される。

(3)，(4)　噴燃ポンプ

噴燃ポンプには，ギア式又はスクリュー式が多く用いられる。

燃料油をバーナから噴射するのに必要な圧力（1 ～ 2MPa程度）まで昇圧するもので，圧力の過昇防止のため逃がし弁を設けている。逆止め弁ではない。

したがって，(4)の記述は適切でない。

(5)　油加熱器

粘度の高い油の場合，バーナ噴霧するのに必要粘度とするため，油加熱器を噴燃ポンプ吐出し側に設置して油を適正粘度まで加熱するものである。

〔答〕　(4)

〔ポイント〕　液体燃料供給装置の構成と役割について理解すること「教本2.3.1」。

問7　回転式油バーナ(ロータリバーナ)に関し，次のうち適切でないものはどれか。

(1)　霧化筒は，末広がりのカップ状の筒で，アトマイジングカップともいう。
(2)　燃料油は，高速回転している霧化筒の内面に流し込まれ，遠心力により内面で薄膜状になる。
(3)　霧化筒に入った燃料油は，霧化筒の開放先端で放射状に飛散する。
(4)　飛散する燃料油の旋回方向と同方向に霧化筒の外周から噴出される空気流によって，迅速な霧化が行われる。
(5)　油ポンプとファンを内蔵し，取扱いが簡単で自動化されているものがある。

〔解説〕　回転式油バーナ(ロータリバーナ)に関する問題である。

回転式油バーナは，高速で回転する末広がりのカップ状の霧化筒（アトマイジングカップ）の内面に燃料油を流し込む。それが筒とともに高速回転し，遠心力により内蔵で薄膜状になりつつ傾斜面を移行して，筒の開放先端で放射状に飛散される。それを筒の外周から噴出する一次空気ノズルからの空気流によって，霧化する形式のバーナである。この空気は案内羽根によって飛散する油の旋回方向と反対方向に旋回するので，強いせん断力が働き，微細に砕いて霧化させる。

したがって，アトマイジングカップの内面が汚れると，油膜が不均一となり，油の噴霧が悪くなる。霧化筒まわりの構造を図(a)に示す。図(b)は，このバーナの一例であり油ポンプとファンを内蔵し，取扱いが簡単で自動化されている。このバーナは蒸発量20 t/h程度以下の中小容量のボイラーに用いられる。

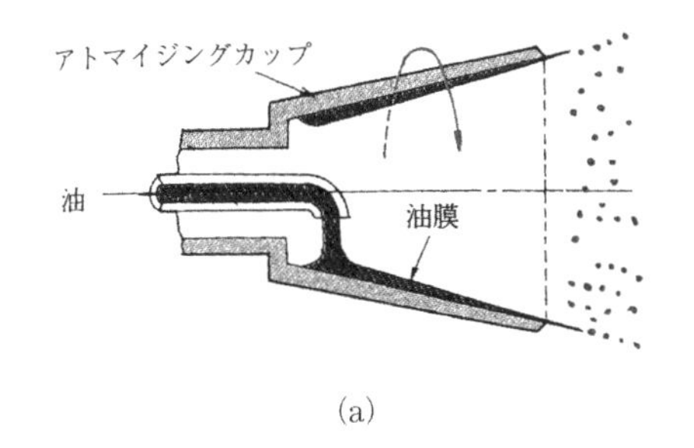

(a)

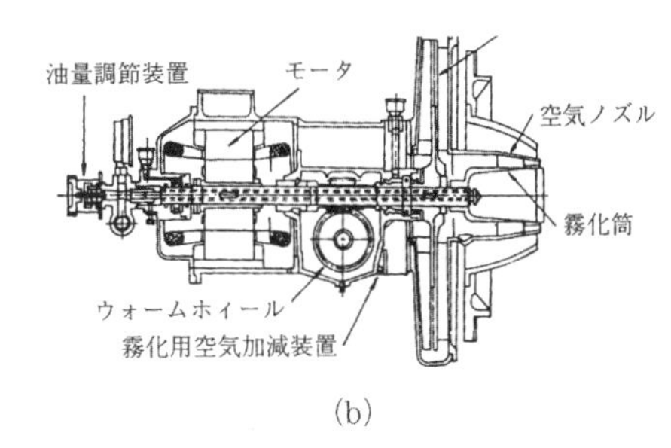

(b)

図　回転式油バーナ(ロータリバーナ)

したがって，問の(4)の記述は適切でない。正しくは，飛散する燃料油の旋回方向の反対方向から空気流が噴出する。

〔答〕　(4)

〔ポイント〕　回転式油バーナ（ロータリバーナ）の構造・特徴について理解すること「教本2.3.1 (3) (b)」。

問8　ボイラーの通風に関し，次のうち適切でないものはどれか。

(1)　外気の密度をρ_a (kg/m^3)，煙突内ガスの密度をρ_b (kg/m^3)，煙突の高さをH (m)，重力加速度をg (m/s^2) とすれば，煙突の理論通風力Z (Pa) は，$Z=(\rho_a-\rho_b)\ gH$ で求められる。

(2)　人工通風は，自然通風に比べ，ボイラーなどの通風抵抗を大きくとることができ，管群での燃焼ガス速度を上げ，伝熱特性を向上させることができる。

(3)　通風に用いられるファンは，風圧は比較的高く，送風量の大きなものが必要である。

(4)　押込通風は，炉内が大気圧以上の圧力となるので，炉内に漏れ込む空気がなく，ボイラー効率は向上する。

(5)　平衡通風は，押込通風と誘引通風を併用した方式で，通常，燃焼室内を大気圧よりわずかに低い圧力に調節する。

〔解説〕　通風には，煙突だけの自然通風と機械的方法による人工通風がある。

(1)　自然通風の通風力は弱い。自然通風力は，外気の密度と煙突内ガスの密度との差に煙突の高さを乗じて求めるので，煙突が高いほど，またガス温度が高いほど通風力は大きくなる。

通風力$Z=(\rho_a-\rho_g)\ gH$〔Pa〕

ρ_a：外気の密度〔kg/m^3〕　　ρ_g：煙突内ガスの密度〔kg/m^3〕

H　：煙突の高さ〔m〕　　g　：重力加速度〔$9.8\ m/s^2$〕

(2)　人工通風は，通風抵抗を大きくとることができるので，管群での燃焼ガス速度を速めて熱伝達を向上することができる。

(3)，(4)，(5)　人工通風はファンなどを使用するので，大容量から小容量ボイラーに至るまで広く用いられ，次の３種類がある。

(a)　押込通風：押込ファンを用いて燃焼用空気を大気圧より高い圧力として炉内に押し込む（加圧燃焼）。気密が不十分であると燃焼ガスが外部に漏れる。常温の空気を吸うので，所要動力が小さく広く使用されている。

(b)　誘引通風：煙道又は煙突入口に設けたファンを用いて燃焼ガスを誘引する。そのため，炉内圧は大気圧より低くなる。このため，気密が不十分であると外気が炉内へ漏れ込む。また，高い温度の燃焼ガスを誘引するので，大型ファンを必要とし所要動力は人工通風の中で一番大きくなる。また，ファンはガス流体を吸うので，ガスの性質によっては腐食しやすい。

(c)　平衡通風：押込ファンと誘引ファンとを併用したもので，炉内圧は大気圧よりわずかに低く調節するのが普通である。したがって，炉内の気密が困難なボイラーなどに用いられる。

二種類のファンを必要とするため比較的大きい動力となるが，体積の大きいガスのみを扱う誘引通風に比べ所要動力は小さくなる。

ボイラー通風に用いられるファンには，比較的風圧が低く，送風量の大きなものが必要である。したがって，(3)の記述は適切でない。誘引ファンでは，摩耗，腐食に強いものを選ばなければならない。

〔答〕　(3)

〔ポイント〕　自然通風の通風力と人工通風の種類と特徴について理解すること「教本2.4.1 (1)，(2)」。

問９　ボイラーの排ガス中のNO_Xを低減する燃焼方法に関するＡからＤまでの記述で，適切なもののみを全て挙げた組合せは，次のうちどれか。

Ａ　燃焼用空気を一次と二次に分けて供給し，燃焼を二段階で完結させて，NO_Xを低減する方法がある。
Ｂ　空気予熱器を設置しないで火炎温度を低下させてNO_Xを低減する方法では，排ガスの顕熱はエコノマイザを設置して回収する。
Ｃ　可能な限り理論空気量に近い空気比で燃焼させてNO_Xを低減する方法があるが，この方法ではボイラー効率が低下する。
Ｄ　燃焼用空気に排ガスの一部を混合して燃焼ガスの体積を増し，酸素分圧を上げるとともに燃焼温度を下げ，NO_Xを低減する方法がある。

(1)　Ａ，Ｂ
(2)　Ａ，Ｂ，Ｃ
(3)　Ａ，Ｂ，Ｄ
(4)　Ｂ，Ｃ
(5)　Ｃ，Ｄ

〔解説〕　燃焼方法により，窒素酸化物（NO_X）の発生を抑制するためには，次のものがある。

①　低空気比燃焼
燃焼域での酸素濃度を低くする。空気比を低くすることにより，排ガス量も下がるので，ボイラーからの排ガス損失も下がり省エネルギー効果もある。

②　燃焼室熱負荷の低減
炉内温度及び火炎温度の低下を狙ったものである。

③　排ガスの再循環
燃焼用空気に排ガスの一部を再循環させることで，燃焼用空気中の酸素濃度が低くなり，また燃焼ガス量が増えることにより，酸素分圧を下げるとともに燃焼温度を下げる。

④　予熱空気温度の低下
火炎温度の低下を狙ったものであるが，空気予熱器での排ガス顕熱回収の減少を補うため，エコノマイザを採用したり，エコノマイザと空気予熱器の併用を図る必要がある。

⑤　二段燃焼
燃焼用空気を一次と二次に分けて供給し，燃焼を二段階で完結させるようにしたもので，燃焼の局部的高温域が生じるのを避ける。

⑥　濃淡燃焼
燃焼領域の一方を低空気比（燃料過剰）で燃焼し，他方を高空気比（空気過剰）で燃焼して，全体として適正な空気比で運転しようとするものである。

これは⑤二段燃焼と共に，次の原理を応用したものである。すなわち，燃焼によって生じるNO_Xは，燃焼性において適切と思われる空気比の付近でピークとなり，空気比がそれより小さくても大きくても減少するという燃焼上の特性がある。

この特性を利用して，低空気比領域と高空気比領域を故意に作ることによって，低空気比でのNO_X濃度と高空気比でのNO_X濃度とを平均した空気比を得ることによりNO_X生成を抑制しようとするものである。空気比を下げることによってボイラー効率は向上する。

したがって，ＡとＢの記述が適切であり，適切なもののみを全て挙げた組合せは，(1)である。

〔答〕　(1)
〔ポイント〕　排ガス中の窒素酸化物（NO_X）の発生，抑制対策について理解すること「教本2.6.2 (2)」。

問10　重油燃焼ボイラーの低温腐食などに関し，次のうち適切でないものはどれか。

(1)　A重油の燃焼ガスの露点は，一般に100 ℃前後である。
(2)　金属の表面温度が硫酸蒸気の露点以下になると，腐食量は急激に増加する。
(3)　エコノマイザの低温腐食防止対策として，給水加熱器の使用などにより給水温度を高める方法がある。
(4)　低空気比燃焼は，SO_2からSO_3への転換を抑制して燃焼ガスの露点を上げるので，低温腐食の抑制に効果がある。
(5)　空気予熱器の低温腐食防止対策として，空気予熱器の伝熱板の材料に，比較的耐食性の良いセラミックスやエナメル被覆鋼を使用する方法がある。

〔解説〕　燃料中の硫黄分は，燃焼によってSO_2（二酸化硫黄）になり，その一部は更に酸化してSO_3（三酸化硫黄）になり，更にこれが燃焼ガス中の水分（H_2O）と反応してH_2SO_4（硫酸）蒸気になる。この硫酸蒸気がボイラーの燃焼ガス流路の低温部分に接触し，露点以下になると凝縮して激しい腐食を起こす。これを低温腐食という。

燃焼ガス中に生成するSO_3の量は，燃料中の硫黄分，空気比，火炎温度などによって異なり，その露点は，SO_3濃度，燃焼ガス中の水蒸気割合によって変わる。

露点の代表例としては，A 重油は100℃前後，C 重油は140 ℃前後である。

硫酸蒸気の露点以下になると，腐食量は急激に増加する。

重油燃焼ボイラーの低温腐食対策には，次のものがある。

①　燃料の低硫黄化を図る。
②　材料の選択
・耐食性のよい材料を使用する。
・伝熱面をセラミックスやエナメルで被覆する。
・炭素鋼（軟鋼）は高い濃度の硫酸には耐えるが，希硫酸には激しく侵される。
③　油に添加剤を加え，燃焼ガス中の三酸化硫黄（SO_3）と反応させ腐食を防止する。
④　低空気比燃焼によりSO_2からSO_3への転換率を低下させ露点も低くさせる。
⑤　空気予熱器の燃焼ガス側の低温部伝熱面の表面温度を高く保つ。
イ　蒸気式空気予熱器を併用する。
ロ　予熱された空気を再循環させる。
ハ　予熱させる空気を一部バイパスさせる。
ニ　高い燃焼ガス温度部と低い空気温度部で熱交換させ，最低金属温度を高める。
⑥　エコノマイザの水側の伝熱面の表面温度を高く保つ。
イ　給水加熱器を用いる。
ロ　ドレン，復水を回収し給水温度を高める。
ハ　エコノマイザ出口給水を入口側に再循環する。

高温腐食は通常，C 重油又はアスファルトなどの重質油燃料を使用し，多くの場合，表面温度が600 ℃以上となる過熱器管に発生する。

問の(4)の記述では，露点を上げるとなっている。正しくは，露点も低くさせる。

したがって，(4)の記述は適切でない。

〔答〕　(4)

〔ポイント〕　重油燃焼ボイラーの低温腐食対策について理解すること「教本2.5.2 (1), (2)　2.5.3」。

■ 令和４年後期：燃料及び燃焼に関する知識 ■

問１　液体燃料に関し，次のうち誤っているものはどれか。

(1)　重油は，一般に，密度が大きいものほど燃焼性が悪く，単位質量当たりの発熱量も小さい。
(2)　燃料中の炭素・水素の質量比（C/H）は，燃焼性を示す指標の一つで，この値が大きい重油ほど，すすを生じやすい。
(3)　質量比は，ある体積の試料の質量と，それと同体積の水の質量との比であり，試料及び水の温度条件を示す記号を付して表す。
(4)　重油の実際の着火点は100℃前後である。
(5)　燃料の密度は，粘度，引火点，残留炭素分，硫黄分，窒素分などと互いに関連している。

〔解説〕

(1)，(5)　単位体積当たりの質量を密度といい，その温度条件を付して，15 ℃又はt ℃における密度をg/cm^3の単位で密度（15 ℃）又は密度（t ℃）として表す。

燃料の密度は，燃焼性を表す粘度，引火点，炭素・水素比，残留炭素分，硫黄分，窒素分と互いに関連し，特殊なものを除けば，通常，密度の大きいものほど難燃性となる（表参照）。

灯油は，重油に比べて燃焼性は良く，硫黄分は少ない。重油は，燃焼性が悪く，密度が大きいほど，発熱量は小さい。

表　油の密度と燃焼性との関連

	C重油	B重油	A重油	軽油	灯油
イ）密度	大きい	⟶		小さい	
ロ）低発熱量	小さい	⟶		大きい	
ハ）引火点	高　い	⟶		低　い	
ニ）粘度	高　い	⟶		低　い	
ホ）凝固点	高　い	⟶		低　い	
ヘ）流動点	高　い	⟶		低　い	
ト）残留炭素	多　い	⟶		少ない	
チ）炭素	少ない	⟶		多　い	
リ）水素	少ない	⟶		多　い	
ヌ）硫黄	多　い	⟶		少ない	

(2)　燃料の元素分析のうち，燃焼性を示す指標として炭素と水素の質量比（C/H）があり，C/Hが大きいほどすすを生じやすい。油のC/H比の概略値は，次のとおりである。

C重油：８，A重油：７，灯油：６

(4)　重油の引火点は，規格では60 ℃ないし70 ℃以上であるが，実際は100 ℃前後である。また，着火点（着火温度）は250 ～ 400 ℃程度である。

したがって，問の(4)の記述は誤りである。

(3)　質量比は，ある体積の試料の質量と，それと同体積の水の質量の比であって，試料及び水の温度条件を示す記号を付して質量比15/４℃又は質量比60/60 ℉として表す。

〔答〕(4)

〔ポイント〕　液体燃料の性質について理解すること「教本2.1.2 (2)，(3)」。

問2　ボイラー用気体燃料に関し，次のうち誤っているものはどれか。
ただし，文中のガスの発熱量は，標準状態（0℃，101.325 kPa）における単位体積当たりの発熱量とする。

(1)　気体燃料は，炭酸ガスの発生量が少なく，同じ熱量を発生させた場合，天然ガスで石炭の1/3以下である。
(2)　ガス火炎は，油火炎に比べて輝度が低く，燃焼室での輝炎による放射伝熱量は少ないが，燃焼ガス中の水蒸気成分が多いので管群部での対流伝熱量は多い。
(3)　天然ガスのうち湿性ガスは，メタン，エタンのほかプロパン以上の高級炭化水素を含み，その発熱量は乾性ガスより大きい。
(4)　LNGは，天然ガスを脱硫・脱炭酸プロセスで精製した後，－162 ℃に冷却し，液化したものである。
(5)　LPGは，硫黄分がほとんどなく，かつ，空気より重く，その発熱量は天然ガスより大きい。

〔解説〕
(1)　気体燃料は，石炭や液体燃料に比べて成分中の炭素に対する水素の比率が高いので，同じ熱量を燃焼させた場合，二酸化炭素（CO_2）の発生が少ない。天然ガスの場合では，石炭の約60 %，液体燃料の約75 %である。
したがって，問の(1)の記述内容は誤りである。
(2)　ガス火炎は，油火炎に比べて輝度が低いので，燃焼室における放射伝熱量は少ないが，燃焼ガス中の水蒸気成分が多いので，ガス高温部（蒸発管群部）の不輝炎からの熱放射は高くなるため，管群部での対流伝熱量は多い。
(3)　天然ガスは，性状から，乾性ガスと湿性ガスとに大別される。
乾性ガスは，可燃成分のほとんどがメタン（CH_4）から成る。
湿性ガスはメタン，エタンのほか，相当量のプロパン以上の高級炭化水素を含み，常温常圧において液体分を凝出している。
発熱量　乾性ガス　38 ～ 39 MJ/m^3_N
　　　　湿性ガス　44 ～ 51 MJ/m^3_N
(4)　天然ガスを脱硫，脱炭酸プロセスで精製後，－162 ℃に冷却し，液化したものがLNG（Liquefied Natural Gas 液化天然ガス）で，専用タンカーで輸送される。
(5)　液化石油ガス（Liquefied Petroleum Gas）の中で燃料ガスとして一般的に使用されているのは，プロパン及びブタンである。これらは常温常圧では気体であるが，通常は加圧液化して貯蔵する。
液化石油ガスの特徴としては，発熱量が80 ～ 130 MJ/m^3_Nと高く，硫黄分がほとんどない，空気より重い，気化潜熱が大きい等がある。
LPGの比重（空気＝1）は，プロパン1.52，ブタン2.00である。

〔答〕 (1)

〔ポイント〕　気体燃料の種類と特性について理解すること「教本2.1.3」。

問3　ボイラーの特殊燃料に関し，次のうち誤っているものはどれか。

(1)　黒液は，パルプ製造過程でチップを薬品とともに蒸煮して溶解し，繊維を分離する際に排出される液体である。
(2)　バガスは，パルプ工場の原木の皮をむいた際に生じる樹皮である。
(3)　石油コークスは，原油から揮発油，灯油などを分留した残渣を熱分解処理して得た固形残渣で，石炭より着火性及び燃焼性が悪い。
(4)　RDFは，一般家庭ごみに石灰を加え，乾燥させ固形化した燃料である。
(5)　工場廃棄物を燃料として使用する場合は，燃焼排出ガスによる腐食防止対策などが必要である。

〔解説〕
(1)　黒液：パルプ製造過程で木片（チップ）を薬品とともに蒸煮し，木質部を溶解して原木の繊維を分離してパルプとする際に排出される黒色の液体を黒液という。黒液は水分を80～88 %含んでいるので，これを真空蒸発がまで濃縮して固形分（可燃の木質部と不燃の薬品）を60～75 %にしてソーダ回収ボイラーで燃焼させると同時に薬品を回収する。黒液の乾燥状態における発熱量は13～16 MJ/kgである。
(2)　バガス（砂糖きびの絞りかす）
　製糖工場では砂糖きびを圧搾し，糖汁を絞ったかすはバガスと呼ばれ，製糖工場における重要な熱源となっている。発熱量は11 MJ/kg 程度で水分を40～50%含んでいる。
　したがって，(2)の記述は誤りである。
(3)　石油コークス（オイルコークス）
　石油コークスは，原油から揮発油・灯油等を分留した残さを更に熱分解処理することによって生じる固形残さであり，燃料以外にも電極用，カーボン製品用原料として使用されている。固体燃料としては灰分が少ないことが利点であるため，重油ボイラーを改造し使用するケースが多いが，ダスト付着対策が必要となる。硫黄分・窒素分が多いため排煙処理を考慮する必要がある。また，揮発分が少なく石炭などよりも着火性及び燃焼性が悪く，重油の助燃が必要となる。
(4)　RDF
　一般家庭ごみは水分を50 %前後と多く含み，これらに石灰を加えたりして，乾燥，固形化した燃料をRDF（Refuse Derived Fuel）といい，水分を減じたため，発熱量は16～20 MJ/kg程度と高い。
　産業廃棄物においては，生活ごみに比較して水分は10 %程度と低く，乾燥工程が省略されて成形される。特に廃紙や廃プラスチックを原料とした固形化燃料は，RPF（Refuse Paper and Plastic Fuel）といわれ，発熱量は20～25 MJ/kg程度である。
(5)　工場廃棄物
　工場廃棄物，産業廃棄物は都市ごみと比較すれば，やや安定している。業種によっては，発熱量が40 MJ/kg程度のものもある。小規模の工場では，単なる焼却炉で処理されているが，大規模の事業所では，じんかいを選別して，これをボイラーの燃料としてその熱エネルギーの有効利用を図っている。廃棄物の中には，燃焼排出ガスに鋼材を腐食させるもの，ダイオキシンなどの有害物質やばいじんを多く発生するものもあるので，特別の対策が必要である。

〔答〕 (2)

〔ポイント〕　重油の添加剤の目的について理解すること「教本2.1.5」。

問4　燃焼計算に関し，次のうち誤っているものはどれか。

(1)　燃料を完全燃焼するときに，理論上必要な最小の空気量を理論空気量という。
(2)　空気比とは，理論空気量に対する実際空気量の比をいう。
(3)　乾き燃焼ガスとは，燃焼ガスから水蒸気分を除いたものをいう。
(4)　過剰空気量は，実際空気量と理論空気量の差である。
(5)　乾き燃焼ガス量は，理論乾き燃焼ガス量から過剰空気量を除いたものである。

〔解説〕

(1)　理論空気量とは，完全燃焼に必要な最小の空気量を理論的に算出したものをいう。

(2)　空気比とは，理論空気量に対する実際空気量の比で，理論空気量をA_0，実際空気量をA，空気比をmとすると，$A=mA_0$となる。

(3)　乾き燃焼ガスとは，燃焼ガスから水蒸気分を除外したものをいう。

(4)　過剰空気とは，実際空気量と理論空気量の差で，$A-A_0$であり，また，$(m-1)A_0$でもある。過剰空気を必要とするのは，実際の燃焼では炉内滞留時間が限られるため，理論空気量のすべてが可燃分子に接触して反応することが不可能であるからである。

(5)　乾き燃焼ガス量は，理論乾き燃焼ガス量に過剰空気量を加えたものである。
　したがって，(5)の記述は誤りである。

〔答〕 (5)

〔ポイント〕 燃焼計算「教本2.2.3」について理解すること。

問5　硫黄２ kgを完全燃焼させるときに必要な理論酸素量の値に最も近いものは，(1)～(5)のうちどれか。

なお，硫黄が完全燃焼して二酸化硫黄になる反応式は次のとおりである。また，酸素の体積は，標準状態（０℃，101.325 kPa）の体積とする。

$S + O_2 \rightarrow SO_2$

(1)　0.7 m^3
(2)　1.4 m^3
(3)　2.8 m^3
(4)　5.0 m^3
(5)　10.0 m^3

〔解説〕　硫黄の燃焼計算式は，

硫黄：	S	+	O_2	=	SO_2	‥
（分子量）	1 kmol		1 kmol		1 kmol	
（質量）	32 kg		32 kg		64 kg	
（体積）			22.4 m^3_N		22.4 m^3_N	

で示されている。硫黄32 kgを燃焼させるのに必要な理論空気量は22.4 m^3_Nなので，２kgでは，$22.4 \times 2/32 = 1.4$ m^3となる。

〔答〕　(2)

〔ポイント〕　燃焼計算について理解すること「教本2.2.3」。

問6　液体燃料の供給装置に関し，次のうち適切でないものはどれか。

(1)　常温で流動性の悪い燃料油をストレージタンクに貯蔵する場合は，タンク底面にコイル状の蒸気ヒータを装備して加熱する。
(2)　サービスタンクは，工場内に分散する各燃焼設備に燃料油を円滑に供給する油だめの役目をするもので，フロート式の液面調節器が設けられる。
(3)　噴燃ポンプは，燃料油をバーナから噴射するときに必要な圧力まで昇圧して供給するもので，ギアポンプ又はスクリューポンプが多く用いられる。
(4)　噴燃ポンプには，吐出し圧力の過昇を防止するため，吐出し側と吸込み側の間に逃がし弁が設けられる。
(5)　主油加熱器は，噴燃ポンプの吸込み側に設けられ，バーナの構造に合った粘度になるように燃料油を加熱する装置である。

〔解説〕　機器（重油の場合）の構成を次のフローシートに示す。

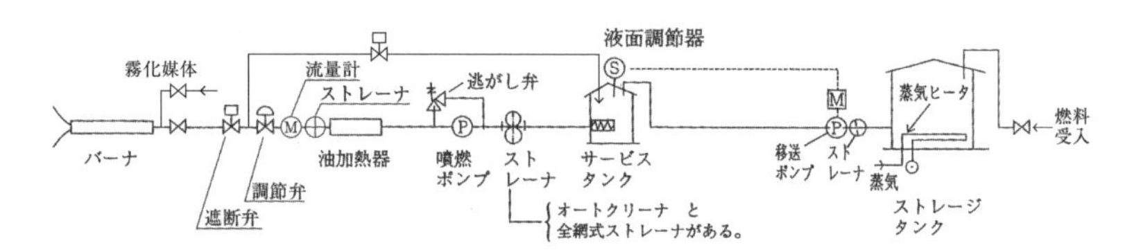

(1), (2)　油タンク

①　ストレージタンク

1週間から1か月分程度の使用量を貯蔵する。

ストレージタンクに流動性の悪い燃料油を貯蔵する場合，タンク底面に蒸気ヒータを装備する。

②　サービスタンク

容量はボイラーの定格使用油の2時間分程度とする。

サービスタンクには，フロート式の液面調節器を設けて液位の調節を行っている。

(3), (4)　噴燃ポンプ

噴燃ポンプには，ギア式又はスクリュー式が多く用いられる。

燃料油をバーナから噴射するのに必要な圧力（1 ～ 2 MPa程度）まで昇圧するもので，圧力の過昇防止のため逃がし弁を設けている。逆止め弁ではない。

(5)　油加熱器

粘度の高い油の場合，バーナ噴霧するのに必要粘度とするため，油加熱器を噴燃ポンプ吐出し側に設置して油を適正粘度まで加熱するものである。噴燃ポンプ吸込み側ではない。

したがって，(5)の記述は適切でない。

〔答〕　(5)

〔ポイント〕　液体燃料供給装置の構成と役割について理解すること「教本2.3.1」。

問7　ガスバーナに関するAからDまでの記述で，正しいもののみを全て挙げた組合せは，次のうちどれか。

A　ガスバーナに用いる気体燃料は，液体燃料と異なり，霧化・蒸発の過程がなく，空気と直接反応して燃焼するので，低空気比燃焼を行うことが比較的容易である。
B　予混合形パイロットガスバーナには，火炎をバーナ内に逆火させないため，リテンションリングが設けられている。
C　拡散形ガスバーナは，ガスと空気を別々に噴出させ拡散混合させながら燃焼させるもので，操作範囲が広く，逆火の危険性が少ない。
D　センタータイプガスバーナは，空気流の中心にバーナ管を設け，バーナ管の先端に複数のガス噴射ノズルがあるもので，油燃料との混焼バーナとして用いられることが多い。

(1)　A，B，C　　(4)　B，C
(2)　A，C　　(5)　B，D
(3)　A，C，D

〔解説〕　ガスバーナに関する問題である。
気体燃料は，液体燃料と異なり，霧化・蒸発の過程がなく，空気と直接反応して燃焼するので，低空気比燃焼を行うことが比較的容易である。
ガスバーナには，拡散形と予混合形バーナがあるが，ボイラー用にはほとんど拡散形バーナが使用される。
① 予混合形バーナは，主にパイロットバーナとして使用され，パイロット火炎を保護するリテンション・リングが取り付けられているので，混合ガスの流速が極めて速くなっても吹き消えず，火炎の安定範囲が広い。
② 拡散形バーナは，ガスと空気を別々に噴出し拡散混合しながら燃焼させるバーナで，燃焼量が調節できる範囲が広く逆火の危険性が少ないので，ボイラー用ガスバーナはほとんどが拡散燃焼方式を利用している。ガスバーナは空気の流速，旋回強さ，ガスの分散・噴射方式，スタビライザ（保炎器）の形状などで，火炎の形状，ガスと空気の混合速度を調節して，目的に合った火炎を形成している。一般的に，燃料ガスの噴出方法により，次のように分類されている（図）。
ⓐ　センタータイプ：１本のバーナ管の先端に複数個のガス噴射ノズルを設けたもの。
ⓑ　リングタイプ　：バーナタイル近傍にリング状のバーナ管を設けたもの。
ⓒ　マルチスパッド：バーナ管を複数設けたもの。
ⓓ　ガンタイプ　　：バーナ，ファン，点火装置，火炎検出器を含めた燃焼安全装置，制御装置などを一体としたもの。中・小容量ボイラー用バーナとして用いられる。

問のBにおいて，火炎をバーナ内に逆火させないためとあるのは誤りで，正しくは，パイロット火炎を保護するためにある。また，問のDにおいて，センタータイプガスバーナとあるのは誤りで，正しくはリングタイプバーナである。

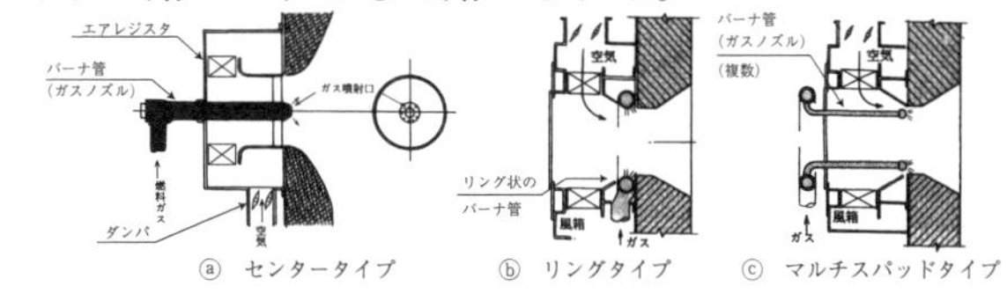

図　ガスバーナ

問のA,Cの記述が正しく，正しいもののみを全て挙げた組合せは(2)である。
〔答〕　(2)
〔ポイント〕　ボイラー用のガスバーナについて理解すること「教本2.3.2 (2)」。

問8　人工通風及びこれに使用するファンに関し，次のうち誤っているものはどれか。

⑴　人工通風は，ファンを使用するので，ボイラーや煙道，風道などの通風抵抗を大きくとることができる。
⑵　ボイラーの通風に用いるファンは，比較的風圧が低くても，送風量が大きいことが必要であり，さらに，誘引ファンでは摩耗や腐食に強いことが必要である。
⑶　多翼形ファンは，小形，軽量，安価であるが，高温，高圧，高速の送風には適さない。
⑷　後向き形ファンは，羽根車の主板及び側板の間に8 ～24 枚の後向きの羽根を設けたもので，効率が良く，大容量の送風に適する。
⑸　ラジアル形ファンは，大形で重量も大きく，プレートの取替えができない。

〔解説〕
⑴　人工通風には，人工通風はファンを使用するので，ボイラーや煙道，風道などの通風抵抗を大きくとることができ，管群での燃焼ガス速度を速めることが可能となり，伝熱特性が向上し，ボイラーをコンパクトにすることができる。大容量ボイラーから小容量ボイラーに至るまで広く用いられている。
⑵　ボイラー通風に用いられるファンには，比較的風圧が低く，送風量の大きなものが必要である。誘引ファンでは，摩耗，腐食に強いものを選ばなければならない。
⑶　多翼形ファンは，羽根車の外周近くに，短く幅長で前向きの羽根を多数設けたものである。風圧は，比較的低く，0.15 ～ 2 kPaである。多翼形ファンの得失は，次のとおりである。
①　小形，軽量，安価である。
②　効率が低く，大きな動力を要する。
③　羽根の形状がぜい弱であるため，高温，高圧，高速には適しない。
⑷　後向き形ファンは，以前ターボ形ファンといわれていた形式で，羽根車の主板及び側板の間に8 ～24 枚の後向きの羽根を設けたものである。羽根は効率を改善するため，カーブさせているのが一般的で，さらに効率の改善を目的として翼形のものも使用される。風圧は，比較的高く2 ～ 8 kPa程度である。
後向き形ファンの得失は，次のとおりである。
①　効率が良好で，小さな動力で足りる。
②　高温，高圧，大容量のものに適する。
③　形状が大きく，高価である。
⑸　ラジアル形ファンは，中央の回転軸からほぼ平面状の羽根を6 ～12 枚取り付けたものである。特に，回転軸に取り付けた腕に平面状の羽根を設けたものを，パドル形ファンという。風圧は，0.5 ～ 5 kPaである。
ラジアル形ファンの得失は，次のとおりである。
①　強度があり，摩耗，腐食に強い。
②　形状が簡単で，プレート取替えが容易である。
③　効率が低く，大きな動力を要する。
④　大形で，重量大で，設備費が高くなる。
したがって，⑸の記述は誤りである。

〔答〕　⑸

〔ポイント〕　通風方式，通風装置の構造と特徴「教本2.4.1, 2.4.2 (1)」を理解すること。

問9　ボイラーの排ガス中のNO_Xを低減する方法に関し，次のうち誤っているものはどれか。

(1)　燃焼によって生じるNO_Xは，燃焼性が適切と思われる空気比の付近でピークとなり，空気比がこれより小さくても大きくても減少する。
(2)　燃焼用空気を一次と二次に分けて供給し，燃焼を二段階で完結させて，NO_Xを低減する。
(3)　空気予熱温度を下げ，火炎温度を低下させてNO_Xを低減させる方法では，エコノマイザを設置して排ガス顕熱回収の減少を補う。
(4)　燃焼用空気に排ガスの一部を混合して燃焼ガスの体積を増し，酸素分圧を下げるとともに燃焼温度を上げ，NO_Xを低減する。
(5)　排煙脱硝装置を設け，燃焼ガス中のNO_Xを除去する。

〔解説〕　窒素酸化物（NO_X）の発生を抑制するためには，排煙脱硝装置を設ける他，燃焼方法により，次のものがある。

①　低空気比燃焼
　燃焼域での酸素濃度を低くする。空気比を低くすることにより，排ガス量も下がるので，ボイラーからの排ガス損失も下がり省エネルギー効果もある。

②　燃焼室熱負荷の低減
　炉内温度及び火炎温度の低下を狙ったものである。

③　排ガスの再循環
　燃焼用空気に排ガスの一部を再循環させることで，燃焼用空気中の酸素濃度が低くなり，また燃焼ガス量が増えることにより，酸素分圧を下げるとともに燃焼温度を下げる。
　したがって，問の(4)記述は誤りである。

④　予熱空気温度の低下
　火炎温度の低下を狙ったものであるが，空気予熱器での排ガス顕熱回収の減少を補うため，エコノマイザを採用したり，エコノマイザと空気予熱器の併用を図る必要がある。

⑤　二段燃焼
　燃焼用空気を一次と二次に分けて供給し，燃焼を二段階で完結させるようにしたもので，燃焼の局部的高温域が生じるのを避ける。

⑥　濃淡燃焼
　燃焼領域の一方を低空気比（燃料過剰）で燃焼し，他方を高空気比（空気過剰）で燃焼して，全体として適正な空気比で運転しようとするものである。
　これは⑤の二段燃焼と共に，次の原理を応用したものである。すなわち，燃焼によって生じるNO_Xは，燃焼性において適切と思われる空気比の付近でピークとなり，空気比がそれより小さくても大きくても減少するという燃焼上の特性がある。
　この特性を利用して，低空気比領域と高空気比領域を故意に作ることによって，低空気比でのNO_X濃度と高空気比でのNO_X濃度とを平均した空気比を得ることによりNO_X生成を抑制しようとするものである。

〔答〕　(4)

〔ポイント〕　排ガス中の窒素酸化物（NO_X）の発生抑制対策について理解すること「教本2.6.2 (2)」。

問10　重油燃焼ボイラーの低温腐食などに関し，次のうち適切でないものはどれか。

(1)　軟鋼は，濃硫酸には反応しにくいが，希硫酸には激しく侵され腐食する。
(2)　鋼管形エコノマイザの腐食防止対策として，燃焼ガスの温度を，給水温度にかかわらず，燃焼ガスの露点以上に高く保つ方法がある。
(3)　空気予熱器の低温腐食防止対策として，蒸気式空気予熱器を併用して，入口空気温度を上昇させる方法がある。
(4)　空気予熱器の低温腐食防止対策として，空気予熱器で予熱される空気の一部をバイパスさせて，出口ガス温度を上昇させる方法がある。
(5)　空気予熱器の低温腐食防止対策として，空気予熱器の伝熱板の材料に，比較的耐食性の良いセラミックスやエナメル被覆鋼を使用する方法がある。

〔解説〕　硫酸蒸気の露点以下になると，腐食量は急激に増加する。
重油燃焼ボイラーの低温腐食対策には，次のものがある。
①　燃料の低硫黄化を図る。
②　材料の選択
・耐食性のよい材料を使用する。
・伝熱面をセラミックスやエナメルで被覆する。
・炭素鋼（軟鋼）は高い濃度の硫酸には耐えるが，希硫酸には激しく侵される。
③　油に添加剤を加え，燃焼ガス中の三酸化硫黄（SO_3）と反応させ腐食を防止する。
④　低空気比燃焼によりSO_2からSO_3への転換率を低下させ露点も低くさせる。
⑤　空気予熱器の燃焼ガス側の低温部伝熱面の表面温度を高く保つ。
イ　蒸気式空気予熱器を併用する。
ロ　予熱された空気を再循環させる。
ハ　予熱させる空気を一部バイパスさせる。
ニ　高い燃焼ガス温度部と低い空気温度部で熱交換させ，最低金属温度を高める。
⑥　エコノマイザの水側の伝熱面の表面温度を高く保つ。
イ　給水加熱器を用いる。
ロ　ドレン，復水を回収し給水温度を高める。
ハ　エコノマイザ出口給水を入口側に再循環する。
燃焼ガス温度を高く保つためには，給水温度を高くしなければならない。
したがって，問の(2)の記述は誤りである。

〔答〕　(2)

〔ポイント〕　重油燃焼ボイラーの低温腐食対策について理解すること「教本2.5.2 (1), (2)」。

問1 燃料の分析及び性質に関し，次のうち適切でないものはどれか。

(1) 燃料を完全燃焼させたときに発生する熱量を発熱量といい，その単位は，一般に気体燃料ではMJ/kgで表す。
(2) 発火温度は，燃料が加熱されて酸化反応によって発生する熱量と，外気に放散する熱量とのバランスによって決まる。
(3) 燃料成分の水素が燃焼して生成される水は，蒸気となり，発熱量の一部が蒸発潜熱として消費される。
(4) 高発熱量は，水の蒸発潜熱を含めた発熱量で，総発熱量ともいう。
(5) 発熱量の測定は，固体燃料及び液体燃料の場合には断熱熱量計を用い，気体燃料の場合はユンカース式熱量計を用いる。

〔解説〕
(1), (3), (4), (5) 燃料を完全燃焼させた際に発生する熱量を発熱量と呼び，その単位は特に断らないときは液体，固体燃料の場合は質量ベースのMJ/kg，気体燃料の場合は体積ベースのMJ/m^3_Nで表す。燃料は，通常，炭素と水素を含んでおり，このうち，水素が燃焼して生成される水（H_2O）は蒸気となり，熱の一部が蒸発潜熱として消費される。この潜熱を含めた熱量を高発熱量（又は総発熱量）〔MJ/kg燃料又はMJ/m^3_N燃料〕と呼び，これに対して潜熱分を差引いた熱量を低発熱量（又は真発熱量）〔MJ/kg燃料又はMJ/m^3_N燃料〕という。高発熱量と低発熱量の差は，燃料中の水素及び水分の割合で決まる。また，発熱量は，固体燃料及び液体燃料の場合は断熱熱量計によって測定され，気体燃料の場合はユンカース式熱量計で測定し，いずれの場合も測定値は高発熱量である。

① 断熱熱量計
一定の容積の耐圧容器内に一定の燃料と高圧の酸素を封じ込め，この容器を断熱した水槽中に沈め，電気的に燃料に点火し完全燃焼させたときの発生熱量を水槽中の水の温度上昇から算出する。

② ユンカース式熱量計
連続的に燃料をバーナで完全燃焼させ，その際に発生した熱量をこれを取り囲む水管内を流れる水の温度上昇とその流量から算出する。

したがって，(3), (4), (5)の記述は正しく，(1)の記述は適切でない。

(2) 燃料を空気中で加熱し，他から点火しないで自然に燃え始める最低の温度を着火温度又は発火温度という。着火温度は燃料が加熱されて酸化反応によって発生する熱量と，外気に放散する熱量との平衡によって決まる。

〔答〕 (1)

〔ポイント〕 液体燃料の引火点と着火温度について理解すること。また，発熱量には高発熱量と低発熱量がある。発熱量の測定法についても理解すること「教本2.1.1」。

問２　液体燃料に関するＡからＤまでの記述で，正しいもののみを全て挙げた組合せは，次のうちどれか。

Ａ　重油の密度は，その温度条件を付して，ｔ ℃における密度を「密度（ｔ ℃）」と表す。
Ｂ　重油は，密度が大きいものほど燃焼性は悪いが，単位質量当たりの発熱量は大きい。
Ｃ　燃料中の炭素・水素の質量比（Ｃ/Ｈ比）は，燃焼性を示す指標の一つで，この値が大きい重油ほど，すすを生じやすい。
Ｄ　重油の実際の引火点は100 ℃前後で，発火温度は250 ～ 400 ℃程度である。

⑴　Ａ，Ｃ
⑵　Ａ，Ｃ，Ｄ
⑶　Ｂ，Ｃ，Ｄ
⑷　Ｂ，Ｄ
⑸　Ｃ，Ｄ

〔解説〕 単位体積当たりの質量を密度といい，その温度条件を付して，15 ℃又はt ℃における密度を g/cm^{3}の単位で密度（15 ℃）又は密度（t ℃）として表す。燃料の密度は，燃焼性を表す粘度，引火点，炭素・水素比，残留炭素分，硫黄分，窒素分と互いに関連し，特殊なものを除けば，通常，密度の大きいものほど難燃性となる（表参照）。

表　油の密度と燃焼性との関連

	Ｃ重油	Ｂ重油	Ａ重油	軽油	灯油
イ）密度	大きい	⟶		小さい	
ロ）低発熱量	小さい	⟶		大きい	
ハ）引火点	高　い	⟶		低　い	
ニ）粘度	高　い	⟶		低　い	
ホ）凝固点	高　い	⟶		低　い	
へ）流動点	高　い	⟶		低　い	
ト）残留炭素	多　い	⟶		少ない	
チ）炭素	少ない	⟶		多　い	
リ）水素	少ない	⟶		多　い	
ヌ）硫黄	多　い	⟶		少ない	

灯油は，重油に比べて燃焼性は良く，硫黄分は少ない。重油は，燃焼性が悪く，密度が大きいほど，発熱量は小さい。

燃料の元素分析のうち，燃焼性を示す指標として炭素と水素の質量比（Ｃ/Ｈ）があり，Ｃ/Ｈが大きいほどすすを生じやすい。油のＣ/Ｈ比の概略値は，次のとおりである。

Ｃ重油：８，Ａ重油：７，灯油：６

重油の引火点は，規格では60 ℃ないし70 ℃以上であるが，実際は100 ℃前後である。また，着火点（着火温度）は250 ～ 400 ℃程度である。

したがって，問のＡ，Ｃ，Ｄの記述が正しく，正しいものの組合せは⑵である。

〔答〕 ⑵

〔ポイント〕 液体燃料の性質について理解すること「教本2.1.2 ⑵，⑶」。

問3　重油の添加剤に関し，次のうち誤っているものはどれか。

(1)　燃焼促進剤は，触媒作用によって燃焼を促進し，ばいじんの発生を抑制する。
(2)　流動点降下剤は，油の流動点を降下させ，低温における流動性を確保する。
(3)　水分分離剤は，油中にエマルジョン状に存在する水分を凝集し，沈降分離する。
(4)　低温腐食防止剤は，燃焼ガス中のSO_3を非腐食性物質に変え，腐食を防止する。
(5)　高温腐食防止剤は，重油灰中のバナジウムと化合物を作り，灰の融点を降下させて，水管などへの付着を抑制し，腐食を防止する。

〔解説〕　重油には，いろいろな目的のために各種の添加剤が加えられることがある。主な添加剤とその使用目的をあげれば，次のとおりである。

①　燃焼促進剤
触媒作用によって燃焼を促進し，ばいじんの発生を抑制する。

②　水分分離剤
油中にエマルジョン（乳化）状に存在する水分を凝集し沈降分離する。

③　スラッジ分散剤
分離沈殿してくるスラッジを溶解又は表面活性作用により分散させる。

④　流動点降下剤
流動点を降下させ，低温度における流動を確保する。

⑤　高温腐食防止剤
重油灰中のバナジウムと化合物をつくり，灰の融点を上昇させ，水管などへの付着を抑制し，腐食を防止する。重油の灰分に五酸化バナジウム（V_2O_5）が含まれていると，鉄鋼表面に付着しV_2O_5を含んだスケールが生成される。このスケールは溶融点が低いので，650 ～ 700 ℃程度で激しく酸化される。そのため，高温腐食防止の添加剤によりスケール灰の融点を高くする。
したがって，問の(5)の記述内容は誤りである。

⑥　低温腐食防止剤
燃焼ガス中の三酸化硫黄（SO_3）と反応して非腐食性物質に変え，腐食を防止する。

〔答〕　(5)

〔ポイント〕　重油の添加剤の目的について理解すること「教本2.1.2 (4)」。

問4　ボイラー用気体燃料に関し，次のうち誤っているものはどれか。
ただし，文中のガスの発熱量は，標準状態（0℃，101.325 kPa）における発熱量とする。

(1)　天然ガスのうち乾性ガスは，可燃性成分のほとんどがブタンで，その発熱量は湿性ガスより小さい。
(2)　ガス火炎は，油火炎に比べて輝度が低く，燃焼室での輝炎による放射伝熱量が少ないが，管群部での対流伝熱量が多い。
(3)　オフガスは，石油化学・石油精製工場における石油類の分解によって発生するガスで，水素を多く含み，その発熱量は高炉ガスより大きい。
(4)　LNGは，天然ガスを脱硫・脱炭酸プロセスで精製した後，－162 ℃に冷却し，液化したものである。
(5)　LPGは，硫黄分がほとんどなく，かつ，空気より重く，その発熱量は天然ガスより大きい。

〔解説〕
(1)　天然ガスは，性状から，乾性ガスと湿性ガスとに大別される。
乾性ガスは，可燃成分のほとんどがメタン（CH_4）から成る。
湿性ガスはメタン，エタンのほか，相当量のプロパン以上の高級炭化水素を含み，常温常圧において液体分を凝出している。
発熱量　乾性ガス　38 ～ 39 MJ/m^3_N
　　　　湿性ガス　44 ～ 51 MJ/m^3_N
したがって，問の(1)の記述内容は誤りである。
(2)　ガス火炎は，油火炎に比べて輝度が低いので，燃焼室における放射伝熱量は少ないが，燃焼ガス中の水蒸気成分が多いので，ガス高温部（蒸発管群部）の不輝炎からの熱放射は高くなるため，管群部での対流伝熱量は多い。
(3)　気体燃料には，天然ガス，液化石油ガスのほかに石油精製工場及び石油化学工場などからのオフガス（副生ガス），ならびに製鉄所からの副生ガス（高炉ガスなど）がある。石油化学・精製工場からのオフガスの発熱量は，水素などを含み，製鉄所からの発生する高炉ガスより大きい。
(4)　天然ガスを脱硫，脱炭酸プロセスで精製後，－162 ℃に冷却し，液化したものがLNG（Liquefied Natural Gas 液化天然ガス）で，専用タンカーで輸送される。
(5)　液化石油ガス（Liquefied Petroleum Gas）の中で燃料ガスとして一般的に使用されているのは，プロパン及びブタンである。これらは常温常圧では気体であるが，通常は加圧液化して貯蔵する。
　液化石油ガスの特徴としては，発熱量が80 ～ 130 MJ/m^3_Nと高く，硫黄分がほとんどない，空気より重い，気化潜熱が大きい等がある。
　LPGの比重（空気＝1）は，プロパン1.52，ブタン2.00である。

〔答〕(1)

〔ポイント〕　気体燃料の種類と特性について理解すること「教本2.1.3」。

問5　ボイラーにおける重油の燃焼に関し，次のうち誤っているものはどれか。

(1)　粘度の高い重油は，加熱により粘度を下げて，噴霧による油の微粒化を容易にする。
(2)　バーナで噴霧された油滴は，送入された空気と混合し，バーナタイルなどの放射熱により加熱されて徐々に気化し，温度が上昇して火炎を形成する。
(3)　バーナで油を良好に霧化するには，B重油で50～60 ℃，C重油で80～105 ℃程度の油温に加熱する。
(4)　重油の加熱温度が低すぎると，バーナ管内で油の流動が悪くなり，ベーパロックを起こす。
(5)　燃焼用空気量が多い場合は，炎は短く輝白色で，炉内は明るい。

〔解説〕

(1), (3)　重油の粘度を下げることによって，噴霧による油の微粒化が容易になる。重油の粘度は，温度が高くなると低くなる（図1）。
バーナで油を良好に霧化するには，B重油で50～60 ℃，C重油で80～105 ℃くらいの油温にしておく必要がある。

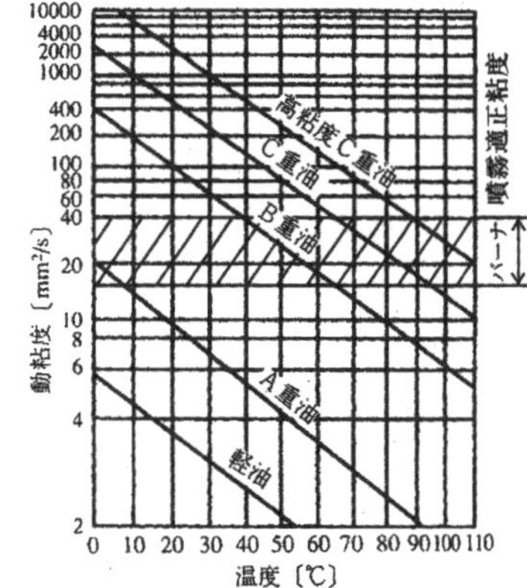

図1　燃料油動粘度の温度による変化

(2)　バーナで噴霧された油は，送入された空気と混合し，バーナタイルの放射熱により予熱され徐々に気化する。それ以後は，固形残さ粒子が分解し，完全に気化して，燃焼を行う（図2）。
(4)　(a)加熱温度が高すぎるとき
① バーナ管内で油が気化し，ベーパロックを起こす。
② 噴霧状態にむらができ，いきづき燃焼となる。
③ 炭化物（カーボン）生成の原因となる。
(b)加熱温度が低すぎるとき
① 霧化不良となり，燃焼が不安定となる。
② すすが発生し，炭化物が付着する。
問の(4)において，加熱温度が低すぎると，噴霧状態にむらができ，いきづき燃焼などとなる記述は誤りである。正しくは，温度が高すぎる場合に発生する。
(5)　燃焼用空気の調整は，常に燃焼用空気量の過不足に注意し，効率の高い燃焼を行うようにしなければならない。
空気量の過不足は，燃焼ガス計測器により，O_2又はCO_2，COの値を知り，判断することが望ましいが，炎の形及び色によって判断することが大切である。すなわち，
① 空気量が多い場合には，炎は短く，輝白色を呈し炉内は明るい。
② 空気量が少ない場合には，炎は暗赤色を呈し，煙が出て炉内の見通しがきかない。
③ 空気量が適量である場合には，オレンジ色を呈し，炉内の見通しがきく。

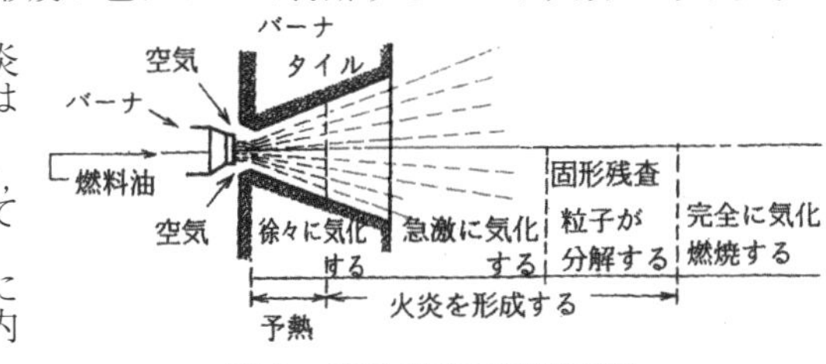

図2　液体燃料の燃焼過程

〔答〕(4)
〔ポイント〕　液体燃料の燃焼について理解すること「教本2.2.1 (2)」。

問6　流動層燃焼に関し，次のうち誤っているものはどれか。

(1)　バブリング方式は，石炭などの燃料と砂，石灰石などを多孔板上に供給し，その下から加圧された空気を吹き上げて，流動化した状態で燃料を燃焼させるものである。
(2)　微粉炭だきに比べて石炭粒径が大きく，粉砕動力を軽減できる。
(3)　層内に石灰石を送入することにより，炉内脱硫ができる。
(4)　燃焼温度が1500 ℃前後に制御されるため，NO_Xの発生が少ない。
(5)　循環流動方式は，バブリング方式よりも吹上げの空気流速が速く，固体粒子は燃焼室外まで運ばれた後，捕集され再び燃焼室下部へ戻される。

〔解説〕　流動層燃焼は，図に示すように立て形の炉内に水平に設けられた多孔板（分散板ともいう）上に固体粒子（砂，石灰石等）を置き，石炭（粒径1 ～ 5 mm）をスプレッダ（散布機）などで燃焼室へ供給し，加圧空気を多孔板の下から上向きに吹上げ，多孔板上の粒子層を流動化し燃焼させるものをバブリング方式という。空気流速をさらに高くし，粒子を激しく吹上げ，層から飛び出した粒子を燃焼ガスから分離して捕集し層下部へ循環させるもので，粒子の滞留時間を長くしたものを循環流動方式という。層内温度800 ～ 900 ℃に制御するため，普通，この部分に図の⑦の蒸発管などを配置することが多い。

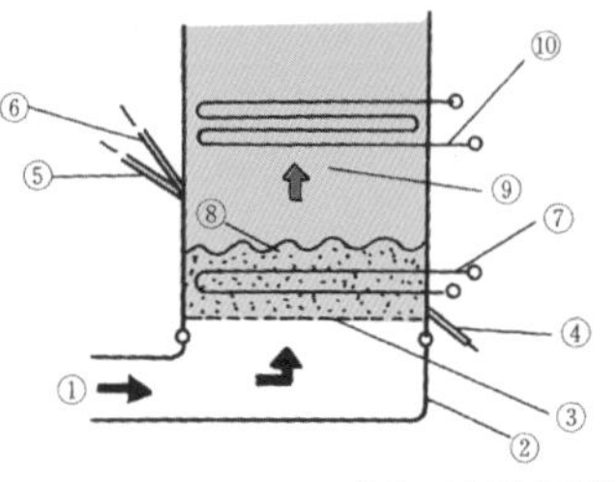

図　流動層燃焼

燃焼温度が850 ℃前後と低温燃焼のため，NO_Xの発生が少ない。

したがって，問の(4)の記述は誤りである。

石炭とともに石灰石（$CaCO_3$）を送入すると，硫黄酸化物の排出を抑えることができるので，硫黄分の多い燃料の燃焼方法としても利用されている。流動層燃焼には，次のような特徴がある。

①　褐炭，れき青炭などの石炭のみならずバーク，木くず，廃タイヤ，石油コークス，プラスチック等を燃焼して焼却炉のような使用ができる。
②　層内に石灰石を送入することにより，炉内脱硫ができる。
③　850 ℃前後の燃焼温度のため，窒素酸化物（NO_X）の発生が少ない。
④　層内での伝熱性能が良いので，ボイラーの伝熱面積が小さくてすむ。一方，伝熱管の摩耗に対する対策が必要となる。
⑤　燃料は，一般的に散布機などにより炉内へ投入されるので，微粉炭だきに比べ，石炭粒径が大きく，粉砕動力が軽減される。
⑥　通風損失の増大に対する高い風圧のファンが必要となる。

〔答〕(4)

〔ポイント〕　液流動層燃焼の，バブリング方式と循環流動方式について理解すること「教本2.2.1 (4) (c)」。

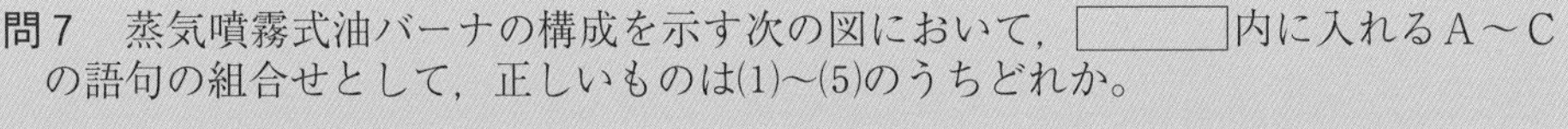

問7　蒸気噴霧式油バーナの構成を示す次の図において，［　　　］内に入れるA～Cの語句の組合せとして，正しいものは(1)～(5)のうちどれか。

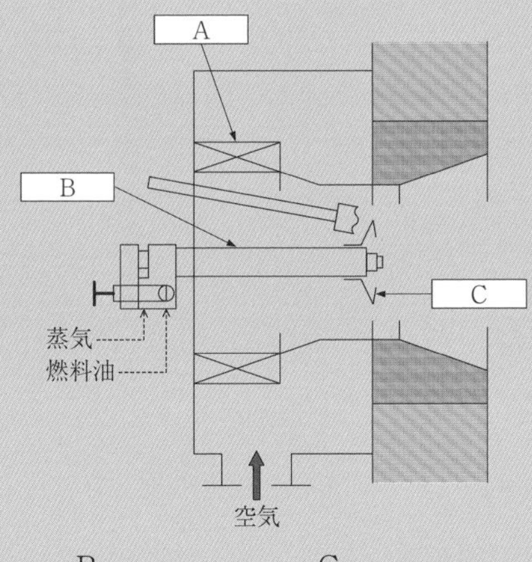

	A	B	C
(1)	エアレジスタ	アトマイザ	バーナチップ
(2)	エアレジスタ	アトマイザ	スタビライザ
(3)	エアレジスタ	スタビライザ	アトマイザ
(4)	スタビライザ	アトマイザ	バーナチップ
(5)	スタビライザ	エアレジスタ	アトマイザ

〔解説〕　蒸気噴霧式油バーナの構成に関する問題である。

エアレジスタ

燃料油に燃焼用空気を供給し，火炎を安定させるための空気流を調整する機能をもつもの。

アトマイザ（霧化器）

燃料油を霧状に微粒化して，バーナ中心から炉内に向けて円すい状に噴射する装置。

スタビライザ（保炎器）

燃料噴流と空気の初期混合部で空気に渦流あるいは旋回流を与えて，燃料噴流との接触を速めて着火を確実にし，燃焼の安定を図るものである。

したがって，正しい組合せは，問の(2)のA：エアレジスタ，B：アトマイザ，C：スタビライザである。

〔答〕　(2)

〔ポイント〕　噴霧式油バーナの構成について理解すること「教本2.3.1 (3)」。

問8　ファンに関し，次のうち誤っているものはどれか。

(1)　ボイラーの通風に用いるファンは，比較的風圧が低くても，送風量が大きいことが必要であり，さらに，誘引ファンは，摩耗や腐食に強いことが必要である。
(2)　多翼形ファンは，羽根車の外周近くに短く幅長で前向きの羽根を多数設けたもので，効率が低い。
(3)　多翼形ファンは，小形，軽量，安価であるが，高温，高圧，高速の送風には適さない。
(4)　後向き形ファンは，羽根車の主板及び側板の間に8 ～24枚の後向きの羽根を設けたもので，効率が良く，大容量の送風に適する。
(5)　ラジアル形ファンは，中央の回転軸から放射状に6 ～12枚の平面状の羽根を取り付けたもので，効率は良いが，摩耗や腐食に弱い。

〔解説〕

(1)　ボイラー通風に用いられるファンには，比較的風圧が低く，送風量の大きなものが必要である。誘引ファンでは，摩耗，腐食に強いものを選ばなければならない。

(2)，(3)　多翼形ファンは，羽根車の外周近くに，短く幅長で前向きの羽根を多数設けたものである。風圧は，比較的低く，0.15～ 2kPaである。多翼形ファンの得失は，次のとおりである。

①　小形，軽量，安価である。
②　効率が低く，大きな動力を要する。
③　羽根の形状がぜい弱であるため，高温，高圧，高速には適しない。

(4)　後向き形ファンは，以前ターボ形ファンといわれていた形式で，羽根車の主板及び側板の間に8 ～24枚の後向きの羽根を設けたものである。羽根は効率を改善するため，カーブさせているのが一般的で，さらに効率の改善を目的として翼形のものも使用される。風圧は，比較的高く2 ～ 8kPa程度である。

後向き形ファンの得失は，次のとおりである。

①　効率が良好で，小さな動力で足りる。
②　高温，高圧，大容量のものに適する。
③　形状が大きく，高価である。

(5)　ラジアル形ファンは，中央の回転軸からほぼ平面状の羽根を6 ～12枚取り付けたものである。風圧は，0.5～ 5kPaである。ラジアル形ファンの得失は，次のとおりである。

①　強度があり，摩耗，腐食に強い。
②　形状が簡単で，プレート取替えが容易である。
③　効率が低く，大きな動力を要する。
④　大形で，重量大で，設備費が高くなる。

したがって，問の(5)の記述は誤りである。

〔答〕　(5)

〔ポイント〕　通風装置の構造と特徴を理解すること「教本2.4.2(1)」。

問9　ボイラーの燃料の燃焼により発生する大気汚染物質に関し，次のうち誤っているものはどれか。

(1)　排ガス中のSO_Xは，大部分がSO_3である。
(2)　排ガス中のNO_Xは，大部分がNOである。
(3)　燃焼により発生するNO_Xには，サーマルNO_XとフューエルNO_Xがある。
(4)　フューエルNO_Xは，燃料中の窒素化合物が酸化されて生じる。
(5)　ダストは，灰分が主体で，これに若干の未燃分が含まれたものである。

〔解説〕

(1)　硫黄酸化物（SO_X）は，ボイラーの煙突から排出される硫黄の酸化物で，二酸化硫黄（SO_2）が主であり，数％の三酸化硫黄（SO_3）があり，このほかに硫黄の酸化物としては数種類のものが微量に含まれており，これらを総称して硫黄酸化物（SO_X）という。

SO_Xは，人の呼吸器系統などの障害を起こすほか，酸性雨の原因となる。

したがって，問の(1)の記述は誤りである。

(2)，(3)，(4)　一般に，窒素化合物で大気汚染物質として重要視されるのは，一酸化窒素（NO）と二酸化窒素（NO_2）である。このほかに数種類の化合物があり，これらを総称して窒素酸化物（NO_X）という。

燃料を空気中で燃焼した場合は，主としてNOが発生し，NO_2は少量発生するにすぎない。燃焼室で発生したNOの中には，煙突から排出されて，大気中に拡散する間に酸化されてNO_2になるものもある。

燃焼により生じるNO_Xには，燃焼に使用された空気中の窒素が高温条件下で酸素と反応して生成するサーマルNO_Xと燃料中の窒素化合物から酸化して生じるフューエルNO_Xの二種類がある。

(5)　ボイラーにおいて，燃料を燃焼させる際発生する固体微粒子には，すすとダストがあり，両者を含めてばいじんと称している。

燃料中の炭化水素は燃焼により分解し，水素原子（H）は水（H_2O）に，炭素原子（C）は二酸化炭素（CO_2）となるが，その際冷却などにより反応が中断されたり，酸素が十分に供給されなかったりすると分解した炭素がそのまま遊離炭素として残存することとなる。これがすすである。ダストは，灰分が主体でこれに若干の未燃分が含まれていて，例えば微粉炭燃焼などによって生じた微粒子灰はこれに当たる。これらが空中に飛散して浮遊するのである。ばいじんの人体への影響は呼吸器の障害である。特に慢性気管支炎の発症には重大な影響を与えている。

〔答〕　(1)

〔ポイント〕　ボイラーから発生する大気汚染物質について理解すること「教本2.6.1」。

問10　重油燃焼ボイラーの低温腐食などに関し，次のうち誤っているものはどれか。

(1)　炭素鋼及びオーステナイト系ステンレス鋼は，濃硫酸には激しく侵され腐食する。
(2)　低空気比燃焼は，SO_2からSO_3への転換を抑制して燃焼ガスの露点を下げるので，低温腐食の抑制に効果がある。
(3)　エコノマイザの低温腐食防止対策として，給水加熱器の使用などにより給水温度を高める方法がある。
(4)　空気予熱器の低温腐食防止対策として，蒸気式空気予熱器を併用して，入口空気温度を上昇させる方法がある。
(5)　空気予熱器の低温腐食防止対策として，空気予熱器で予熱される空気の一部をバイパスさせて，出口ガス温度を上昇させる方法がある。

〔解説〕　硫酸蒸気の露点以下になると，腐食量は急激に増加する。
重油燃焼ボイラーの低温腐食対策には，次のものがある。
①　燃料の低硫黄化を図る。
②　材料の選択
・耐食性のよい材料を使用する。
・伝熱面をセラミックスやエナメルで被覆する。
・炭素鋼（軟鋼）は高い濃度の硫酸には耐えるが，希硫酸には激しく侵される。
したがって，問の(1)の記述は誤りである。
③　油に添加剤を加え，燃焼ガス中の三酸化硫黄（SO_3）と反応させ腐食を防止する。
④　低空気比燃焼によりSO_2からSO_3への転換率を低下させ露点も低くさせる。
⑤　空気予熱器の燃焼ガス側の低温部伝熱面の表面温度を高く保つ。
イ　蒸気式空気予熱器を併用する。
ロ　予熱された空気を再循環させる。
ハ　予熱させる空気を一部バイパスさせる。
ニ　高い燃焼ガス温度部と低い空気温度部で熱交換させ，最低金属温度を高める。
⑥　エコノマイザの水側の伝熱面の表面温度を高く保つ。
イ　給水加熱器を用いる。
ロ　ドレン，復水を回収し給水温度を高める。
ハ　エコノマイザ出口給水を入口側に再循環する。

〔答〕　(1)

〔ポイント〕　重油燃焼ボイラーの低温腐食対策について理解すること「教本2.5.2 (1), (2)」。

■ 令和３年後期：燃料及び燃焼に関する知識 ■

問１　燃料の分析及び性質に関し，次のうち誤っているものはどれか。

(1)　燃料を完全燃焼させたときに発生する熱量を発熱量といい，その単位は，通常，液体燃料又は固体燃料ではMJ/kgで表す。
(2)　組成を示すときに，通常，液体燃料及び固体燃料には元素分析が，気体燃料には成分分析が用いられる。
(3)　低発熱量は，高発熱量から水の蒸発潜熱を差し引いた発熱量で，真発熱量ともいう。
(4)　発熱量の測定は，固体燃料及び液体燃料の場合にはユンカース式熱量計を用い，気体燃料の場合は断熱熱量計を用いる。
(5)　高発熱量と低発熱量の差は，燃料中の水素及び水分の量で決まる。

〔解説〕

(1)，(3)，(4)，(5)　燃料を完全燃焼させた際に発生する熱量を発熱量と呼び，その単位は特に断らないときは液体，固体燃料の場合は質量ベースのMJ/kg，気体燃料の場合は体積ベースのMJ/m^3_Nで表す。燃料は，通常，炭素と水素を含んでおり，このうち，水素が燃焼して生成される水（H_2O）は蒸気となり，熱の一部が蒸発潜熱として消費される。この潜熱を含めた熱量を高発熱量（又は総発熱量）〔MJ/kg燃料又はMJ/m^3_N燃料〕と呼び，これに対して潜熱分を差引いた熱量を低発熱量（又は真発熱量）〔MJ/kg燃料又はMJ/m^3_N燃料〕という。高発熱量と低発熱量の差は，燃料中の水素及び水分の割合で決まる。また，発熱量は，固体燃料及び液体燃料の場合は断熱熱量計によって測定され，気体燃料の場合はユンカース式熱量計で測定し，いずれの場合も測定値は高発熱量である。

①　断熱熱量計：一定の容積の耐圧容器内に一定の燃料と高圧の酸素を封じ込め，この容器を断熱した水槽中に沈め，電気的に燃料に点火し完全燃焼させたときの発生熱量を水槽中の水の温度上昇から算出する。

②　ユンカース式熱量計：連続的に燃料をバーナで完全燃焼させ，その際に発生した熱量をこれを取り囲む水管内を流れる水の温度上昇とその流量から算出する。

したがって，(1)，(3)，(5)の記述は正しく，(4)の記述は誤りである。

(2)　燃料分析には，

①　液体及び固体燃料は，その組成を示すのに元素分析
②　気体燃料は成分を示すのに成分分析
③　固体燃料は水分，灰分，揮発分を測定し，残りを固定炭素とする工業分析がある。

〔答〕 (4)

〔ポイント〕 液体燃料の引火点と着火温度について理解すること。また，発熱量には高発熱量と低発熱量がある。発熱量の測定法についても理解すること「教本2.1.1」。

問２　液体燃料に関し，次のうち誤っているものはどれか。

(1)　灯油は，重油に比べて，燃焼性が良く，硫黄分が少ない。
(2)　重油は，一般に，密度が大きいものほど動粘度が高く，単位質量当たりの発熱量は小さい。
(3)　重油の密度は，温度が上がるほど小さくなる。
(4)　燃料中の炭素・水素の質量比（C/H比）は，燃焼性を示す指標の一つで，この値が小さい重油ほど，すすを生じやすい。
(5)　重油の実際の引火点は100 ℃前後で，着火点は250～400 ℃程度である。

〔解説〕

(1)，(2)，(3)　単位体積当たりの質量を密度といい，その温度条件を付して，15 ℃又はt ℃における密度をg/cm^3の単位で密度（15 ℃）又は密度（t ℃）として表す。燃料の密度は，燃焼性を表す粘度，引火点，炭素・水素比，残留炭素分，硫黄分，窒素分と互いに関連し，特殊なものを除けば，通常，密度の大きいものほど難燃性となる（表参照）。

灯油は，重油に比べて燃焼性は良く，硫黄分は少ない。重油は，燃焼性が悪く，密度が大きいほど，発熱量は小さい。

(4)　燃料の元素分析のうち，燃焼性を示す指標として炭素と水素の質量比（C/H）があり，C/Hが大きいほどすすを生じやすい。油のC/H比の概略値は，次のとおりである。

C重油：８，A重油：７，灯油：６

したがって，問の(4)の記述は誤りである。

(5)　重油の引火点は，規格では60 ℃ないし70 ℃以上であるが，実際は100 ℃前後である。また，着火点（着火温度）は250～400 ℃程度である。

表　油の密度と燃焼性との関連

	C重油　B重油　A重油　軽油　灯油		
イ）密度	大きい	――→	小さい
ロ）低発熱量	小さい	――→	大きい
ハ）引火点	高　い	――→	低　い
ニ）粘度	高　い	――→	低　い
ホ）凝固点	高　い	――→	低　い
ヘ）流動点	高　い	――→	低　い
ト）残留炭素	多　い	――→	少ない
チ）炭素	少ない	――→	多　い
リ）水素	少ない	――→	多　い
ヌ）硫黄	多　い	――→	少ない

〔答〕(4)

〔ポイント〕　液体燃料の性質について理解すること「教本2.1.2 (2)，(3)」。

問3　重油の添加剤に関し，次のうち誤っているものはどれか。

(1)　燃焼促進剤は，触媒作用によって燃焼を促進し，ばいじんの発生を抑制する。
(2)　水分分離剤は，油中にエマルジョン状に存在する水分を凝集し，沈降分離する。
(3)　スラッジ分散剤は，分離沈殿するスラッジを溶解又は分散させる。
(4)　低温腐食防止剤は，燃焼ガス中の硫酸ナトリウムと反応して非腐食性物質に変え，腐食を防止する。
(5)　高温腐食防止剤は，重油灰中のバナジウムと化合物を作り，灰の融点を上昇させて，水管などへの付着を抑制し，腐食を防止する。

〔解説〕　重油には，いろいろな目的のために各種の添加剤が加えられることがある。主な添加剤とその使用目的をあげれば，次のとおりである。

①　燃焼促進剤
触媒作用によって燃焼を促進し，ばいじんの発生を抑制する。

②　水分分離剤
油中にエマルジョン（乳化）状に存在する水分を凝集し沈降分離する。

③　スラッジ分散剤
分離沈殿してくるスラッジを溶解又は表面活性作用により分散させる。

④　流動点降下剤
流動点を降下させ，低温度における流動を確保する。

⑤　高温腐食防止剤
重油灰中のバナジウムと化合物をつくり，灰の融点を上昇させ，水管などへの付着を抑制し，腐食を防止する。重油の灰分に五酸化バナジウム（V_2O_5）が含まれていると，鉄鋼表面に付着しV_2O_5を含んだスケールが生成される。このスケールは溶融点が低いので，650～700 ℃程度で激しく酸化される。そのため，高温腐食防止の添加剤によりスケール灰の融点を高くする。

⑥　低温腐食防止剤
燃焼ガス中の三酸化硫黄（SO_3）と反応して非腐食性物質に変え，腐食を防止する。

したがって，問の(4)の記述内容は誤りである。

〔答〕 (4)

〔ポイント〕　重油の添加剤の目的について理解すること「教本2.1.2 (4)」。

問4　ボイラー用気体燃料に関し，次のうち誤っているものはどれか。
　ただし，文中のガスの発熱量は，標準状態（0℃，101.325 kPa）における単位体積当たりの発熱量とする。

(1)　気体燃料は，空気との混合状態を比較的自由に設定でき，火炎の広がり，長さなどの調整が容易である。
(2)　ガス火炎は，油火炎に比べて輝度が低く，燃焼室での輝炎による放射伝熱量が少なく，管群部での対流伝熱量が多い。
(3)　天然ガスのうち湿性ガスは，メタン，エタンのほかプロパン以上の高級炭化水素を含み，その発熱量は乾性ガスより大きい。
(4)　LNGは，液化前に脱硫・脱炭酸プロセスで精製するため，CO_2，N_2，H_2Sなどの不純物を含まない。
(5)　LPGは，硫黄分がほとんどなく，LNGに比べ発熱量が大きいが，常温で加圧し，液化することは困難である。

〔解説〕
(1)　気体燃料は，燃焼させる上で液体燃料のような微粒化，蒸発のプロセスが不要であるため，空気との混合状態を比較的自由に設定でき，火炎の広がり長さなどの調整が容易である。
(2)　ガス火炎は，油火炎に比べて輝度が低いので，燃焼室における放射伝熱量は少ないが，燃焼ガス中の水蒸気成分が多いので，ガス高温部（蒸発管群部）の不輝炎からの熱放射は高くなるため，管群部での対流伝熱量は多い。
(3)　天然ガスは，性状から，乾性ガスと湿性ガスとに大別される。
　乾性ガスは，可燃成分のほとんどがメタン（CH_4）から成る。
　湿性ガスはメタン，エタンのほか，相当量のプロパン以上の高級炭化水素を含み，常温常圧において液体分を凝出している。
　発熱量　乾性ガス　38～39 MJ/m^3_N
　　　　　湿性ガス　44～51 MJ/m^3_N
(4)　液化天然ガス（LNG）は，都市ガスの主成分であり，CO，H_2Sの不純物を含まず，CO_2やSO_2などの排出も少ない燃料である（天然ガスを脱硫，脱炭酸プロセスで精製してあるため）。
(5)　液化石油ガス（Liquefied Petroleum Gas）の中で燃料ガスとして一般的に使用されているのは，プロパン及びブタンである。これらは常温常圧では気体であるが，通常は加圧液化して貯蔵する。
　液化石油ガスの特徴としては，発熱量が80～130 MJ/m^3_Nと高く，硫黄分がほとんどない，空気より重い，気化潜熱が大きい等がある。
　LPGの比重（空気＝1）は，プロパン1.52，ブタン2.00である。
　したがって，問の(5)の記述は誤りである。

〔答〕 (5)

〔ポイント〕 気体燃料の種類と特性について理解すること「教本2.1.3」。

問5　流動層燃焼に関するAからDまでの記述で，適切なもののみを全て挙げた組合せは，次のうちどれか。

A　バブリング方式は，石炭などの燃料と砂，石灰石などを多孔板上に供給し，その下から加圧された空気を吹き上げて，流動化した状態で燃料を燃焼させるものである。
B　層内に石灰石を送入することにより，炉内脱硫ができる。
C　燃焼温度が1500 ℃前後になるため，NO_Xの発生が少ない。
D　循環流動方式は，バブリング方式よりも吹上げの空気流速が速く，固体粒子は燃焼室外まで運ばれた後，捕集され再び燃焼室下部へ戻される。

(1)　A，B　　(4)　B，C，D
(2)　A，B，D　　(5)　C
(3)　A，D

〔解説〕　流動層燃焼は，図に示すように立て形の炉内に水平に設けられた多孔板（分散板ともいう）上に固体粒子（砂，石灰石等）を置き，石炭（粒径1～5 mm）をスプレッダ（散布機）などで燃焼室へ供給し，加圧空気を多孔板の下から上向きに吹上げ，多孔板上の粒子層を流動化し燃焼させるものをバブリング方式という。空気流速をさらに高くし，粒子を激しく吹上げ，層から飛び出した粒子を燃焼ガスから分離して捕集し層下部へ循環させるもので，粒子の滞留時間を長くしたものを循環流動方式という。層内温度800～900 ℃に制御するため，普通，この部分に図の⑦の蒸発管などを配置することが多い。

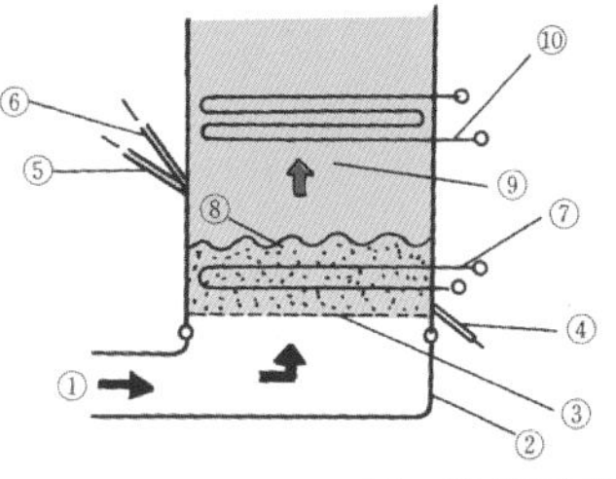

図　流動層燃焼

燃焼温度が850 ℃前後と低温燃焼のため，NO_Xの発生が少ない。
したがって，問のCの記述は誤りである。
石炭とともに石灰石（$CaCO_3$）を送入すると，硫黄酸化物の排出を抑えることができるので，硫黄分の多い燃料の燃焼方法としても利用されている。流動層燃焼には，次のような特徴がある。

①　褐炭，れき青炭などの石炭のみならずバーク，木くず，廃タイヤ，石油コークス，プラスチック等を燃焼して焼却炉のような使用ができる。
②　層内に石灰石を送入することにより，炉内脱硫ができる。
③　850 ℃前後の燃焼温度のため，窒素酸化物（NO_X）の発生が少ない。
④　層内での伝熱性能が良いので，ボイラーの伝熱面積が小さくてすむ。一方，伝熱管の摩耗に対する対策が必要となる。
⑤　燃料は，一般的に散布機などにより炉内へ投入されるので，微粉炭だきに比べ，石炭粒径が大きく，粉砕動力が軽減される。
⑥　通風損失の増大に対する高い風圧のファンが必要となる。

〔答〕　(2)
〔ポイント〕　液流動層燃焼のバブリング方式と循環流動方式について理解すること「教本2.2.1 (4) (c)」。

問6　次の文中の［　　］内に入れるAからCまでの数値の組合せとして，正しいものは(1)〜(5)のうちどれか。

なお，気体の体積は，標準状態（0℃，101.325 kPa）の体積とする。

「液体燃料1 kg当たりの理論酸素量O（m^3）は，燃料1 kgに含まれる炭素，水素，酸素及び硫黄の量をそれぞれc，h，o及びs（kg）とすれば，次式で表すことができる。

$$O=\frac{22.4}{\boxed{A}}c+\frac{22.4}{\boxed{B}}\left(h-\frac{o}{\boxed{C}}\right)+\frac{22.4}{32}s$$

	A	B	C
(1)	12	2	2
(2)	12	4	2
(3)	12	4	8
(4)	14	2	2
(5)	14	4	8

〔解説〕 燃料中の可燃成分（C，H，S）が，次の化学反応式によって完全燃焼した場合，必要な理論酸素量を算出する問題である。

① 炭素（C）

	C	+	O_2	=	CO_2
	1 kmol		1 kmol		1 kmol
質量	12 kg		32 kg		44 kg
体積			22.4 $m^3{}_N$		22.4 $m^3{}_N$

② 水素（H）

	$2H$	+	$\frac{1}{2}O_2$	=	H_2O
	2 kmol		$\frac{1}{2}$ kmol		1 kmol
質量	2 kg		$\frac{32}{2}$ kg		18 kg
体積			$\frac{22.4}{2}$ $m^3{}_N$		22.4 $m^3{}_N$

③ 硫黄（S）

	S	+	O_2	=	SO_2
	1 kmol		1 kmol		1 kmol
質量	32 kg		32 kg		64 kg
体積			22.4 $m^3{}_N$		22.4 $m^3{}_N$

したがって，理論酸素量（O）は

$$O=\frac{22.4}{\boxed{A}}c+\frac{22.4}{\boxed{B}}\left(h-\frac{o}{\boxed{C}}\right)+\frac{22.4}{32}s$$

$\left(h-\frac{o}{\boxed{C}}\right)$ → は有効水素〔教本2.1.1 (4)(c)〕

$\frac{22.4}{\boxed{B}}$ → $\frac{1}{2}$ kmolであるから，$\frac{1}{2}\times\frac{22.4}{2}=\frac{22.4}{4}$

A：12　　B：4　　C：8

したがって，正しい組合せは問の(3)である。

〔答〕 (3)

〔ポイント〕 液体及び固体燃料の燃焼計算について理解すること「教本2.2.3 (4)」。

問7　重油バーナに関し，次のうち誤っているものはどれか。

(1)　蒸気（空気）噴霧式油バーナは，比較的高圧の蒸気（空気）を霧化媒体として燃料油を微粒化するもので，霧化特性が良く，油量調節範囲も広い。
(2)　ロータリバーナは，高速で回転するカップ状の霧化筒により燃料油を放射状に飛散させ，筒の外周から噴出する空気流によって微粒化するもので，中小容量のボイラーに用いられる。
(3)　戻り油形の圧力噴霧式油バーナは，負荷に関係なくほぼ同一の油量を供給し，燃焼量を超える油量を油ポンプの吸込み側に戻すもので，油量調節範囲は，非戻り油形のものより広い。
(4)　噴霧式油バーナのスタビライザは，バーナから噴射される燃料油に燃焼用空気を供給するとともに，これらを撹拌（かくはん）して火炎が安定するように空気流を調節するものである。
(5)　ガンタイプ油バーナは，ファンと圧力噴霧式油バーナとを組み合わせたもので，蒸発量が3 t/h程度以下の比較的小容量のボイラーに多く用いられる。

〔解説〕　重油バーナに関する問題である。

(1)　蒸気（空気）噴霧式油バーナ：大きなエネルギーを持つ比較的高圧の蒸気，あるいは空気などを霧化媒体として燃料油を微粒化するもので，霧化特性がよいことから油種も灯油からタールまで広い範囲で利用でき，また油量調節範囲が広い。
(2)　ロータリバーナ：高速で回転するカップ状の霧化筒により，油を筒の先端で放射状に飛散させ，筒の外側から噴出する空気流によって霧化するバーナである。
(3)　圧力（油圧）噴霧式油バーナ：比較的高圧の燃料油のもつ圧力エネルギーで微粒化を図るもので，高圧の燃料油をアトマイザ先端に設けられた旋回室内に導き旋回させる形式のバーナ（非戻り油形）である。このバーナは蒸気負荷が下がり燃料油量も少なくなるのにしたがって，油圧力も低くなるのでアトマイザ先端からの微粒化が悪くなる。この欠点を補うのが戻り油形バーナで，一定の供給圧力でほぼ同一量でバーナに供給し，戻り油を弁で調節して燃焼量を超える油量は油ポンプの吸込み側に戻すバーナである。戻り油形バーナの調節範囲は，最大噴射量からその1／4～1／5程度と非戻り油形バーナより広い。
(4)　噴霧式油バーナは，ウィンドボックス，エアレジスタ，アトマイザ及びバーナタイル等から構成されている。スタビライザ（保炎器）は，燃焼を安定させる機能をもつものである。
　したがって，問の(4)の記述は誤りである。
(5)　ガンタイプ油バーナはその形がピストルに似ているため，このように呼ばれている。ファンと圧力噴霧式バーナとを組み合わせたもので，暖房用ボイラー，その他蒸発量3 t/h程度以下の比較的小容量のボイラーに多く用いられている。

〔答〕　(4)

〔ポイント〕　液体燃料のバーナ構造・特徴について理解すること「教本2.3.1 (3)」。

問8　ファンに関し，次のうち誤っているものはどれか。

(1)　ボイラーの通風に用いるファンは，比較的風圧が低くても，送風量が大きいことが必要であり，さらに，誘引ファンは，摩耗や腐食に強いことが必要である。
(2)　多翼形ファンは，小形，軽量，安価であるが，高温，高圧，高速の送風には適さない。
(3)　後向き形ファンは，羽根車の主板及び側板の間に8～24枚の後向きの羽根を設けたもので，効率が低く，大容量の送風には適さない。
(4)　ラジアル形ファンは，中央の回転軸から放射状に6～12枚の平面状の羽根を取り付けたもので，強度があり，摩耗や腐食に強い。
(5)　ラジアル形ファンは，大形で重量も大きいが，形状が簡単で，プレートの取替えが容易である。

〔解説〕

(1)　ボイラー通風に用いられるファンには，比較的風圧が低く，送風量の大きなものが必要である。誘引ファンでは，摩耗，腐食に強いものを選ばなければならない。

(2)　多翼形ファンは，羽根車の外周近くに，短く幅長で前向きの羽根を多数設けたものである。風圧は，比較的低く，0.15～2kPaである。多翼形ファンの得失は，次のとおりである。
①　小形，軽量，安価である。
②　効率が低く，大きな動力を要する。
③　羽根の形状がぜい弱であるため，高温，高圧，高速には適しない。

(3)　後向き形ファンは，以前ターボ形ファンといわれていた形式で，羽根車の主板及び側板の間に8～24枚の後向きの羽根を設けたものである。羽根は効率を改善するため，カーブさせているのが一般的で，さらに効率の改善を目的として翼形のものも使用される。風圧は，比較的高く2～8kPa程度である。
　後向き形ファンの得失は，次のとおりである。
①　効率が良好で，小さな動力で足りる。
②　高温，高圧，大容量のものに適する。
③　形状が大きく，高価である。
　したがって，問の(3)の記述は誤りである。

(4)，(5)　ラジアル形ファンは，中央の回転軸からほぼ平面状の羽根を6～12枚取り付けたものである。風圧は，0.5～5kPaである。ラジアル形ファンの得失は，次のとおりである。
①　強度があり，摩耗，腐食に強い。
②　形状が簡単で，プレート取替えが容易である。
③　効率が低く，大きな動力を要する。
④　大形で，重量大で，設備費が高くなる。

〔答〕　(3)

〔ポイント〕　通風装置の構造と特徴を理解すること「教本2.4.2(1)」。

問9　ボイラーの排ガス中のNO_Xを低減する燃焼方法に関し，次のうち誤っているものはどれか。

(1)　排煙脱硝装置を設け，NO_Xを低減する。
(2)　燃焼用空気を一次と二次に分けて供給し，燃焼を二段階で完結させて，NO_Xを低減する。
(3)　空気予熱温度を下げ，火炎温度を低下させてNO_Xを低減させる方法では，エコノマイザを設置して排ガス顕熱回収の減少を補う。
(4)　可能な限り理論空気量に近い空気比で燃焼させてNO_Xを低減する方法では，省エネルギー対策にもなる。
(5)　燃焼によって生じるNO_Xは，燃焼性が適切な空気比で最少になり，空気比がこれよりも小さくても大きくても増加する。

〔解説〕　窒素酸化物（NO_X）の発生を抑制するためには，排煙脱硝装置を設ける他，燃焼方法により，次のものがある。

①　低空気比燃焼
燃焼域での酸素濃度を低くする。空気比を低くすることにより，排ガス量も下がるので，ボイラーからの排ガス損失も下がり省エネルギー効果もある。
したがって，問の(5)の記述は誤りである。

②　燃焼室熱負荷の低減
炉内温度及び火炎温度の低下を狙ったものである。

③　排ガスの再循環
燃焼用空気に排ガスの一部を再循環させることで，燃焼用空気中の酸素濃度が低くなり，また燃焼ガス量が増えることにより，酸素分圧を下げるとともに燃焼温度を下げる。

④　予熱空気温度の低下
火炎温度の低下を狙ったものであるが，空気予熱器での排ガス顕熱回収の減少を補うため，エコノマイザを採用したり，エコノマイザと空気予熱器の併用を図る必要がある。

⑤　二段燃焼
燃焼用空気を一次と二次に分けて供給し，燃焼を二段階で完結させるようにしたもので，燃焼の局部的高温域が生じるのを避ける。

⑥　濃淡燃焼
燃焼領域の一方を低空気比（燃料過剰）で燃焼し，他方を高空気比（空気過剰）で燃焼して，全体として適正な空気比で運転しようとするものである。
これは⑤の二段燃焼と共に，次の原理を応用したものである。すなわち，燃焼によって生じるNO_Xは，燃焼性において適切と思われる空気比の付近でピークとなり，空気比がそれより小さくても大きくても減少するという燃焼上の特性がある。
この特性を利用して，低空気比領域と高空気比領域を故意に作ることによって，低空気比でのNO_X濃度と高空気比でのNO_X濃度とを平均した空気比を得ることによりNO_X生成を抑制しようとするものである。

〔答〕　(5)

〔ポイント〕　排ガス中の窒素酸化物(NO_X）の発生抑制対策について理解すること「教本2.6.2 (2)」。

問10　重油燃焼ボイラーの低温腐食に関するAからDまでの記述で，正しいもののみを全て挙げた組合せは，次のうちどれか。

A　金属の表面温度が硫酸蒸気の露点以上になると，腐食量は急激に増加する。
B　低空気比燃焼は，燃焼ガスの露点を下げることができるので，低温腐食の抑制に効果がある。
C　空気予熱器の低温腐食防止対策として，空気予熱器で予熱される空気の一部をバイパスさせて，出口ガス温度を上昇させる方法がある。
D　空気予熱器の低温腐食防止対策として，空気予熱器で予熱された空気の一部を空気予熱器に再循環させる方法がある。

(1)　A，B，C
(2)　A，C
(3)　B，C，D
(4)　B，D
(5)　C，D

〔解説〕　硫酸蒸気の露点以下になると，腐食量は急激に増加する。
重油燃焼ボイラーの低温腐食対策には，次のものがある。
①　燃料の低硫黄化を図る。
②　材料の選択
・耐食性のよい材料を使用する。
・伝熱面をセラミックスやエナメルで被覆する。
・炭素鋼（軟鋼）は高い濃度の硫酸には耐えるが，希硫酸には激しく侵される。
③　油に添加剤を加え，燃焼ガス中の三酸化硫黄（SO_3）と反応させ腐食を防止する。
④　低空気比燃焼によりSO_2からSO_3への転換率を低下させ露点も低くさせる。
⑤　空気予熱器の燃焼ガス側の低温部伝熱面の表面温度を高く保つ。
イ　蒸気式空気予熱器を併用する。
ロ　予熱された空気を再循環させる。
ハ　予熱させる空気を一部バイパスさせる。
ニ　高い燃焼ガス温度部と低い空気温度部で熱交換させ，最低金属温度を高める。

したがって，B，C，Dの記述が正しく，正しいものの組合せは(3)である。

〔答〕　(3)

〔ポイント〕　重油燃焼ボイラーの低温腐食対策について理解すること「教本2.5.2 (1)，(2)」。

問１　燃料の分析及び性質に関するＡからＤまでの記述で，正しいもののみを全て挙げた組合せは，次のうちどれか。

Ａ　液体燃料に小火炎を近づけたとき，瞬間的に光を放って燃え始める最低の温度を着火点という。

Ｂ　組成を示すときに，通常，液体燃料及び固体燃料には元素分析が，気体燃料には成分分析が用いられる。

Ｃ　発熱量の測定は，固体燃料及び液体燃料の場合は断熱熱量計を，気体燃料の場合はユンカース式熱量計を用いる。

Ｄ　発熱量は，燃料の成分に関わらず高発熱量と低発熱量とに差がある。

⑴　Ａ，Ｂ　　　⑷　Ｂ，Ｃ

⑵　Ａ，Ｂ，Ｃ　　　⑸　Ｂ，Ｃ，Ｄ

⑶　Ａ，Ｄ

〔解説〕

Ａ　液体燃料は温度が上昇すると蒸気を発生し，これに小火炎を近づけると瞬間的に光を放って燃え始める。この燃え始めるのに十分な濃度の蒸気を生じる最低の温度を引火点という。燃料を空気中で加熱し，他から点火しないで自然に燃え始める最低の温度を着火温度又は発火温度という。問のAの記述は誤りである。正しくは，引火点である。

Ｂ　燃料分析には，

① 液体及び固体燃料は，その組成を示すのに元素分析

② 気体燃料は成分を示すのに成分分析

③ 固体燃料は水分，灰分，揮発分を測定し，残りを固定炭素とする工業分析がある。

問のBの記述は正しい。

Ｃ，Ｄ　燃料を完全燃焼させた際に発生する熱量を発熱量と呼び，その単位は特に断らないときは液体，固体燃料の場合は質量ベースのMJ/kg，気体燃料の場合は体積ベースのMJ/m^3_Nで表す。

燃料は，通常，炭素と水素を含んでおり，このうち，水素が燃焼して生成される水（H_2O）は蒸気となり，熱の一部が蒸発潜熱として消費される。この潜熱を含めた熱量を高発熱量（又は総発熱量）〔MJ/kg燃料又はMJ/m^3_N燃料〕と呼び，これに対して潜熱分を差引いた熱量を低発熱量（又は真発熱量）〔MJ/kg燃料又はMJ/m^3_N燃料〕という。高発熱量と低発熱量の差は，燃料中の水素及び水分の割合で決まる。

また，発熱量は，固体燃料及び液体燃料の場合は断熱熱量計によって測定され，気体燃料の場合はユンカース式熱量計で測定し，いずれの場合も測定値は高発熱量である。

① 断熱熱量計：一定の容積の耐圧容器内に一定の燃料と高圧の酸素を封じ込め，この容器を断熱した水槽中に沈め，電気的に燃料に点火し完全燃焼させたときの発生熱量を水槽中の水の温度上昇から算出する。

② ユンカース式熱量計：連続的に燃料をバーナで完全燃焼させ，その際に発生した熱量をこれを取り囲む水管内を流れる水の温度上昇とその流量から算出する。

Cの記述は正しく，Dの記述は誤りである。したがって，正しいものの組み合わせは，⑷ B，Cである。

〔答〕⑷

〔ポイント〕　液体燃料の引火点と着火温度について理解すること。また，発熱量には高発熱量と低発熱量がある。発熱量の測定法についても理解すること「教本2.1.1」。

問２　液体燃料に関し，次のうち誤っているものはどれか。

(1)　重油は，一般に，密度が大きいものほど燃焼性が悪く，単位質量当たりの発熱量も小さい。
(2)　燃料中の炭素・水素の質量比（C/H）は，燃焼性を示す指標の一つで，この値が大きい重油ほど，すすを生じやすい。
(3)　重油の実際の着火点は100 ℃前後である。
(4)　質量比は，ある体積の試料の質量と，それと同体積の水の質量との比であり，試料及び水の温度条件を示す記号を付して表す。
(5)　燃料の密度は，粘度，引火点，残留炭素分，硫黄分，窒素分などと互いに関連している。

〔解説〕

(1)，(5)　単位体積当たりの質量を密度といい，その温度条件を付して，15 ℃又はt ℃における密度をg/cm^{3}の単位で密度（15℃）又は密度（t ℃）として表す。

燃料の密度は，燃焼性を表す粘度，引火点，炭素・水素比，残留炭素分，硫黄分，窒素分と互いに関連し，特殊なものを除けば，通常，密度の大きいものほど難燃性となる（表参照）。

灯油は，重油に比べて燃焼性は良く，硫黄分は少ない。

表　油の密度と燃焼性との関連

	C重油	B重油	A重油	軽油	灯油
イ）密度	大きい	⟶		小さい	
ロ）低発熱量	小さい	⟶		大きい	
ハ）引火点	高　い	⟶		低　い	
ニ）粘度	高　い	⟶		低　い	
ホ）凝固点	高　い	⟶		低　い	
ヘ）流動点	高　い	⟶		低　い	
ト）残留炭素	多　い	⟶		少ない	
チ）炭素	少ない	⟶		多　い	
リ）水素	少ない	⟶		多　い	
ヌ）硫黄	多　い	⟶		少ない	

重油は，燃焼性が悪く，密度が大きいほど，発熱量は小さい。

(2)　燃料の元素分析のうち，燃焼性を示す指標として炭素と水素の質量比（C/H）があり，C/Hが大きいほどすすを生じやすい。

油のC/H比の概略値は，次のとおりである。

C重油：８，A重油：７，灯油：６

(3)　重油の引火点は，規格では60 ℃ないし70 ℃以上であるが，実際は100 ℃前後である。また，着火点（着火温度）は250 ～ 400 ℃程度である。

したがって，問の(3)の記述は誤りである。

(4)　質量比は，ある体積の試料の質量と，それと同体積の水の質量の比であって，試料及び水の温度条件を示す記号を付して質量比15/４℃又は質量比60/60 °Fとして表す。

〔答〕(3)

〔ポイント〕　液体燃料の性質について理解すること「教本2.1.2 (2)，(3)」。

問３　ボイラー用気体燃料に関し，次のうち誤っているものはどれか。
ただし，文中のガスの発熱量は，標準状態（０℃，101.325 kPa）における単位体積当たりの発熱量とする。

(1)　オフガスは，石油化学・石油精製工場における石油類の分解によって発生するガスで，水素を多く含み，その発熱量は高炉ガスより大きい。
(2)　ガス火炎は，油火炎に比べて輝度が低く，燃焼室での輝炎による放射伝熱量が少なく，管群部での対流伝熱量が多い。
(3)　天然ガスのうち湿性ガスは，メタン，エタンのほかプロパン以上の高級炭化水素を含み，その発熱量は乾性ガスより大きい。
(4)　LNGは，天然ガスを脱硫・脱炭酸プロセスで精製した後，－162℃に冷却し，液化したものである。
(5)　LPGは，硫黄分がほとんどなく，かつ，空気より軽く，その発熱量は天然ガスより大きい。

〔解説〕
(1)　気体燃料には，天然ガス，液化石油ガスのほかに石油精製工場及び石油化学工場などからのオフガス（副生ガス），ならびに製鉄所からの副生ガス（高炉ガスなど）がある。石油化学・精製工場からのオフガスの発熱量は，水素などを含み，製鉄所からの発生する高炉ガスより大きい。
(2)　ガス火炎は，油火炎に比べて輝度が低いので，燃焼室における放射伝熱量は少ないが，燃焼ガス中の水蒸気成分が多いので，ガス高温部（蒸発管群部）の不輝炎からの熱放射は高くなるため，管群部での対流伝熱量は多い。
(3)　天然ガスは，性状から，乾性ガスと湿性ガスとに大別される。
乾性ガスは，可燃性分のほとんどがメタン（CH_4）から成る。
湿性ガスは，メタン，エタンのほか，相当量のプロパン以上の高級炭化水素を含み，常温常圧において液体分を凝出している。
発熱量　乾性ガス　38 ～ 39 MJ/m^3_N
　　　　湿性ガス　44 ～ 51 MJ/m^3_N
(4)　液化天然ガス（LNG）は，都市ガスの主成分であり，CO，H_2Sの不純物を含まず，CO_2やSO_2などの排出も少ない燃料である（天然ガスを脱硫，脱炭酸プロセスで精製してあるため）。
(5)　液化石油ガス（Liquefied Petroleum Gas）の中で燃料ガスとして一般的に使用されているのは，プロパン及びブタンである。これらは常温常圧では気体であるが，通常は加圧液化して貯蔵する。
液化石油ガスの特徴としては，発熱量が80 ～ 130 MJ/m^3_Nと高く，硫黄分がほとんどない，空気より重い，気化潜熱が大きい等がある。
LPGの比重（空気＝１）は，プロパン1.52，ブタン2.00である。
問の(5)の記述は誤りである。正しくは，LPGは空気より重い。

〔答〕　(5)

〔ポイント〕　気体燃料の種類と特性について理解すること「教本2.1.3」。

問4　燃焼及び燃焼室に関し，次のうち誤っているものはどれか。

(1)　理論燃焼温度とは，基準温度において，燃料が理論空気量で完全燃焼し，外部への熱損失がないと仮定した場合に到達すると考えられる燃焼ガス温度である。
(2)　基準温度を0℃とした場合，理論燃焼温度は，燃焼ガスの平均定圧比熱に比例し，燃料の低発熱量に反比例する。
(3)　単位時間における燃焼室の単位容積当たりに持ち込まれた熱量を，燃焼室熱負荷という。
(4)　微粉炭バーナを有する水管ボイラーの燃焼室熱負荷は，通常，油・ガスバーナを有する水管ボイラーのそれより小さい。
(5)　実際燃焼温度は，燃料の種類，空気比，燃焼効率などの条件で大きく変わるが，理論燃焼温度より高くなることはない。

〔解説〕
(1)　基準温度において燃料が理論空気量で完全燃焼し，外部への熱損失がないと仮定した場合に到達すると考えられる燃焼ガス温度を断熱理論燃焼温度という。
(2)　基準温度を0℃とした場合，理論燃焼温度は，燃焼ガスの平均定圧比熱に反比例し，燃料の低発熱量に比例する。
　したがって，(2)の記述は誤りである。
(3)　燃焼室熱負荷とは，単位時間における燃焼室の単位容積当たりに持ち込まれた熱量をいう。
(4)　微粉炭バーナを有する水管ボイラーの燃焼室熱負荷は，通常，油・ガスバーナを有する水管ボイラーのそれより小さい。
(5)　実際に燃焼室内で燃焼する場合には，燃焼効率，外部への熱損失，伝熱面への吸収熱量などの熱平衡条件により実際燃焼温度は断熱理論燃焼温度より低くなる。

〔答〕(2)

〔ポイント〕　燃焼室について理解すること「教本2.2.2」。

問5　流動層燃焼に関し，次のうち適切でないものはどれか。

(1)　バブリング方式は，石炭などの燃料と砂，石灰石などを多孔板上に供給し，その下から加圧された空気を吹き上げて，流動化した状態で燃料を燃焼させるものである。
(2)　微粉炭だきに比べて石炭粒径が大きく，粉砕動力を軽減できる。
(3)　層内での伝熱性能が良いので，ボイラーの伝熱面積は小さくできるが，伝熱管の摩耗に対する対策が必要となる。
(4)　燃焼温度が850℃前後になるのでSO_Xの発生が少ない。
(5)　循環流動方式は，バブリング方式よりも吹上げの空気流速が速く，固体粒子は燃焼室外まで運ばれた後，捕集され再び燃焼室下部へ戻される。

〔解説〕　流動層燃焼は，図に示すように立て形の炉内に水平に設けられた多孔板（分散板ともいう）上に固体粒子（砂，石灰石等）を置き，石炭（粒径1 ～ 5 mm）をスプレッダ（散布機）などで燃焼室へ供給し，加圧空気を多孔板の下から上向きに吹上げ，多孔板上の粒子層を流動化し燃焼させるものをバブリング方式という。空気流速をさらに高くし，粒子を激しく吹上げ，層から飛び出した粒子を燃焼ガスから分離して捕集し層下部へ循環させるもので，粒子の滞留時間を長くしたものを循環流動方式という。

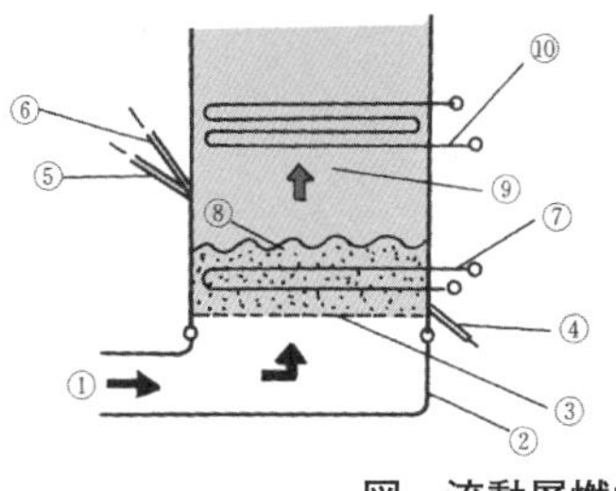

図　流動層燃焼

層内温度800 ～ 900 ℃に制御するため，普通，この部分に図の⑦の蒸発管などを配置することが多い。

したがって，問の(4)の記述は誤りである。燃焼温度が850 ℃前後と低温燃焼のため，NO_Xの発生が少ない。

石炭とともに石灰石（$CaCO_3$）を送入すると，硫黄酸化物の排出を抑えることができるので，硫黄分の多い燃料の燃焼方法としても利用されている。

流動層燃焼には，次のような特徴がある。

①　褐炭，れき青炭などの石炭のみならずバーク，木くず，廃タイヤ，石油コークス，プラスチック等を燃焼して焼却炉のような使用ができる。
②　層内に石灰石を送入することにより，炉内脱硫ができる。
③　850 ℃前後の燃焼温度のため，窒素酸化物（NO_X）の発生が少ない。
④　層内での伝熱性能が良いので，ボイラーの伝熱面積が小さくてすむ。一方，伝熱管の摩耗に対する対策が必要となる。
⑤　燃料は，一般的に散布機などにより炉内へ投入されるので，微粉炭だきに比べ，石炭粒径が大きく，粉砕動力が軽減される。
⑥　通風損失の増大に対する高い風圧のファンが必要となる。

〔答〕　(4)
〔ポイント〕　液流動層燃焼のバブリング方式と循環流動方式について理解すること「教本2.2.1 (4) (c)」。

問6　液体燃料の供給装置に関し，次のうち誤っているものはどれか。

(1)　常温で流動性の悪い燃料油をストレージタンクに貯蔵する場合は，タンク底面にコイル状の蒸気ヒータを装備して加熱する。

(2)　噴燃ポンプには，吐出し圧力の過昇を防止するため，吐出し側と吸込み側の間に減圧弁が設けられる。

(3)　噴燃ポンプは，燃料油をバーナから噴射するときに必要な圧力まで昇圧して供給するもので，ギアポンプ又はスクリューポンプが多く用いられる。

(4)　オートクリーナは，フィルタ清掃用の回転ブラシを備えた単室形のストレーナで，比較的良質の燃料油のろ過に多く用いられる。

(5)　主油加熱器は，噴燃ポンプの吐出し側に設けられ，バーナの構造に合った粘度になるように燃料油を加熱する装置である。

〔解説〕　機器（重油の場合）の構成を次のフローシートに示す。

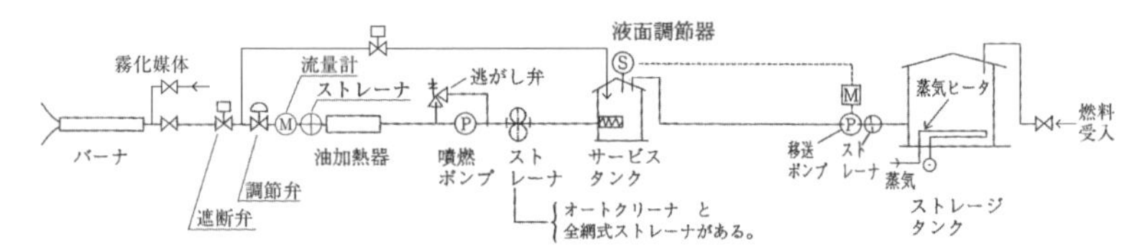

(1)　油タンク

①　ストレージタンク

　1週間から1か月分程度の使用量を貯蔵する。

ストレージタンクに流動性の悪い燃料油を貯蔵する場合，タンク底面に蒸気ヒータを装備する。

②　サービスタンク

　容量はボイラーの定格使用油の2時間分程度とする。

サービスタンクにはフロート式の液面調節器を設けて液位の調節を行っている。

(2)　噴燃ポンプ

　燃料油をバーナから噴射するのに必要な圧力（1 ～ 2 MPa程度）まで昇圧するもので，圧力の過昇防止のため逃がし弁を設けている。

　したがって，問の(2)の記述は誤りである。正しくは，「逃がし弁を設けている。」である。噴燃ポンプには，ギア式又はスクリュー式が多く用いられる。

(3)　油加熱器

粘度の高い油の場合，バーナ噴霧するのに適正な粘度とするため，油加熱器を噴燃ポンプ吐出し側に設置して油を適正粘度まで加熱するものである。

(4)　ストレーナ

移送ポンプや噴燃ポンプ及び流量計などの保護のために，ポンプなどの吸込み側吐出し側に設けて，燃料や配管中のごみ，さび等の固形物を除去する。

比較的良質の燃料油では，フィルタ清掃用の回転ブラシを備えたオートクリーナと呼ばれる単室形のストレーナが多用され，粘度の高い重質油では複式の金網形ストレーナが使用される。

(5)　油遮断弁

ボイラーの運転停止の際や，低水位などの異常時に燃料を緊急遮断するための弁（電磁弁など）である。炉内への油の流入を極力少なくするためにバーナ直前に設けられる。

〔答〕　(2)

〔ポイント〕　液体燃料供給装置の構成と役割について理解すること「教本2.3.1」。

問７　石炭の燃焼装置に関し，次のうち誤っているものはどれか。

(1)　散布式ストーカでは，散布ロータにより大粒径の石炭は遠方に，小粒径の石炭は近くに散布され，火格子は散布ロータに対して遠方から近いところに移動させるので，大粒径の石炭に多くの燃焼時間が与えられる。
(2)　バブリング形流動層燃焼装置は，水冷壁で囲まれた燃焼室，底部の風箱及び空気分散板から成っている。
(3)　直接式微粉炭供給方式は，微粉炭機で粉砕された微粉炭を，一旦，貯槽に集めた後，バーナに送るものである。
(4)　貯蔵式微粉炭供給方式は，微粉炭機が故障の際にバーナ燃焼に影響を与えないが，貯槽及びこれからバーナまでの附帯設備が必要である。
(5)　微粉炭バーナは，一般に，微粉炭を一次空気と予混合して炉内に噴出させ，二次空気はバーナの周囲から噴出させるものである。

〔解説〕
(1)　散布式ストーカは，近年設置されるストーカに広く用いられており，石炭は供給量調節機能を有するフィーダによって回転するロータ羽根（散布機）に平均して供給され，ロータによって大粒径のものは遠方へ，小粒径のものは近くへ散布され，微粒は落下前に浮遊燃焼する。したがって，大粒径の燃料に多くの燃焼時間を与えるよう，火格子は，後部から散布機が取り付けてある前部へ移動し，灰は前部のホッパより取り出される。
(2)　バブリング形流動層燃焼装置は，水冷壁で囲まれた燃焼室，底部の風箱及び空気分散板からなっている。流動媒体は一般的に砂利及び脱硫機能を有する石灰石が使用される。流動層は起動操作や負荷変動に対応するために，通常いくつかの区画（「セル」という。）に分割されている。
(3)　直接式微粉炭供給方式は，微粉炭機（ミル，粉砕機）で粉砕された微粉炭を直接ボイラーに送るシステムを直接式という。この方式は広く採用されているが，微粉炭機が故障するとバーナ燃焼に影響を与えることになるので，油・ガス等バックアップ燃料を考慮しなければならない。
　したがって，問の(3)の記述は誤りである。
(4)　貯蔵式微粉炭供給方式は，微粉炭機で粉砕された微粉をいったん貯槽（ビン）に集めた後，バーナに送るもので，貯蔵式は微粉炭機の故障の際にもバーナに影響なく，またバーナの負荷が変動しても微粉炭機の最高効率で運転できる利点があるが，貯槽（ビン）及びこれからバーナまでの附帯設備が必要で複雑，高価となる。
(5)　微粉炭バーナは，原則として微粉炭を一次空気と予混合して炉内に噴出するが，二次空気はバーナの周囲から噴出される。

〔答〕(3)

〔ポイント〕　固体燃料の燃焼装置について理解すること「教本2.3.3」。

問8　ボイラーの通風に関するAからDまでの記述で，正しいもののみを全て挙げた組合せは，次のうちどれか。

A　外気の密度を ρ_a (kg/m³)，煙突内ガスの密度を ρ_b (kg/m³)，煙突の高さを H（m），重力加度をg（m/ s²）とすれば，煙突の理論通風力Z（Pa）は，$Z = (\rho_a - \rho_b)\ gH$ で求められる。
B　誘引通風は，煙道又は煙突入口に設けたファンによって燃焼ガスを吸い出し煙突に放出するもので，体積が大きく高温の燃焼ガスを扱うため大型のファンを必要とする。
C　平衡通風は，強い通風力が得られるが，２種類のファンを必要とし，誘引通風に比べ所要動力は大きい。
D　通風に用いられるファンは，風圧は比較的高く，送風量の大きなものが必要である。

(1)　A，B
(2)　A，B，C
(3)　A，B，D
(4)　A，D
(5)　C，D

〔解説〕
A　自然通風の通風力は弱い。自然通風力は，外気の密度と煙突内ガスの密度との差に煙突の高さを乗じて求めるので，煙突が高いほど，またガス温度が高いほど通風力は大きくなる。

通風力$Z = (\rho_a - \rho_g)\ gH$〔Pa〕

ρ_a：外気の密度〔kg/m³〕
ρ_g：煙突内ガスの密度〔kg/m³〕
H　：煙突の高さ〔m〕
g　：重力加速度〔9.8 m/s²〕

B　誘引通風は，煙道又は煙突入口に設けたファンを用いて燃焼ガスを誘引する。
　そのため，炉内圧は大気圧より低くなる。このため，気密が不十分であると外気が炉内へ漏れ込む。また，高い温度の燃焼ガスを誘引するので，大型ファンを必要とし所要動力は大きくなる。また，ファンはガス流体を吸うので，ガスの性質によっては腐食しやすい。
C　平衡通風は，押込ファンと誘引ファンとを併用したもので，炉内圧は大気圧よりわずかに低く調節するのが普通である。したがって，炉内の気密が困難なボイラーなどに用いられる。
　二種類のファンを必要とするため比較的大きい動力となるが，体積の大きいガスのみを扱う誘引通風に比べ所要動力は小さくなる。
D　通風に用いられるファンは，ブロワー及びコンプレッサに比べて風圧は比較的低く，送風量の大きなものが必要である。

したがって，正しいものの組み合わせは，問の(1) A，Bである。

〔答〕(1)

〔ポイント〕　自然通風の通風力と人工通風の種類と特徴について理解すること「教本2.4.1，2.4.2」。

問９　ボイラーの燃料の燃焼により発生する大気汚染物質に関し，次のうち誤っているものはどれか。

(1)　サーマルNO_Xは，燃料中の窒素化合物が酸化されて生じる。
(2)　排ガス中のNO_Xは，大部分がＮＯである。
(3)　ばいじんは，慢性気管支炎の発症に影響を与える。
(4)　SO_Xは，呼吸器のほかに循環器にも影響を与える有害物質である。
(5)　すすは，燃料の燃焼により分解した炭素が遊離炭素として残存したものである。

〔解説〕

(1)，(2)　一般に，窒素化合物で大気汚染物質として重要視されるのは，一酸化窒素（NO）と二酸化窒素（NO_2）である。このほかに数種類の化合物があり，これらを総称して窒素酸化物（NO_X）という。

燃料を空気中で燃焼した場合は，主としてNOが発生し，NO_2は少量発生するにすぎない。燃焼室で発生したNOの中には，煙突から排出されて，大気中に拡散する間に酸化されてNO_2になるものもある。

燃焼により生じるNO_Xには，燃焼に使用された空気中の窒素が高温条件下で酸素と反応して生成するサーマルNO_Xと燃料中の窒素化合物から酸化して生じるフューエルNO_Xの二種類がある。

したがって，問の(1)の記述は誤りである。

(3)，(5)　ばいじんは，ボイラーにおいて，燃料を燃焼させる際発生する固体微粒子で，すすとダストがある。ダストは，灰分が主体で，これに若干の未燃分が含まれたものである。すすは，燃料の燃焼により分解した炭素が遊離炭素として残存したものである。すなわち，燃料中の炭化水素は燃焼により分解し，Ｈ（水素原子）はH_2O（水）に，Ｃ（炭素）はCO_2（二酸化炭素）になるが，その際，冷却などにより反応が中断されたり，酸素が十分に供給されなかったりすると，分解した炭素がそのまま遊離炭素として残存する。

ばいじんの人体への影響は，呼吸器の障害である。特に慢性気管支炎の発症に重大な影響を与えている。

(4)　硫黄酸化物（SO_X）は，ボイラーの煙突から排出される硫黄の酸化物で，二酸化硫黄（SO_2）が主であり，数％の三酸化硫黄（SO_3）があり，このほかに硫黄の酸化物としては数種類のものが微量に含まれており，これらを総称して硫黄酸化物（SO_X）という。

SO_Xは，人の呼吸器系統などの障害を起こすほか，酸性雨の原因となる。

〔答〕　(1)

〔ポイント〕　ボイラーから発生する大気汚染物質について理解すること「教本2.6.1」。

問10　ボイラーの熱損失に関し，次のうち誤っているものはどれか。

(1)　排ガス熱による損失は，煙突へ排出されるガスの保有熱による損失である。
(2)　不完全燃焼ガスによる損失は，燃焼ガス中にCO，H_2などの未燃ガスが残ったときの損失である。
(3)　ボイラー周壁からの放散熱損失［%］（燃料の低発熱量に対する放散熱量の割合）は，ボイラーの容量が大きいほどその割合は小さくなり，蒸発量5 ～ 10t/h程度のボイラーでは1.5 ～ 1%程度である。
(4)　空気比を小さくして完全燃焼させることは，排ガス熱による熱損失を小さくするために有効である。
(5)　ボイラーの熱損失には，蒸気や温水の放出による損失を含まない。

〔解説〕

(1)　排ガス熱による損失は，ボイラーの熱損失中で一般的に最大のものであり，測定も容易で，次の概略計算式がある。

排ガスの熱損失L（%）

$$L = \frac{V_w \times (t_g - t_o) \times C_{gp}}{H_\ell} \times 100$$

V_w＝実際の排ガス量〔m^3_N/kg燃料又はm^3_N/m^3_N燃料〕
t_g＝排ガスの温度〔℃〕
t_o＝基準温度（大気温度など）〔℃〕
C_{gp}=排ガスの比熱〔kJ/（m^3_N・℃）〕
H_ℓ =燃料の低発熱量〔kJ/kg又はkJ/m^3_N〕

上記式のV_wは，空気比から算出する。「教本2.2.3 (4) (e) (f)」。

(2)　燃焼ガス中にCOやH_2などの未燃ガスが残ったときの損失で，燃焼が不完全なときに生じる。
通常，本損失は油だきやガスだきではほとんど0として勘定される。
(3)　周壁から外気への放熱量は測定困難であるが，放熱損失〔%〕は容量が大きくなるほど少なくなり，蒸発量5 ～ 10 t/h 程度のボイラーでは1.5 ～ 1%程度である。
(4)　空気比を小さくして完全燃焼させることは，実際の排ガス量V_wの値が小さくなるので，排ガス熱による熱損失を小さくするために有効である。
(5)　その他の損失として，排ガス中の燃えがらの顕熱，蒸気や温水の放出，吹出し（ブロー）や漏れによる損失その他の不明のものなどがある。

したがって，問の(5)の記述は誤りである。

〔答〕　(5)

〔ポイント〕　ボイラーの熱損失について理解すること「教本2.7.2 (3)」。

■令和２年後期：燃料及び燃焼に関する知識■

問１　液体燃料に関し，次のうち誤っているものはどれか。

(1)　重油の密度は，その温度条件を付して，t℃における密度を「密度（t℃）」と表す。
(2)　重油は，一般に，密度が大きいものほど動粘度が高く，単位質量当たりの発熱量は小さい。
(3)　重油の密度は，温度が上がるほど小さくなる。
(4)　燃料中の炭素・水素の質量比（C/H比）は，燃焼性を示す指標の一つで，この値が小さい重油ほど，すすを生じやすい。
(5)　重油の実際の引火点は100 ℃前後で，着火点は250 ～ 400 ℃程度である。

〔解説〕

(1)，(2)　単位体積当たりの質量を密度といい，その温度条件を付して，15 ℃又はt℃における密度をg/cm^3の単位で密度（15 ℃）又は密度（t℃）として表す。

燃料の密度は，燃焼性を表す粘度，引火点，炭素・水素比，残留炭素分，硫黄分，窒素分と互いに関連し，特殊なものを除けば，通常，密度の大きいものほど難燃性となる（表参照）。

灯油は，重油に比べて燃焼性は良く，硫黄分は少ない。

重油は，燃焼性が悪く，密度が大きいほど，発熱量は小さい。

図　燃料油の温度による密度の変化

(3)　重油の密度は，温度により変化し，温度が上昇すると減少する（図）。

重油の体膨張係数は，約0.0007/℃なので，温度が１℃上昇するごとに約0.0007 g/cm^3減少する。

(4)　燃料の元素分析のうち，燃焼性を示す指標として炭素と水素の質量比（C/H）があり，C/Hが大きいほどすすを生じやすい。

油のC/H比の概略値は，次のとおりである。

C重油：8，A重油：7，灯油：6

問の(4)の記述は誤りである。

正しくは，C/Hの大きい重油ほど，すすを生じやすい。

表　油の密度と燃焼性との関連

	C重油	B重油	A重油	軽油	灯油
イ）密度	大きい	───→		小さい	
ロ）低発熱量	小さい	───→		大きい	
ハ）引火点	高　い	───→		低　い	
ニ）粘度	高　い	───→		低　い	
ホ）凝固点	高　い	───→		低　い	
ヘ）流動点	高　い	───→		低　い	
ト）残留炭素	多　い	───→		少ない	
チ）炭素	少ない	───→		多　い	
リ）水素	少ない	───→		多　い	
ヌ）硫黄	多　い	───→		少ない	

(5)　重油の引火点は，規格では60℃ないし70 ℃以上であるが，実際は100 ℃前後である。また，着火点（着火温度）は250 ～ 400 ℃程度である。

引火点は60 ～ 70℃以上で着火温度は250 ～ 400 ℃程度である。

〔答〕　(4)

〔ポイント〕　液体燃料の性質について理解すること「教本2.1.2」。

問2　重油の添加剤に関し，次のうち誤っているものはどれか。

(1)　燃焼促進剤は，触媒作用によって燃焼を促進し，ばいじんの発生を抑制する。
(2)　流動点降下剤は，油の流動点を降下させ，低温における流動性を確保する。
(3)　スラッジ分散剤は，分離沈殿するスラッジを溶解又は分散させる。
(4)　低温腐食防止剤は，燃焼ガス中の三酸化硫黄を非腐食性物質に変えるとともに，燃焼ガスの露点を降下させて，腐食を防止する。
(5)　高温腐食防止剤は，重油灰中のバナジウムと化合物を作り，灰の融点を降下させて，過熱管などへの付着を抑制し，腐食を防止する。

〔解説〕　重油には，いろいろな目的のために各種の添加剤が加えられることがある。主な添加剤とその使用目的をあげれば，次のとおりである。

①　燃焼促進剤
触媒作用によって燃焼を促進し，ばいじんの発生を抑制する。

②　水分分離剤
油中にエマルジョン（乳化）状に存在する水分を凝集し沈降分離する。

③　スラッジ分散剤
分離沈殿してくるスラッジを溶解又は表面活性作用により分散させる。

④　流動点降下剤
流動点を降下させ，低温度における流動を確保する。

⑤　高温腐食防止剤
重油灰中のバナジウムと化合物をつくり，灰の融点を上昇させ，水管などへの付着を抑制し，腐食を防止する。重油の灰分に五酸化バナジウム（V_2O_5）が含まれていると，鉄鋼表面に付着しV_2O_5を含んだスケールが生成される。このスケールは溶融点が低いので，650 ～ 700 ℃程度で激しく酸化される。そのため，高温腐食防止の添加剤によりスケール灰の融点を高くする。

⑥　低温腐食防止剤
燃焼ガス中の三酸化硫黄（SO_3）と反応して非腐食性物質に変え，腐食を防止する。

したがって，問の(5)の記述内容は誤りである。

〔答〕　(5)

〔ポイント〕　重油の添加剤の目的について理解すること「教本2.1.2 (4)」。

問3　ボイラー用気体燃料に関し，次のうち誤っているものはどれか。
ただし，文中のガスの発熱量は，標準状態（0℃，101.325 kPa）における単位体積当たりの発熱量とする。

(1)　気体燃料は，空気との混合状態を比較的自由に設定でき，火炎の広がり，長さなどの調整が容易である。
(2)　ガス火炎は，油火炎に比べて輝度が低いが，燃焼室での放射伝熱量が多い。
(3)　天然ガスのうち乾性ガスは，可燃性成分のほとんどがメタンで，その発熱量は湿性ガスより小さい。
(4)　LNGは，液化前に脱硫・脱炭酸プロセスで精製するため，CO_2，N_2，H_2Sなどの不純物を含まない。
(5)　LPGは，硫黄分がほとんどなく，かつ，空気より重く，その発熱量は天然ガスより大きい。

〔解説〕
(1)　気体燃料は，燃焼させる上で液体燃料のような微粒化，蒸発のプロセスが不要であるため，空気との混合状態を比較的自由に設定でき，火炎の広がり長さなどの調整が容易である。
(2)　ガス火炎は，油火炎に比べて輝度が低いので，燃焼室における放射伝熱量は少ないが，燃焼ガス中の水蒸気成分が多いので，ガス高温部（蒸発管群部）の不輝炎からの熱放射は高くなるため，管群部での対流伝熱量は多い。
　したがって，問の(2)の記述は誤りである。
(3)　天然ガスは，性状から，乾性ガスと湿性ガスとに大別される。
　乾性ガスは，可燃成分のほとんどがメタン（CH_4）から成る。
　湿性ガスはメタン，エタンのほか，相当量のプロパン以上の高級炭化水素を含み，常温常圧において液体分を凝出している。
　発熱量　乾性ガス　38 ～ 39 MJ/m^3_N
　　　　　湿性ガス　44 ～ 51 MJ/m^3_N
(4)　液化天然ガス（LNG）は，都市ガスの主成分であり，CO，H_2Sの不純物を含まず，CO_2やSO_2などの排出も少ない燃料である（天然ガスを脱硫，脱炭酸プロセスで精製してあるため）。
(5)　液化石油ガス（Liquefied Petroleum Gas）の中で燃料ガスとして一般的に使用されているのは，プロパン及びブタンである。これらは常温常圧では気体であるが，通常は加圧液化して貯蔵する。
　液化石油ガスの特徴としては，発熱量が80 ～ 130 MJ/m^3_Nと高く，硫黄分がほとんどない，空気より重い，気化潜熱が大きい等がある。
　LPGの比重（空気＝1）は，プロパン1.52，ブタン2.00である。

〔答〕(2)

〔ポイント〕　気体燃料の種類と特性について理解すること「教本2.1.3」。

問４　ボイラーにおける重油の燃焼に関し，次のうち適切でないものはどれか。

⑴　粘度の高い重油は，加熱により粘度を下げて，噴霧による油の微粒化を容易にする。
⑵　バーナで噴霧された油滴は，送入された空気と混合し，バーナタイルなどの放射熱により加熱されて徐々に気化し，温度が上昇して火炎を形成する。
⑶　バーナで油を良好に霧化するには，Ｂ重油で50 ～ 60℃，Ｃ重油で80 ～ 105℃程度の油温に加熱する。
⑷　重油の加熱温度が低すぎると，噴霧状態にむらができ，息づき燃焼となる。
⑸　通風が強すぎる場合は，火炎に火花が生じやすい燃焼となる。

〔解説〕
⑴，⑶　重油の粘度を下げることによって，噴霧による油の微粒化が容易になる。重油の粘度は，温度が高くなると低くなる（図１）。
　バーナで油を良好に霧化するには，B重油で50 ～ 60 ℃，C重油で80 ～ 105 ℃くらいの油温にしておく必要がある。

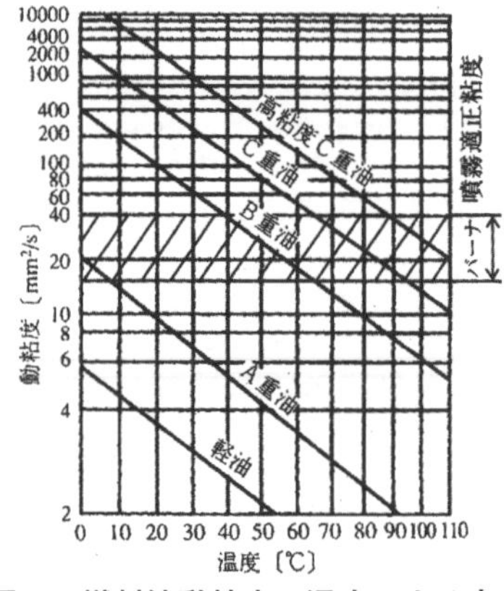

図１　燃料油動粘度の温度による変化

⑵　バーナで噴霧された油は，送入された空気と混合し，バーナタイルの放射熱により予熱され徐々に気化する。
　それ以後は，固形残さ粒子が分解し，完全に気化して，燃焼を行う（図２）。
⑷　⒜加熱温度が高すぎるとき
①　バーナ管内で油が気化し，ベーパロックを起こす。
②　噴霧状態にむらができ，いきづき燃焼となる。
③　炭化物（カーボン）生成の原因となる。
⒝加熱温度が低すぎるとき
①　霧化不良となり，燃焼が不安定となる。
②　すすが発生し，炭化物が付着する。
　問の⑷において，加熱温度が低すぎると，噴霧状態にむらができ，いきづき燃焼などとなる記述は誤りである。正しくは，温度が高すぎる場合に発生する。

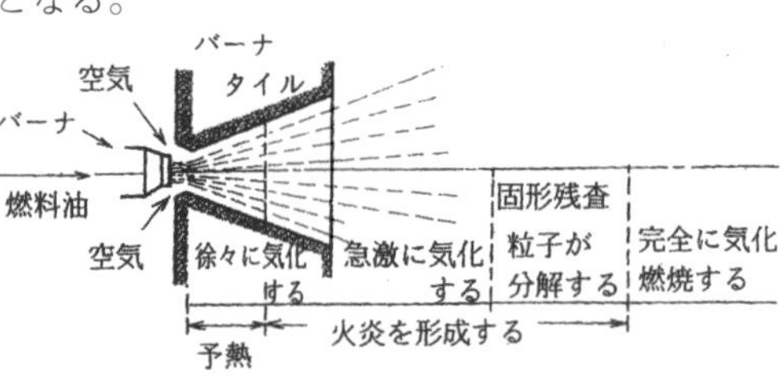

図２　液体燃料の燃焼過程

⑸　重油燃焼中，火炎中に火花が生じることがあるが，これは次の原因によるものなので，直ちにこれらの原因を取り除き，火花の発生を防止しなければならない。
①　バーナの故障か調節の不良
②　油又は噴霧媒体の温度，圧力の不適正
③　通風の強すぎ

〔答〕　⑷
〔ポイント〕　液体燃料の燃焼について理解すること「教本2.2.1 ⑵」。

問５　空気比に関するＡからＤまでの記述で，正しいもののみを全て挙げた組合せは，次のうちどれか。

Ａ　実際燃焼における空気比の概略値は，気体燃料で1.05～1.2，液体燃料で1.05～1.3である。

Ｂ　液体燃料で完全燃焼の場合，乾き燃焼ガス中の酸素の体積割合をϕ（％）とすると，空気比mは，$m \fallingdotseq (21-\phi)/21$で求めることができる。

Ｃ　空気比が過小な場合には,黒煙が出たり，排ガス量が多くなるなどの影響がある。

Ｄ　空気比が過大な場合には，ボイラー効率が低下したり，NO_Xの発生に影響を及ぼす。

(1)　Ａ，Ｂ，Ｄ　　(4)　Ｂ，Ｃ
(2)　Ａ，Ｃ，Ｄ　　(5)　Ｃ，Ｄ
(3)　Ａ，Ｄ

〔解説〕

Ａ,Ｂ　空気比（m）とは，理論空気量（A_0）に対する実際空気量（A）の比(式１)である。

$$m=\frac{A}{A_0} \quad（式１）$$

完全燃焼の場合には，乾き燃焼ガス中の酸素（O_2）の体積割合から次の式（式２）で求めることができる。

$$m \fallingdotseq \frac{21}{21-(O_2)} \quad（式２）$$

燃料別の燃焼時における空気比（m）の概略値は，次のとおりである。

表　実際燃焼（最大燃焼時）におけるmの概略値

燃料	空気比
微粉炭	1.15~1.3
液体燃料	1.05~1.3
気体燃料	1.05~1.2

Ｃ，Ｄ　空気比による影響

１）空気比（m）が過多な場合
①　燃焼温度が低下する。
②　排ガス量が多くなる。
　乾き燃焼ガス量＝理論乾き燃焼ガス量＋（m－１）理論空気量
③　ボイラー効率が低下する。
④　低温腐食，高温腐食及びNO_Xの発生等に影響を及ぼす。

２）空気比が過小で不完全燃焼の場合
①　黒煙が出る。
②　未燃分が残る。
③　燃焼効率が低下する。
④　排ガス量が少なくなる。

したがって，正しいものは，ＡとＤであり，正しいものの組合せは(3)である。

〔答〕　(3)
〔ポイント〕　理論空気量，実際空気量と空気比について理解すること「教本2.2.3 (4)」。

問６　液体燃料の供給装置に関し，次のうち誤っているものはどれか。

(1)　サービスタンクは，工場内に分散する各燃焼設備に燃料油を円滑に供給する油だめの役目をするもので，その容量は一般に燃焼設備へ供給する定格油量の２時間分程度とする。
(2)　噴燃ポンプは，燃料油をバーナから噴射するときに必要な圧力まで昇圧して供給するもので，ギアポンプ又はスクリューポンプが多く用いられる。
(3)　噴燃ポンプには，吐出し圧力の過昇を防止するため，吐出し側と吸込み側の間に逆止め弁が設けられる。
(4)　主油加熱器は，噴燃ポンプの吐出し側に設けられ，バーナの構造に合った粘度になるように燃料油を加熱する装置である。
(5)　吐出し側ストレーナは，噴燃ポンプの吐出し側に設けられ，吸込み側よりも網目が細かい。

〔解説〕　機器（重油の場合）の構成を次のフローシートに示す。

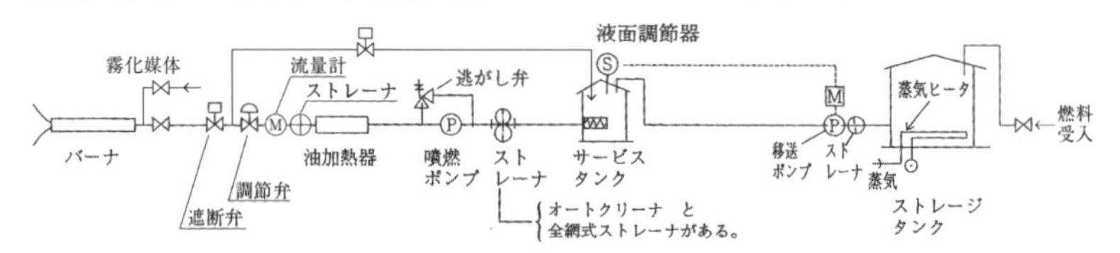

(1)　油タンク
①　ストレージタンク
１週間から１か月分程度の使用量を貯蔵する。
ストレージタンクに流動性の悪い燃料油を貯蔵する場合，タンク底面に蒸気ヒータを装備する。
②　サービスタンク
容量はボイラーの定格使用油の２時間分程度とする。
サービスタンクには，フロート式の液面調節器を設けて液位の調節を行っている。
(2)，(3)　噴燃ポンプ
噴燃ポンプには，ギア式又はスクリュー式が多く用いられる。
燃料油をバーナから噴射するのに必要な圧力（１ ～ ２MPa程度）まで昇圧するもので，圧力の過昇防止のため逃がし弁を設けている。逆止め弁ではない。
したがって，問の(3)の記述は誤りである。
(4)　油加熱器
粘度の高い油の場合，バーナ噴霧するのに必要粘度とするため，油加熱器を噴燃ポンプ吐出し側に設置して油を適正粘度まで加熱するものである。
(5)　ストレーナ
移送ポンプや噴燃ポンプの保護のために，ポンプなどの吸込み側にストレーナを設けて，燃料や配管中のごみ，さび等の固形物を除去する。
また，流量計，調節弁，遮断弁及びアトマイザの目詰りなどを防止するため，噴燃ポンプの吐出し側に吸込み側より細かい網目をもつストレーナを設ける。
比較的良質の燃料油では，フィルタ清掃用の回転ブラシを備えたオートクリーナと呼ばれる単室形のストレーナが多用され，粘度の高い重質油では複式の金網形ストレーナが使用される。

〔答〕　(3)
〔ポイント〕　液体燃料供給装置の構成と役割について理解すること「教本2.3.1」。

問7　重油バーナに関するAからDまでの記述で，正しいもののみを全て挙げた組合せは，次のうちどれか。

A　蒸気（空気）噴霧式油バーナは，油種はタールから灯油まで広い範囲のものを利用できるが，霧化特性が悪く，油量調節範囲が狭い。

B　ロータリバーナは，高速で回転するカップ状の霧化筒により燃料油を放射状に飛散させ，筒の外周から噴出する空気流によって微粒化するもので，筒の内面が汚れると微粒化しにくくなる。

C　圧力噴霧式油バーナは，油圧力が低くなるほど微粒化が悪くなるため，最大油量時の油圧力が2MPa付近の非戻り油形バーナの油量調節範囲は，最大量の1/2 ～ 1程度までである。

D　噴霧式油バーナのエアレジスタは，バーナから噴射される燃料油に燃焼用空気を供給するとともに，これらを撹拌(かくはん)して火炎が安定するように空気流を調節する機能をもつ。

(1)　A，B，D　　　(4)　B，C，D
(2)　A，C　　　　(5)　B，D
(3)　B，C

〔解説〕

A　蒸気（空気）噴霧式油バーナ：大きなエネルギーを持つ比較的高圧の蒸気，あるいは空気などを霧化媒体として燃料油を微粒化するもので，霧化特性がよいことから油種も灯油からタールまで広い範囲で利用でき，また油量調節範囲が広い。

　問のAにおいて，霧化特性が悪く，油量調節範囲が狭いとあるのは誤りで，正しくは，霧化特性がよく，調節範囲は広い。

B　ロータリバーナは，高速で回転する末広がりのカップ状の霧化筒（アトマイジングカップ）の内面に燃料油を流し込む。それが筒とともに高速回転し，遠心力により内面で薄膜状になりつつ傾斜面を移行して，筒の開放先端で放射状に飛散される。それを筒の外周から噴出する一次空気ノズルからの空気流によって，霧化する形式のバーナである。この空気は案内羽根によって飛散する油の旋回方向と反対方向に旋回するので，強いせん断力が働き，微細に砕いて霧化させる。

　したがって，アトマイジングカップの内面が汚れると，油膜が不均一となり，油の噴霧が悪くなる。このバーナは蒸発量20 t/h程度以下の中小容量のボイラーに用いられる。

C　圧力（油圧）噴霧式油バーナ：比較的高圧の燃料油のもつ圧力エネルギーで微粒化を図るもので，高圧の燃料油をアトマイザ先端に設けられた旋回室内に導き旋回させる形式のバーナである。このバーナには非戻り油形，戻り油形があり，非戻り油形は蒸気負荷が下がり燃料油量も少なくなるのにしたがって，油圧力も低くなるのでアトマイザ先端からの微粒化が悪くなる。良好に霧化ができる範囲で調節可能な油量の範囲は，最大油量時の圧力が2MPa付近のもので，1から1/1.5 ～ 1/2程度である。この欠点を補うものとして戻り油形バーナがある。

D　噴霧式油バーナは，ウィンドボックス，エアレジスタ，アトマイザ及びバーナタイル等から構成されている。エアレジスタは，燃料油に燃焼用空気を供給し，火炎を安定させるための空気流を調整する機能をもつものである。

AからDの記述で正しいものは，B，C，Dで，正しいものの組合せは(4)である。

〔答〕　(4)

〔ポイント〕　液体燃料のバーナ構造・特徴について理解すること「教本2.3.1 (3)」。

問 8　ボイラーの通風に関し，次のうち誤っているものはどれか。

(1)　煙突によって生じる自然通風力は，煙突の高さが高いほど，また，煙突内のガスと外気との温度差が小さいほど大きくなる。
(2)　人工通風は，自然通風に比べ，ボイラーなどの通風抵抗を大きくとることができ，管群での燃焼ガス速度を上げ，伝熱特性を向上させることができる。
(3)　押込通風は，ファンを用いて燃焼用空気を大気圧より高い圧力として炉内に押し込むもので，一般に常温の空気を取り扱い，所要動力が小さいので広く用いられている。
(4)　誘引通風は，煙道又は煙突入口に設けたファンによって燃焼ガスを吸い出し煙突に放出するもので，燃焼ガスの外部への漏れ出しがほとんどない。
(5)　平衡通風は，押込通風と誘引通風を併用した方式で，通常，燃焼室内を大気圧よりわずかに低い圧力に調節する。

〔解説〕　通風には，煙突だけの自然通風と機械的方法による人工通風がある。

(1)　自然通風の通風力は弱い。自然通風力は，外気の密度と煙突内ガスの密度との差に煙突の高さを乗じて求めるので，煙突が高いほど，またガス温度が高いほど通風力は大きくなる。

通風力$Z=(\rho_a-\rho_g)\,gH$〔Pa〕

ρ_a：外気の密度〔kg/m^3〕
ρ_g：煙突内ガスの密度〔kg/m^3〕
H　：煙突の高さ〔m〕
g　：重力加速度〔$9.8\,m/s^2$〕

したがって，問の(1)の記述は誤りである。

(2)　人工通風は，通風抵抗を大きくとることができるので，管群での燃焼ガス速度を速めて熱伝達を向上することができる。

(3)，(4)，(5)　人工通風はファンなどを使用するので，大容量から小容量ボイラーに至るまで広く用いられ，次の３種類がある。

(a)　押込通風：押込ファンを用いて燃焼用空気を大気圧より高い圧力として炉内に押し込む（加圧燃焼）。気密が不十分であると燃焼ガスが外部に漏れる。常温の空気を吸うので，所要動力が小さく広く使用されている。

(b)　誘引通風：煙道又は煙突入口に設けたファンを用いて燃焼ガスを誘引する。そのため，炉内圧は大気圧より低くなる。このため，気密が不十分であると外気が炉内へ漏れ込む。また，高い温度の燃焼ガスを誘引するので，大型ファンを必要とし所要動力は人工通風の中で一番大きくなる。また，ファンはガス流体を吸うので，ガスの性質によっては腐食しやすい。

(c)　平衡通風：押込ファンと誘引ファンとを併用したもので，炉内圧は大気圧よりわずかに低く調節するのが普通である。したがって，炉内の気密が困難なボイラーなどに用いられる。

二種類のファンを必要とするため比較的大きい動力となるが，体積の大きいガスのみを扱う誘引通風に比べ所要動力は小さくなる。

〔答〕　(1)

〔ポイント〕　自然通風の通風力と人工通風の種類と特徴について理解すること「教本2.4.1 (1)，(2)」。

問9　ボイラーの排ガス中のNO_Xを低減する燃焼方法に関し，次のうち誤っているものはどれか。

(1)　燃焼領域の一方を燃料過剰燃焼し，他方を空気過剰燃焼して，全体として適正な空気比でボイラーを運転し，NO_Xを低減する。
(2)　燃焼用空気を一次と二次に分けて供給し，燃焼を二段階で完結させて，NO_Xを低減する方法がある。
(3)　空気予熱温度を下げ，火炎温度を低下させてNO_Xを低減させる方法では，エコノマイザを設置して排ガス顕熱回収の減少を補う。
(4)　可能な限り理論空気量に近い空気比で燃焼させてNO_Xを低減する方法では，省エネルギー対策にもなる。
(5)　燃焼用空気に排ガスの一部を混合して燃焼ガスの体積を増し，酸素分圧を下げるとともに燃焼温度を上げ，NO_Xを低減する。

〔解説〕　燃焼方法により，窒素酸化物（NO_X）の発生を抑制するためには，次のものがある。

①　低空気比燃焼
　燃焼域での酸素濃度を低くする。空気比を低くすることにより，排ガス量も下がるので，ボイラーからの排ガス損失も下がり省エネルギー効果もある。

②　燃焼室熱負荷の低減
　炉内温度及び火炎温度の低下を狙ったものである。

③　排ガスの再循環
　燃焼用空気に排ガスの一部を再循環させることで，燃焼用空気中の酸素濃度が低くなり，また燃焼ガス量が増えることにより，酸素分圧を下げるとともに燃焼温度を下げる。
　問の(5)は誤りである。正しくは，解説③の記述に示す通り，排ガスの再循環の目的は，燃焼温度を下げる。

④　予熱空気温度の低下
　火炎温度の低下を狙ったものであるが，空気予熱器での排ガス顕熱回収の減少を補うため，エコノマイザを採用したり，エコノマイザと空気予熱器の併用を図る必要がある。

⑤　二段燃焼
　燃焼用空気を一次と二次に分けて供給し，燃焼を二段階で完結させるようにしたもので，燃焼の局部的高温域が生じるのを避ける。

⑥　濃淡燃焼
　燃焼領域の一方を低空気比（燃料過剰）で燃焼し，他方を高空気比（空気過剰）で燃焼して，全体として適正な空気比で運転しようとするものである。
　これは⑤の二段燃焼と共に，次の原理を応用したものである。すなわち，燃焼によって生じるNO_Xは，燃焼性において適切と思われる空気比の付近でピークとなり，空気比がそれより小さくても大きくても減少するという燃焼上の特性がある。
　この特性を利用して，低空気比領域と高空気比領域を故意に作ることによって，低空気比でのNO_X濃度と高空気比でのNO_X濃度とを平均した空気比を得ることによりNO_X生成を抑制しようとするものである。
　問の(1)，(2)，(3)，(4)の記述は正しい。

〔答〕　(5)
〔ポイント〕　排ガス中の窒素酸化物（NO_X）の発生抑制対策について理解すること「教本2.6.2 (2)」。

問10　重油燃焼ボイラーの低温腐食とその防止対策などに関し，次のうち適切でないものはどれか。

(1)　金属の表面温度が硫酸蒸気の露点以下になると，腐食量は急激に増加する。
(2)　低空気比で運転し，ナトリウムの含有量が少ない燃料を使用することは，低温腐食の抑制に効果がある。
(3)　エコノマイザの低温腐食防止対策として，給水加熱器の使用などにより給水温度を高める方法がある。
(4)　空気予熱器の低温腐食防止対策として，空気予熱器で予熱された空気の一部を空気予熱器に再循環させる方法がある。
(5)　空気予熱器の低温腐食防止対策として，空気予熱器の伝熱板の材料に，比較的耐食性の良いセラミックスやエナメル被覆鋼を使用する方法がある。

〔解説〕　硫酸蒸気の露点以下になると，腐食量は急激に増加する。
重油燃焼ボイラーの低温腐食対策には，次のものがある。
①　燃料の低硫黄化を図る。
②　材料の選択
・耐食性のよい材料を使用する。
・伝熱面をセラミックスやエナメルで被覆する。
・炭素鋼（軟鋼）は高い濃度の硫酸には耐えるが，希硫酸には激しく侵される。
③　油に添加剤を加え，燃焼ガス中の三酸化硫黄（SO_3）と反応させ腐食を防止する。
④　低空気比燃焼によりSO_2からSO_3への転換率を低下させ露点も低くさせる。
⑤　空気予熱器の燃焼ガス側の低温部伝熱面の表面温度を高く保つ。
イ　蒸気式空気予熱器を併用する。
ロ　予熱された空気を再循環させる。
ハ　予熱させる空気を一部バイパスさせる。
ニ　高い燃焼ガス温度部と低い空気温度部で熱交換させ，最低金属温度を高める。
⑥　エコノマイザの水側の伝熱面の表面温度を高く保つ。
イ　給水加熱器を用いる。
ロ　ドレン，復水を回収し給水温度を高める。
ハ　エコノマイザ出口給水を入口側に再循環する。
高温腐食は通常，C 重油又はアスファルトなどの重質油燃料を使用し，多くの場合，表面温度が600 ℃以上となる過熱器管に発生する。

したがって，問の(2)の記述は誤りである。

〔答〕　(2)

〔ポイント〕　重油燃焼ボイラーの低温腐食対策について理解すること「教本2.5.2 (1)，(2)　2.5.3」。

問1　伝熱面積の算定方法に関し，その内容が法令に定められていないものは次のうちどれか。

(1)　水管ボイラーの伝熱面積には，空気予熱器の面積は算入しない。
(2)　貫流ボイラーの伝熱面積は，燃焼室入口から過熱器入口までの水管の燃焼ガス等に触れる面の面積で算定する。
(3)　立てボイラー(横管式）の横管の伝熱面積は，横管の外径側の面積で算定する。
(4)　鋳鉄製ボイラーのセクションのスタッドの面積は，伝熱面積に算入しない。
(5)　水管ボイラーの耐火れんがでおおわれた水管の伝熱面積は，管の外側の壁面に対する投影面積で算定する。

〔解説〕　ボイラーの伝熱面積算定方法は，（ボ則）２条に規定されている。本問に関わる条項をあげ，検討する。

(伝熱面積）２条

1　伝熱面積の算定方法は，次の各号に掲げるボイラーについて，当該各号に定める面積をもって算定するものとする。

①　水管ボイラー及び電気ボイラー以外のボイラー（注：立て・炉筒・炉筒煙管ボイラーなどの丸ボイラーや鋳鉄製ボイラー等が該当)：火気，燃焼ガスその他の高温ガス（以下「燃焼ガス等」という。）に触れる本体の面で，その裏面が水又は熱媒に触れるものの面積（燃焼ガス等に触れる面にひれ，スタッド等を有するものにあつては，当該ひれ，スタッド等について次号ロからへまでを準用して算定した面積を加えた面積）

②　水管ボイラー（貫流ボイラー以外の)：水管及び管寄せの次の面積を合計した面積

ホ　耐火れんがによっておおわれた水管にあっては，管の外側の壁面に対する投影面積

イ～ニ，ヘ～チ　略

③　貫流ボイラー：燃焼室入口から過熱器入口までの水管の燃焼ガス等に触れる面の面積

以上の規定から，法令に定められていないものを判定する。

(1)　は，②号　に該当するが，空気予熱器は規定外で算入しない。定められている。
(2)　は，③号　に規定のとおりである。定められている。
(3)　は，①号　に該当。外面が燃焼ガスである横管は外怪側で算定，定められている。
(4)　は，①号のカッコ書き　に該当。スタッドの面積も算入するので，算入しないとは，定められていない。
(5)　は，②号ホ　に規定のとおりである。定められている。

〔答〕 (4)

〔ポイント〕　伝熱面積は燃焼ガス側で算出。水管は外径側，煙管は内側で算出。また，２条ではひれやスタッドについても規定している「わかりやすい1.3」。

問2　ボイラー（移動式ボイラー，屋外式ボイラー及び小型ボイラーを除く。）の設置場所等に関し，その内容が法令に定められていないものは次のうちどれか。

(1)　伝熱面積が3 m^2をこえるボイラーは，専用の建物又は建物の中の障壁で区画された場所に設置しなければならない。
(2)　ボイラーの最上部から天井，配管その他のボイラーの上部にある構造物までの距離は，安全弁その他の附属品の検査及び取扱いに支障がない場合を除き，1.2 m以上としなければならない。
(3)　胴の内径が600 mm以下で，かつ，長さが1,200 mm以下の立てボイラーは，ボイラーの外壁から壁，その他のボイラーの側部にある構造物（検査及びそうじに支障のない物を除く。）までの距離を0.3 m以上としなければならない。
(4)　ボイラーに附設された金属製の煙突又は煙道の外側から0.15 m以内にある可燃性の物は，原則として，金属以外の不燃性材料で被覆しなければならない。
(5)　ボイラーを取り扱う労働者が緊急の場合に避難するのに支障がないボイラー室を除き，ボイラー室には，2以上の出入口を設けなければならない。

〔解説〕　ボイラーの設置場所等については（ボ則）18条～22条に規定。設問各項に関わる規定を略記し，定められていない記述を判断する。

（ボイラー室の設置場所）18条

1　ボイラー室は，専用の建物又は建物の中の障壁で区画された場所に設置しなければならない。ただし，伝熱面積が3 m^2以下のボイラーについては，この限りでない。

（ボイラー室の出入口）19条

1　ボイラー室には，2以上の出入口を設けなければならない。ただし，緊急の場合に労働者が避難するのに支障がない場合は，この限りでない。

（ボイラー室の据付位置）20条

1　ボイラーの最上部からボイラーの上部にある構造物までの距離を1.2 m以上としなければならない。ただし，安全弁その他の附属品の検査及び取扱いに支障がないときは，この限りでない。
2　本体を被覆していないボイラー又は立てボイラーは，ボイラーの外壁からその側部にある構造物までの距離を0.45 m以上とすること，ただし，胴内径が500 mm以下，かつ，その長さが1,000 mm以下のボイラーについては，この距離は0.3 m以上とする。

（ボイラーと可燃物との距離）21条

1　ボイラー，ボイラーに附設された金属製の煙突又は煙道の外側から0.15 m以内にある可燃性の物は，金属以外の不燃性の材料で被覆しなければならない。

以上の規定から設問各項の正誤を判断する。
(1)　は，18条1項に定められている。　(2)　は，20条1項　に定められている。
(3)　は，20条2項　ただし書き　規定は，設問のボイラーの内径，長さには適用できずボイラーと構造物との距離は0.45 m必要であり，0.3 m以上とは，定められていない。
(4)　は，21条1項　に定められている。
(5)　は，19条　に定められている。

〔答〕　(3)

〔ポイント〕　ボイラー室周りに関する規定の数値や，材料について把握すること「わかりやすい2.6.1 2.6.2 2.6.3 (1) (2) 2.6.4」。

問3　法令上，一級ボイラー技士をボイラー取扱作業主任者として選任できない作業は，次のうちどれか。
ただし，いずれのボイラーも，異常があった場合に安全に停止させることができる機能を有する自動制御装置を設置していないものとする。
また，温水ボイラーは，木質バイオマス温水ボイラーではないものとする。

(1)　最高使用圧力1.2 MPa，最大電力設備容量400 kWの電気ボイラー 20基を取り扱う作業
(2)　最高使用圧力1.6 MPa，伝熱面積180 m^2の廃熱ボイラー 5基を取り扱う作業
(3)　最高使用圧力1.6 MPa，伝熱面積165 m^2の蒸気ボイラー 3基及び最高使用圧力1.6 MPa，伝熱面積40 m^2の貫流ボイラー 1基の計4基のボイラーを取り扱う作業
(4)　最高使用圧力1.2 MPa，伝熱面積160 m^2の蒸気ボイラー 3基及び最高使用圧力0.2 MPa，伝熱面積18 m^2の温水ボイラー 2基の計5基のボイラーを取り扱う作業
(5)　最高使用圧力3 MPa，伝熱面積490 m^2の蒸気ボイラー 1基及び最高使用圧力0.2 MPa，伝熱面積3 m^2の蒸気ボイラー 5基の計6基のボイラーを取り扱う作業

〔解説〕　ボイラー取扱作業主任者の選任区分は，取り扱うボイラーの伝熱面積による。また，その面積の算定方法は，（ボ則）24条の1項と2項の規定による。
（ボイラー取扱作業主任者の選任）24条
1　事業者は，ボイラーの取扱いの作業については，次の各号の区分に応じ，作業主任者を選任すること。
①　伝熱面積の合計500 m^2以上　特級ボイラー技士
②　伝熱面積の合計25 m^2以上500 m^2未満　特級，又は一級ボイラー技士
③　伝熱面積の合計25 m^2未満　特級，一級，又は二級ボイラー技士
④　（令)20条⑤号イからニまでに掲げるボイラーは，特級，一級，二級ボイラー技士又はボイラー取扱技能講習修了者
2　前項①～③号の伝熱面積の合計は，次に定めるところにより算定する。
①　貫流ボイラーは，その伝熱面積に1/10を乗じて得た値を伝熱面積とする。
②　火気以外の高温ガスで加熱する（廃熱）ボイラーは，その伝熱面積の1/2とする。
③　（令）第20条第5号イからニまでに掲げるボイラー（通称，小規模ボイラー）は算入しない。
④　自動制御装置を備えたボイラーは，その最大の伝熱面積のみとする。
（注）　電気ボイラーについては（ボ則）2条④号に，「電気設備容量20 kWを1 m^2とみなして換算した面積」，との規定がある。
※令和5年12月18日に「電気設備容量60 kWを1 m^2とみなして換算した面積」と改正された。
1項から，一級ボイラー技士を選任できないのは，算定伝熱面積の合計が500 m^2以上となるものである。設問各項のボイラーの取り扱う伝熱面積を2項で算定する。
(1)　は，$400\ kW \div 20\ kW/m^2 \times 20 = 400\ m^2$　（電気ボイラー：$20\ kW = 1\ m^2$）
(2)　は，$180\ m^2 \times 1/2 \times 5 = 450\ m^2$　（廃熱ボイラーは2項②号を適用）
(3)　は，$165\ m^2 \times 3 + 40\ m^2 \times 1/10 \times 1 = 499\ m^2$　（貫流ボイラーは2項①号を適用）
(4)　は，$160\ m^2 \times 3 + 18\ m^2 \times 2 = 516\ m^2$（14 m^2を超える温水ボイラーは算入）
(5)　は，$490\ m^2 \times 1 + 0 = 490\ m^2$　（3 m^2以下の蒸気ボイラーは2項③号に該当）
以上より，一級ボイラー技士を選任できない500 m^2以上は　(4)　である。

〔答〕　(4)
〔ポイント〕　取扱い伝熱面積による資格区分，伝熱面積算定規定を把握すること「わかりやすい1.3.4 2.7.1 2.7.2 (1)」。

問4　ボイラー（小型ボイラーを除く。）の附属品の管理に関し，その内容が法令に定められていないものは次のうちどれか。

(1)　燃焼ガスに触れる給水管，吹出管及び水面測定装置の連絡管は，耐熱材料で防護しなければならない。
(2)　安全弁が2個以上ある場合において，1個の安全弁を最高使用圧力以下で作動するように調整したときは，他の安全弁を最高使用圧力の3％増以下で作動するように調整することができる。
(3)　蒸気ボイラーの最低水位は，ガラス水面計又はこれに接近した位置に，現在水位と比較することができるように表示しなければならない。
(4)　圧力計の目もりには，ボイラーの最高使用圧力を示す位置に，見やすい表示をしなければならない。
(5)　温水ボイラーの返り管については，凍結しないように保温その他の措置を講じなければならない。

〔解説〕　附属品の管理は，（ボ則）28条1項の①号～⑧号や2項に規定されている。本問に関連する条項をあげ，判断する。

（附属品の管理）28条

1　事業者は，ボイラーの安全弁その他の附属品の管理について，次の事項を行わなければならない。
　①　安全弁は，最高使用圧力以下で作動するように調整すること。
　⑤　圧力計又は水高計の目もりには，当該ボイラーの最高使用圧力を示す位置に，見やすい表示をすること。
　⑥　蒸気ボイラーの常用水位は，ガラス水面計又はこれに接近した位置に，現在水位と比較することができるように表示すること。
　⑦　燃焼ガスに触れる給水管，吹出管及び水面測定装置の連絡管は，耐熱材料で防護すること。
　⑧　温水ボイラーの返り管については，凍結しないように保温その他の措置を講ずること。

2　前項第①号の規定にかかわらず，事業者は，安全弁が2個以上ある場合において，1個の安全弁を最高使用圧力以下で作動するよう調整したときは，他の安全弁を最高使用圧力の3％増以下で作動するよう調整することができる。

以上から，本問の5つの記述をみてみると，
(1)　の，燃焼ガスに触れる箇所の防護は，⑦号　のとおり，定められている。
(2)　の，安全弁が2個あるとき1個の調整は，2項　のとおり，定められている。
(3)　の，ガラス水面計などへの水位の表示は，⑥号　のとおり，常用水位であり，最低水位とは，定められていない。
(4)　の，圧力計の目もりへの表示は，⑤号　で，最高使用圧力と，定められている。
(5)　の，返り管の凍結防止の措置は，⑧号　のとおり，定められている。

〔答〕　(3)

〔ポイント〕　28条の表示で，⑤号は常用圧力でなく最高使用圧力，⑥号の水位は常用水位，また⑦号の防護は不燃材料でなく耐熱材料など，確実に覚えよう「わかりやすい2.7.5」。

問５　鋼製ボイラー（小型ボイラーを除く。）に取り付ける温度計，圧力計及び水高計に関し，その内容が法令に定められていないものは次のうちどれか。

(1)　温水ボイラーの水高計は，コック又は弁の開閉状況を容易に知ることができるようにしなければならない。
(2)　温水ボイラーの水高計の目盛盤の最大指度は，最高使用圧力の1.5倍以上３倍以下の圧力を示す指度としなければならない。
(3)　温水ボイラーには，最高使用圧力が0.3 MPa以下のものを除き，ボイラーの出口付近における温水の温度を表示する温度計を取り付けなければならない。
(4)　蒸気ボイラーには，過熱器の出口付近における蒸気の温度を表示する温度計を取り付けなければならない。
(5)　蒸気ボイラーの圧力計は，蒸気が直接入らないようにしなければならない。

〔解説〕　鋼製ボイラーの圧力計，水高計，温度計については，（ボ構規）の66条～68条に規定されている。本問に関する条項をあげ，各記述を検討する。

(圧力計）66条

1　蒸気ボイラーの蒸気部（中略）には，次の各号に定めるところにより圧力計を取り付けなければならない。
　①　蒸気が直接圧力計に入らないようにすること。

(温水ボイラーの水高計）67条

1　温水ボイラーには，次の各号の定めにより，ボイラー本体又は温水の出口付近に水高計を取り付けなければならない。
　①　コック又は弁の開放状況を容易に知ることができること。
　②　水高計の目盛盤の最大指度は，最高使用圧力の1.5倍以上３倍以下の圧力を示す指度とする。

(温度計）68条

1　蒸気ボイラーには，過熱器の出口付近における蒸気の温度を表示する温度計を取り付けなければならない。
2　温水ボイラーには，ボイラーの出口付近における温水の温度を表示する温度計を取り付けなければならない。

以上の規定から本問５つの記述で法に定められていないものを判断する。
(1)　は，67条１項①号　に，定められている。
(2)　は，67条１項②号　に，定められている。
(3)　は，68条２項に，温水ボイラーの温度計が規定されているが，最高使用圧力0.3 MPa以下のものを除くとは，定められていない。
(4)　は，68条１項　に，定められている。
(5)　は，66条１項①号　に，定められている。
以上，法令に定められていないのは　(3)　である。

〔答〕　(3)

〔ポイント〕　計測器はボイラー運転に不可欠，規定を把握すること「わかりやすい12.1.3」。

問6　鋼製ボイラー（小型ボイラーを除く。）の安全弁に関し，その内容が法令に定められていないものは次のうちどれか。

⑴　貫流ボイラー以外の蒸気ボイラーの安全弁は，ボイラー本体の容易に検査できる位置に直接取り付け，かつ，弁軸を鉛直にしなければならない。
⑵　貫流ボイラーには，ボイラー本体と気水分離器の出口付近のそれぞれに安全弁を取り付け，安全弁の吹出し総量を最大蒸発量以上にしなければならない。
⑶　過熱器には，過熱器の出口付近に過熱器の温度を設計温度以下に保持することができる安全弁を備えなければならない。
⑷　蒸気ボイラーには，安全弁を2個以上備えなければならないが，伝熱面積が50 m^2以下の蒸気ボイラーにあっては，安全弁を1個とすることができる。
⑸　水の温度が120 ℃を超える温水ボイラーには，内部の圧力を最高使用圧力以下に保持することができる安全弁を備えなければならない。

〔解説〕　鋼製ボイラーの安全弁，逃がし弁については，（ボ構規）の62条～65条に規定されている。本問に関する条項をあげて，各記述を検討する。

(安全弁）62条

1　蒸気ボイラーには（中略）安全弁を2個以上備えなければならない。ただし，伝熱面積50 m^2以下の蒸気ボイラーにあっては1個とすることができる。

2　安全弁は，ボイラー本体の容易に検査できる位置に直接取り付け，かつ，弁軸を鉛直にしなければならない。

(過熱器の安全弁）63条

1　過熱器には，過熱器の出口付近に過熱器の設計温度以下に保持することができる安全弁を備えなければならない。

2　貫流ボイラーにあっては62条2項の規定にかかわらず，当該ボイラーの最大蒸発量以上の噴き出し量の安全弁を過熱器の出口付近に取り付けることができる。

(温水ボイラーの逃がし弁又は安全弁）65条

2　水の温度が120 ℃を超える温水ボイラーには，内部の圧力を最高使用圧力以下に保持することができる安全弁を備えなければならない。

上記の規定により，設問の各記述をみてみる。

⑴　は，62条2項　に，定められている。
⑵　は，63条2項　の規定で，最大蒸発量以上の吹出し量の安全弁を過熱器の出口付近に取り付けることができる，とあり，ボイラー本体と気水分離器のそれぞれに安全弁を取り付けるとは，定められていない。
⑶　は，63条1項　に，定められている。
⑷　は，62条1項　に，定められている。
⑸　は，65条2項　に，定められている。

〔答〕　⑵

〔ポイント〕　ボイラーの破裂を予防する（ボ構規）の安全弁規定は重要，62～65条を把握すること「わかりやすい12.1.1 12.1.2」。

問7　ボイラー室の管理等に関するＡからＤまでの記述で，その内容が法令に定められているもののみを全て挙げた組合せは，次のうちどれか。
ただし，設置されているボイラーは，移動式ボイラー又は小型ボイラーではないものとする。

Ａ　ボイラー室その他のボイラー設置場所には，ボイラー技士以外の者がみだりに立ち入ることを禁止し，かつ，その旨を見やすい箇所に掲示しなければならない。
Ｂ　ボイラー検査証並びにボイラー室管理責任者の職名及び氏名をボイラー室その他のボイラー設置場所の見やすい箇所に掲示しなければならない。
Ｃ　燃焼室，煙道等のれんがに割れが生じ，又はボイラーとれんが積みとの間にすき間が生じたときは，すみやかに補修しなければならない。
Ｄ　ボイラー室には，必要がある場合のほか，引火しやすいものを持ち込ませてはならない。

(1)　Ａ，Ｂ
(2)　Ａ，Ｃ，Ｄ
(3)　Ｂ，Ｃ
(4)　Ｂ，Ｃ，Ｄ
(5)　Ｃ，Ｄ

〔解説〕　ボイラー室の管理については，（ボ則）29条の①～⑥号に規定されている。
①　ボイラー室その他のボイラー設置場所には，関係者以外の者がみだりに立ち入ることを禁止し，かつ，その旨を見やすい箇所に掲示すること。
②　ボイラー室には，必要がある場合のほか，引火しやすい物を持ち込ませないこと。
③　ボイラー室には，水面計のガラス管，ガスケットその他の必要な予備品及び修繕用工具類を備えておくこと。
④　ボイラー検査証並びにボイラー取扱作業主任者の資格及び氏名をボイラー室その他のボイラー設置場所の見やすい箇所に掲示すること。
⑤　移動式ボイラーにあっては，ボイラー検査証又はその写をボイラー取扱作業主任者に所持させること。
⑥　燃焼室，煙道等のれんがに割れが生じ，又はボイラーとれんが積との間にすき間が生じたときは，すみやかに補修すること。

以上の規定から，本問４つの記述をみてみると，
Ａ　は，①号に，立ち入り禁止は関係者以外とあり，ボイラー技士以外とは，定められていない。
Ｂ　は，④号に，掲示するのは検査証とボイラー取扱作業主任者の資格と氏名とあり，ボイラー室管理責任者の職名，氏名とは，定められていない。
Ｃ　は，⑥号に，定められている。
Ｄ　は，②号に，定められている。
以上から，定められているのは，ＣとＤでありその組合せは，(5)　である。

〔答〕　(5)

〔ポイント〕　ボイラー室の管理の６項目を把握すること「わかりやすい2.7.6」。

問8　ボイラー（小型ボイラーを除く。）の変更届及び変更検査に関し，その内容が法令に定められていないものは次のうちどれか。
ただし，計画届の免除認定を受けていない場合とする。

(1)　ボイラーの空気予熱器を変更してもボイラー変更届を所轄労働基準監督署長に提出する必要はない。
(2)　ボイラーの節炭器に変更を加えた者は，所轄労働基準監督署長が検査の必要がないと認めたボイラーを除き，変更検査を受けなければならない。
(3)　ボイラーの過熱器に変更を加えた者は，所轄労働基準監督署長が検査の必要がないと認めたボイラーを除き，変更検査を受けなければならない。
(4)　所轄労働基準監督署長は，変更検査に合格したボイラーについて，そのボイラー検査証に検査期日，変更部分及び検査結果について裏書を行うものとする。
(5)　変更検査に合格したときは，ボイラー検査証の有効期間が更新される。

〔解説〕　本問の変更検査などに関しては，（ボ則）の41～43条に規定されている。
（変更届）41条
1　事業者は，ボイラーについて，次の各号のいずれかに掲げる部分又は設備を変更しようとするときは，法第88条第1項の規定により，ボイラー変更届にボイラー検査証及びその変更内容を示す書面を添えて，所轄労働基準監督署長に提出しなければならない。　　（注：法とは，労働安全衛生法のことである。）
①　胴，ドーム，炉筒，火室，鏡板，天井板，管板，管寄せ又はステー
②　附属設備　　（注：（ボ則）7条1項で，過熱器，節炭器を規定している。）
③　燃焼装置
④　据付基礎
（変更検査）42条
1　ボイラーについて第41条各号のいずれかの部分又は設備に変更を加えた者は，（中略）所轄労働基準監督署長の検査を受けなければならない。（以下，略。）
（ボイラー検査証の裏書）43条
労働基準監督署長は，変更検査に合格したボイラーについて，そのボイラー検査証に検査期日，変更部分及び検査結果について裏書を行なうものとする。

以上の規定から，本問5つの記述の法規定の有無を判断する。
(1)　の，空気予熱器は，附属設備であるが（ボ則）7条1項では法規上の附属設備とは規定していないので41条1項②号に該当せず，変更届は不要。定められている。
(2)　の，節炭器は，41条1項②号　に規定，変更検査を受けると，定められている。
(3)　の，過熱器は，41条1項②号　に規定，変更検査を受けると，定められている。
(4)　の，変更検査結果の裏書は，43条　に規定，定められている。
(5)　の，検査証有効期間の更新については，43条　にその規定はなく，定められていない。

〔答〕　(5)

〔ポイント〕　変更届の対象となる①～④号を把握すること「わかりやすい2.4.1」。

問9　鋼製蒸気ボイラー（小型ボイラーを除く。）の自動給水調整装置等に関し，その内容が法令に定められていないものは次のうちどれか。

(1)　自動給水調整装置は，ボイラーごとに設けなければならないが，最高使用圧力0.1 MPa以下のボイラーでは，２以上のボイラーに共通のものを１個とすることができる。
(2)　低水位燃料遮断装置とは，ボイラーの起動時に水位が安全低水面以下である場合及び運転時に水位が安全低水面以下になった場合に，自動的に燃料の供給を遮断する装置をいう。
(3)　低水位警報装置とは，水位が安全低水面以下の場合に，警報を発する装置をいう。
(4)　自動給水調整装置を有するボイラー（貫流ボイラーを除く。）には，ボイラーごとに，原則として低水位燃料遮断装置を設けなければならない。
(5)　燃料の性質又は燃焼装置の構造により，緊急遮断が不可能なボイラーには，低水位燃料遮断装置に代えて，低水位警報装置を設けることができる。

〔解説〕　ボイラーの自動給水調整装置については，（ボ構規）84条に規定されている。この規定から設問各記述を検討する。

(自動給水調整装置等）84条

1　自動給水調整装置は，蒸気ボイラーごとに設けなければならない。
2　自動給水調整装置を有する蒸気ボイラー（貫流ボイラーを除く）には，当該ボイラーごとに，起動時に水位が安全低水面以下になった場合及び運転時にボイラー水が不足した場合に，自動的に燃料の供給を遮断する装置（低水位燃料遮断装置という。）を設けなければならない。
3　貫流ボイラーには，ボイラーごとに，起動時にボイラー水が不足している場合及び運転時にボイラー水が不足した場合に，自動的に燃料の供給を遮断する装置又はこれに代わる安全装置を設けなければならない。
4　２項の規定にかかわらず，次の各号のいずれかに該当する場合には，低水位警報装置（水位が安全低水面以下の場合に，警報を発する装置をいう。）をもって低水位燃料遮断装置に代えることができる。
　①　燃料の性質又は燃焼装置の構造により，緊急遮断が不可能なもの。
　②　ボイラーの使用条件によりボイラーの運転を緊急停止することが適さないもの。

以上より，各記述の規定状況を判断する。
(1)　は，１項　に自動給水調整装置はボイラーごとに設けなければならないとのみ規定。圧力条件や２個のボイラーに共通のもの１個という規定は，定められていない。
(2)　は，２項　に，定められている。
(3)　は，４項　に定義づけられ，定められている。
(4)　は，２項　に規定，定められている。
(5)　は，４項①号　に規定，定められている。

〔答〕　(1)

〔ポイント〕　自動給水調整装置はボイラー毎に。低水位燃料遮断装置に代えて低水位警報装置が許されるのはどんな場合か「わかりやすい12.1.8 (1)〜(4)」。

問10　鋼製蒸気ボイラー（貫流ボイラー及び小型ボイラーを除く。）の水面測定装置に関するAからDまでの記述で，その内容が法令に定められているもののみを全て挙げた組合せは，次のうちどれか。

A　ボイラーには，ガラス水面計を２個以上取り付けなければならないが，遠隔指示水面測定装置を１個取り付けたものでは，そのうちの１個をガラス水面計でない水面測定装置とすることができる。
B　水柱管とボイラーを結ぶ蒸気側連絡管を，水柱管及びボイラーに取り付ける口は，水面計で見ることができる最高水位より下でなければならない。
C　最高使用圧力1.6 MPaを超えるボイラーの水柱管は，鋳鉄製としてはならない。
D　ガラス水面計でない水面測定装置として験水コックを設ける場合には，３個以上取り付けなければならないが，胴の内径が750 mm以下で，かつ，伝熱面積が10 m^2未満のボイラーにあっては，その数を２個とすることができる。

(1)　A，B　　　　(4)　B，C
(2)　A，B，D　　(5)　C，D
(3)　A，C，D

〔解説〕　水面測定装置に関しては，（ボ構規）69条～72条に規定されている。設問に関係する条項をあげて，設問各記述の規定状況を判断する。

（ガラス水面計）69条
1　蒸気ボイラー（カッコ内，略。）には，ボイラー本体又は水柱管に，ガラス水面計を２個以上を取り付けなければならない。ただし，次の各号に掲げる蒸気ボイラーにあっては，そのうちの１個をガラス水面計でない水面測定装置とすることができる。
　②　遠隔指示水面測定装置を２個取り付けた蒸気ボイラー

（水柱管）70条
1　最高使用圧力1.6 MPaを超えるボイラーの水柱管は，鋳鉄製としてはならない。

（水柱管との連絡管）71条
3　蒸気側連絡管は，（中略）これを水柱管及びボイラーに取り付ける口は，水面計で見ることができる最高水位より下であってはならない。

（験水コック）72条
1　ガラス水面計でない水面測定装置として験水コックを設ける場合には，ガラス水面計のガラス管取り付け位置と同等の高さの範囲において３個以上取り付けなければならない。ただし，胴の内径が750 mm以下で，かつ，伝熱面積が10 m^2未満の蒸気ボイラーにあっては，その数を２個とすることができる。

以上の規定より，
A　は，69条１項②号　に遠隔指示水面測定装置は２個とあり，１個とは，定められていない。
B　は，71条３項　で蒸気側連絡管の取り付け口は最高水位より下であってはならないと規定し，下でなければならないとは，定められていない。
C　は，70条１項　のとおり，定められている。
D　は，72条１項　のとおり，定められている。
以上から，定められている　CとD　の組合せは，(5)　である。

〔答〕　(5)
〔ポイント〕　水面測定装置の取り付け規定を把握すること「わかりやすい12.1.4」。

問1　伝熱面積の算定方法に関し，法令上，誤っているものは次のうちどれか。

(1)　水管ボイラーの伝熱面積には，過熱器の面積も所定の算式で算定した面積を算入する。
(2)　貫流ボイラーの伝熱面積は，燃焼室入口から過熱器入口までの水管の燃焼ガス等に触れる面の面積で算定する。
(3)　立てボイラー(横管式）の横管の伝熱面積は，横管の外径側の面積で算定する。
(4)　鋳鉄製ボイラーの伝熱面積には，燃焼ガス等に触れるセクションのスタッドも，所定の算式で算定した面積を算入する。
(5)　電気ボイラーの伝熱面積は，電力設備容量20 kWを1 m^2とみなして，その最大電力設備容量を換算した面積で算定する。

〔解説〕　ボイラーの伝熱面積算定方法は，（ボ則）2条に規定されている。本問に関わる条項をあげ，検討する。

（伝熱面積）2条

1　伝熱面積の算定方法は，次の各号に掲げるボイラーについて，当該各号に定める面積をもって算定するものとする。

①　水管ボイラー及び電気ボイラー以外のボイラー（注：立て・炉筒・炉筒煙管ボイラーなどの丸ボイラーや鋳鉄製ボイラー等が該当）：火気，燃焼ガスその他の高温ガス（以下「燃焼ガス等」という。）に触れる本体の面で，その裏面が水又は熱媒に触れるものの面積（燃焼ガス等に触れる面にひれ，スタッド等を有するものにあっては，当該ひれ，スタッド等について次号ロからへまでを準用して算定した面積を加えた面積）

②　水管ボイラー（貫流ボイラー以外の）：水管及び管寄せの次の面積を合計した面積

イ　水管（カッコ内，略。）又は管寄せでその全部又は一部が燃焼ガス等に触れる面の面積

ロ～チ，略

③　貫流ボイラー：燃焼室入口から過熱器入口までの水管の燃焼ガス等に触れる面の面積

④　電気ボイラー：電力設備容量20 kWを1 m^2とみなしてその最大電力設備容量を換算した面積

（注）令和5年12月18日に電力設備容量60 kWを1 m^2とみなすと改正された。

以上の規定から，誤りの記述を判定する。

(1)　は，②号　に該当するが，過熱器は規定されていず，誤りである。
(2)　は，③号　に規定のとおりであり，正しい。
(3)　は，①号　に該当。外面が燃焼ガスである横管は外径側で算定する。正しい。
(4)　は，①号のカッコ書き　に該当。スタッドの面積も算入するので，正しい。
(5)　は，④号　に規定のとおりである。正しい。

〔答〕　(1)

〔ポイント〕　伝熱面積は燃焼ガス側で算出。水管は外径側，煙管は内径側で算出。また，水管ボイラーの過熱器，節炭器は算入しない「わかりやすい1.3」。

問2　ボイラー（移動式ボイラー及び小型ボイラーを除く。）の設置，検査及び検査証に関し，法令上，誤っているものは次のうちどれか。
ただし，計画届の免除認定を受けていない場合とする。

(1)　事業者は，ボイラーを設置しようとするときは，工事開始の日の30日前までにボイラー設置届を所轄労働基準監督署長に提出しなければならない。
(2)　ボイラー設置届には，ボイラー明細書並びにボイラー室及びその周囲の状況，ボイラー及びその配管の配置状況等を記載した書面を添付しなければならない。
(3)　ボイラーを設置した者は，所轄労働基準監督署長が検査の必要がないと認めたボイラーを除き，落成検査を受けなければならない。
(4)　ボイラーを輸入した者は，原則として，使用検査を受けなければならない。
(5)　設置されたボイラーに関し事業者に変更があったときは，変更後の事業者は，その変更後14日以内に，所轄労働基準監督署長にボイラー検査証書替申請書を提出しなければならない。

〔解説〕　設問各項の，設置届け，落成検査，使用検査，事業者変更に関わる（ボ則）の，本問に関わる条項を略記してあげ，検討する。

(設置届）10条
1　事業者は，ボイラーを設置しようとするときは，法第88条第1項の規定により，ボイラー設置届けにボイラー明細書及び次の事項を記載した書面を添えて，所轄労働基準監督署長に提出しなければならない。
①　第18条のボイラー室及びその周囲の状況
②　ボイラー及びその配管の配置状況
(注：法とは労働安全衛生法のことであり，その第88条には，ボイラー等設置に関し当該工事の開始30日前の届出を規定している。）

(落成検査）14条
1　ボイラーを設置した者は，法第38条第3項により，当該ボイラーとこれに係る次の事項について，所轄労働基準監督署長の検査を受けなければならない。

(使用検査）12条
1　次の者は，法第38条第1項により，登録製造時等検査機関の検査を受けなければならない。
①　ボイラーを輸入した者

(事業者等の変更）44条
1　設置されたボイラーに関し，事業者に変更があったときは，変更後の事業者はその変更後10日以内に，ボイラー検査証書替申請書にボイラー検査証を添えて所轄労働基準監督署長に提出し，その書替えを受けなければならない。

以上より，
(1)　は,10条　を規定する法第88条では設置届けを30日前としているので，正しい。
(2)　は，10条1項　により，正しい。
(3)　は，14条1項　により，正しい。
(4)　は，12条1項①号　により，正しい。
(5)　は，44条1項　に，検査証書替申請は10日以内と規定，14日以内は，誤りである。

〔答〕　(5)
〔ポイント〕　各種検査受検時の規定を理解しよう「わかりやすい2.2.1 2.2.3 2.2.5 2.4.2」。

問3　次の文中の[　　]内に入れるAからCまでの数値の組合せとして，法令上，正しいものは(1)～(5)のうちどれか。

「本体を被覆していないボイラー又は立てボイラーについては，ボイラーの外壁から壁，配管その他のボイラー側部にある構造物（検査及びそうじに支障のない物を除く。）までの距離を[A]m以上としなければならない。ただし，胴の内径が[B]mm以下で，かつ，その長さが1000 mm以下のボイラーについては，この距離は，[C]m以上とする。」

	A	B	C
(1)	0.4	600	0.35
(2)	0.4	700	0.3
(3)	0.45	500	0.3
(4)	0.45	500	0.35
(5)	0.5	600	0.4

〔解説〕　ボイラーとその側部にある構造物などの距離に関しては，（ボ則）第2章の第3節ボイラー室に定められ，本問については20条2項に規定されている。

（ボイラーの据付位置）20条

2　本体を被覆していないボイラー又は立てボイラーについては，（中略）ボイラーの外壁から壁，配管その他の側部にある構造物（検査及びそうじに支障のないものを除く。）までの距離を0.45 m以上としなければならない。ただし，胴の内径が500 mm以下で，かつ，その長さが1000 mm以下のボイラーについては，この距離は，0.3 m以上とする。

この規定により設問の各[　　]には，

A　には，0.45

B　には，500

C　には，0.3

が入り，この組合せは(3)である。

〔答〕 (3)

〔ポイント〕（ボ則）18条～21条に規定の各数値を覚えよう「わかりやすい2.6.3(2)」。

問4　ボイラーの取扱作業に関するAからDまでの記述で，法令上，一級ボイラー技士をボイラーの取扱作業主任者として選任できる作業を全て挙げた組合せは，次のうちどれか。
ただし，いずれのボイラーも，異常があった場合に安全に停止させることができる機能を有する自動制御装置を設置していないものとする。

A　最高使用圧力1.2 MPa，伝熱面積245 m^2の蒸気ボイラー 2基及び最高使用圧力0.2 MPa，伝熱面積18 m^2の温水ボイラー 2基の計4基のボイラーを取り扱う作業
B　最高使用圧力1.1 MPa，最大電力設備容量400 kWの電気ボイラー 20基を取り扱う作業
C　最高使用圧力1.6 MPa，伝熱面積200 m^2の廃熱ボイラー 4基を取り扱う作業
D　最高使用圧力1.6 MPa，伝熱面積165 m^2の蒸気ボイラー 3基及び最高使用圧力1.6 MPa，伝熱面積30 m^2の貫流ボイラー 1基の計4基のボイラーを取り扱う作業

(1)　A，B　　　(4)　B，C，D
(2)　A，B，C　　(5)　C，D
(3)　B，C

〔解説〕　ボイラー取扱作業主任者の選任区分は，取り扱うボイラーの伝熱面積によること，その面積の算定方法は，（ボ則）24条の1項と2項に規定している。
(ボイラー取扱作業主任者の選任）24条
1　事業者は，（令）第6条第4号の作業（ボイラーの取扱いの作業）については，次の各号の区分に応じ，ボイラー取扱作業主任者を選任すること。
①　伝熱面積の合計500 m^2以上：特級ボイラー技士
②　伝熱面積の合計25 m^2以上500 m^2未満：特級，又は一級ボイラー技士
③　伝熱面積の合計25 m^2未満：特級，一級，又は二級ボイラー技士
④　（令）20条⑤号イからニまでに掲げるボイラー：特級，一級，二級ボイラー技士又はボイラー取扱技能講習修了者
2　前項①～③号の伝熱面積の合計は，次に定めるところにより算定する。
①　貫流ボイラーは，その伝熱面積に1/10を乗じて得た値を伝熱面積とする。
②　火気以外の高温ガスで加熱するボイラーは，その伝熱面積の1/2とする。
③　（令）第20条第5号イからニまでに掲げるボイラーは算入しない。
(注）電気ボイラーについては（ボ則）2条④号に，「電気設備容量20 kWを1 m^2とみなして換算した面積」，との規定がある。
※令和5年12月18日に，「電気設備容量60 kWを1 m^2とみなす」と改正された。

1項から，一級ボイラー技士を選任できるのは，500 m^2未満のものである。
設問各項のボイラーの取り扱う伝熱面積を2項で算定する。
(A)　は，$245\ m^2 \times 2 + 18\ m^2 \times 2 = 526\ m^2$　（18 m^2の温水ボイラーは算入する）
(B)　は，$400\ kW \div 20\ kW/m^2 \times 20 = 400\ m^2$　（20 kWを1 m^2とみなす）
(C)　は，$200\ m^2 \times 1/2 \times 4 = 400\ m^2$　（廃熱ボイラーは2項②号を適用）
(D)　は，$165\ m^2 \times 3 + 30\ m^2 \times 1/10 \times 1 = 498\ m^2$　（貫流ボイラーは2項①号を適用）
以上より，一級ボイラー技士を選任できる500 m^2未満は，(B)(C)(D)である。

〔答〕　(4)

〔ポイント〕　取り扱う伝熱面積による資格区分，伝熱面積算定規定（貫流ボイラーは1/10，廃熱ボイラーは1/2など）を覚える「わかりやすい2.7.1 2.7.2 (1)」。

問5　ボイラー室の管理等に関し，法令に定められていないものは次のうちどれか。
ただし，設置されているボイラーは，移動式ボイラー又は小型ボイラーではないものとする。

(1)　ボイラー室その他のボイラー設置場所には，関係者以外の者がみだりに立ち入ることを禁止し，かつ，その旨を見やすい箇所に掲示しなければならない。
(2)　ボイラー検査証並びにボイラー取扱者全員の資格及び氏名をボイラー室その他のボイラー設置場所の見やすい箇所に掲示しなければならない。
(3)　燃焼室，煙道等のれんがに割れが生じ，又はボイラーとれんが積みとの間にすき間が生じたときは，すみやかに補修しなければならない。
(4)　ボイラー室には，必要がある場合のほか，引火しやすいものを持ち込ませてはならない。
(5)　ボイラー室には，水面計のガラス管，ガスケットその他の必要な予備品及び修繕用工具類を備えておかなければならない。

〔解説〕　ボイラー室の管理については，（ボ則）29条の①～⑥号に規定されている。
①　ボイラー室その他のボイラー設置場所には，関係者以外の者がみだりに立ち入ることを禁止し，かつ，その旨を見やすい箇所に掲示すること。
②　ボイラー室には，必要がある場合のほか，引火しやすい物を持ち込ませないこと。
③　ボイラー室には，水面計のガラス管，ガスケットその他の必要な予備品及び修繕用工具類を備えておくこと。
④　ボイラー検査証並びにボイラー取扱作業主任者の資格及び氏名をボイラー室その他のボイラー設置場所の見やすい箇所に掲示すること。
⑤　移動式ボイラーにあっては，ボイラー検査証又はその写をボイラー取扱作業主任者に所持させること。
⑥　燃焼室，煙道等のれんがに割れが生じ，又はボイラーとれんが積との間にすき間が生じたときは，すみやかに補修すること。

以上の規定から，本問5つの記述をみてみると，
(1)　は，①号　のとおり，定められている。
(2)　は，④号　の規定により，掲示するのはボイラー検査証とボイラー取扱作業主任者の氏名と資格であり，ボイラー取扱者全員の資格及び氏名とは，定められていない。
(3)　は，⑥号　のとおり，定められている。
(4)　は，②号　のとおり，定められている。
(5)　は，③号　のとおり，定められている。

〔答〕　(2)

〔ポイント〕　ボイラー室の管理の6項目を覚えること「わかりやすい2.7.6」。

問6　ボイラー（小型ボイラーを除く。）の変更届及び変更検査に関し，法令上，誤っているものは次のうちどれか。
ただし，計画届の免除認定を受けていない場合とする。

⑴　ボイラーの燃焼装置を変更しようとする事業者は，ボイラー変更届にボイラー検査証及び変更の内容を示す書面を添えて，所轄労働基準監督署長に提出しなければならない。
⑵　ボイラーの給水装置を変更しようとする事業者は，ボイラー変更届を所轄労働基準監督署長に提出する必要はない。
⑶　ボイラーの水管に変更を加えた者は，変更検査を受けなければならない。
⑷　所轄労働基準監督署長は，変更検査に合格したボイラーについて，そのボイラー検査証に検査期日，変更部分及び検査結果について裏書を行うものとする。
⑸　変更検査に合格しても，ボイラー検査証の有効期間は更新されない。

〔解説〕　本問の変更検査などに関しては，（ボ則）の41 ～ 43条に規定されている。41条に掲げられた部位，設備を変更するときは42条により変更検査を受ける。
（変更届）41条
1　事業者は，ボイラーについて，次の各号のいずれかに掲げる部分又は設備を変更しようとするときは，法第88条第１項の規定により，ボイラー変更届にボイラー検査証及びその変更内容を示す書面を添えて，所轄労働基準監督署長に提出しなければならない。　（注：法とは，労働安全衛生法のことである。）
①　胴，ドーム，炉筒，火室，鏡板，天井板，管板，管寄せ又はステー
②　附属設備　（注：（ボ則）７条により，過熱器，節炭器が該当する。）
③　燃焼装置
④　据付基礎
（変更検査）42条
1　ボイラーについて第41条各号のいずれかの部分又は設備に変更を加えた者は，法第38条第３項の規定により，当該ボイラーについて所轄労働基準監督署長の検査を受けなければならない。（以下，略）
（ボイラー検査証の裏書）43条
労働基準監督署長は，変更検査に合格したボイラーについて，そのボイラー検査証に検査期日，変更部分及び検査結果について裏書を行なうものとする。

以上の規定から，本問５つの記述の正誤を判断する。
⑴　の，燃焼装置は，41条１項③号　に規定，変更届が必要。正しい。
⑵　の，給水装置は，41条１項　に規定がなく，変更届は不要。正しい。
⑶　の，水管は，41条１項　に規定がなく，変更届は不要。誤りである。
⑷　の，検査結果等の裏書項目は，43条　に規定され，正しい。
⑸　の，検査証有効期間の更新については，43条　にその規定はなく，正しい。

〔答〕　⑶

〔ポイント〕　変更届の対象となる①～④号や変更検査合格での検査証裏書項目を覚えること「わかりやすい2.4.1」。

問7　鋼製ボイラー（小型ボイラーを除く。）に取り付ける温度計，圧力計及び水高計に関し，法令に定められていないものは次のうちどれか。

(1)　温水ボイラーには，最高使用圧力が0.1 MPa以下のものを除き，ボイラーの出口付近における温水の温度を表示する温度計を取り付けなければならない。
(2)　温水ボイラーには，ボイラー本体又は温水の出口付近に水高計又は圧力計を取り付けなければならない。
(3)　温水ボイラーの水高計は，コック又は弁の開閉状況を容易に知ることができるようにしなければならない。
(4)　蒸気ボイラーには，過熱器の出口付近における蒸気の温度を表示する温度計を取り付けなければならない。
(5)　蒸気ボイラーの圧力計の目盛盤の最大指度は，最高使用圧力の1.5倍以上３倍以下の圧力を示す指度としなければならない。

〔解説〕　鋼製ボイラーの圧力計，温度計，水高計については，（ボ構規）の66条～68条に規定されている。本問に関する条項をあげ，各記述を検討する。

(圧力計）66条

1　蒸気ボイラーの蒸気部（中略）には，次の各号に定めるところにより圧力計を取り付けなければならない。

④　圧力計の目盛盤の最大指度は，最高使用圧力の1.5倍以上３倍以下の圧力を示す指度とすること。

(温水ボイラーの水高計）67条

1　温水ボイラーには，次の各項に定めるところにより，ボイラー本体又は温水の出口付近に水高計を取り付けなければならない。ただし，水高計に代えて圧力計を取り付けることができる。

①　コック又は弁の開閉状況を容易に知ることができること。

(温度計）68条

1　蒸気ボイラーには，過熱器の出口付近における蒸気の温度を表示する温度計を取り付けなければならない。

2　温水ボイラーには，ボイラーの出口付近における温水の温度を表示する温度計を取り付けなければならない。

以上の規定から法令に定められていない記述を判断する。

(1)　は，68条２項　に規定があるが，最高使用圧力0.1 MPa以下のものを除くとは，定められていない。
(2)　は，67条１項　に，定められている。
(3)　は，67条１項①号　に，定められている。
(4)　は，68条１項　に，定められている。
(5)　は，66条１項④号　に，定められている。

〔答〕 (1)

〔ポイント〕　運転に不可欠な各種計測器の規定を把握すること「わかりやすい12.1.3」。

問８　鋼製ボイラー（小型ボイラーを除く。）の安全弁及び逃がし弁に関し，法令に定められていないものは次のうちどれか。

⑴　貫流ボイラー以外の蒸気ボイラーの安全弁は，ボイラー本体の容易に検査できる位置に直接取り付け，かつ，弁軸を鉛直にしなければならない。
⑵　貫流ボイラーには，ボイラー本体と気水分離器の出口付近のそれぞれに安全弁を取り付け，安全弁の吹出し総量を最大蒸発量以上にしなければならない。
⑶　引火性蒸気を発生する蒸気ボイラーにあっては，安全弁を密閉式の構造とするか，又は安全弁からの排気をボイラー室外の安全な場所へ導くようにしなければならない。
⑷　蒸気ボイラーには，安全弁を２個以上備えなければならないが，伝熱面積が50 m^2以下の蒸気ボイラーにあっては，安全弁を１個とすることができる。
⑸　水の温度が120 ℃以下の温水ボイラーには，容易に検査ができる位置に，内部の圧力を最高使用圧力以下に保持することができる逃がし管を備えたものを除き，逃がし弁を備えなければならない。

〔解説〕　鋼製ボイラーの安全弁，逃がし弁については，（ボ構規）の62条～65条に規定。本問関連条項をあげ，各記述を検討する。

（安全弁）62条

１　蒸気ボイラーには（中略）安全弁を２個以上備えなければならない。ただし，伝熱面積50 m^2以下の蒸気ボイラーにあっては１個とすることができる。
２　安全弁は，ボイラー本体の容易に検査できる位置に直接取り付け，かつ，弁軸を鉛直にしなければならない。
３　引火性蒸気を発生する蒸気ボイラーにあっては，安全弁を密閉式の構造とするか，又は安全弁からの排気をボイラー室外の安全な場所へ導くようにしなければならない。

（過熱器の安全弁）63条

２　貫流ボイラーにあっては62条２項の規定にかかわらず，当該ボイラーの最大蒸発量以上の噴き出し量の安全弁を過熱器の出口付近に取り付けることができる。

（温水ボイラーの逃がし弁又は安全弁）65条

１　水の温度が120 ℃以下の温水ボイラーには，（中略）内部の圧力を最高使用圧力以下に保持することができる逃し弁を備えなければならない。ただし，（中略）容易に検査ができる位置に内部の圧力を最高使用圧力以下に保持することができる逃し管を備えたものについては，この限りではない。

上記の規定により，設問の各記述をみてみる。
⑴　は，62条２項　に，定められている。
⑵　の貫流ボイラーの安全弁について，63条２項に規定があるがボイラー本体と気水分離器のそれぞれに取り付けるとは，定められていない。
⑶　は，62条３項　に，定められている。
⑷　は，62条１項　に，定められている。
⑸　は，65条１項　に，定められている。

〔答〕　⑵

〔ポイント〕　ボイラーの破裂を予防する（ボ構規）の安全弁規定は重要，62～65条を把握すること「わかりやすい12.1.1 12.1.2」。

問9　鋼製ボイラー（小型ボイラーを除く。）の燃焼安全装置に関し，法令上，誤っているものは次のうちどれか。

(1)　燃焼安全装置とは，異常消火又は燃焼用空気の異常な供給停止が起こったときに，自動的にこれを検出し，直ちに燃料の供給を遮断することができる装置をいう。
(2)　燃焼装置には，原則として燃焼安全装置を設けなければならないが，燃料の性質又は燃焼装置の構造により，緊急遮断が不可能なボイラーでは，設けなくてもよい。
(3)　燃焼安全装置は，作動用動力源が断たれた場合に直ちに燃料の供給を遮断することができるものでなければならない。
(4)　燃焼安全装置は，燃焼に先立ち火炎の誤検出がある場合には，燃焼を開始させない機能を有するものでなければならない。
(5)　自動点火式ボイラーの燃焼安全装置は，故障その他の原因で点火することができない場合には，直ちに手動に切り替えて燃料供給を遮断できるものでなければならない。

〔解説〕　燃焼安全装置については，（ボ構規）の85条１項～４項に規定されている。
（燃焼安全装置）85条
１　ボイラーの燃焼装置には，異常消火又は燃焼用空気の異常な供給停止が起こったときに，自動的にこれを検出し，直ちに燃料の供給を遮断することができる装置（以下，「燃焼安全装量」という。）を設けなければならない。ただし，前条第４項のいずれかに該当する場合は，この限りではない。
２　燃焼安全装置は，次の各号に定めるところによらなければならない。
①　作動用動力源が断たれた場合に直ちに燃料の供給を遮断するものであること。
②　作動用動力源が断たれている場合及び復帰した場合に自動的に遮断が解除されるものでないこと。
３　自動点火できるボイラーの燃焼安全装置は，故障等の原因で点火できない場合又は点火しても火炎を検出できない場合には，燃料の供給を自動的に遮断するものであって，手動による操作をしない限り再起動ができないものであること。
４　燃焼安全装置に，燃焼に先立ち火炎検出機構の故障その他の原因による火炎の誤検出がある場合には，当該燃焼安全装置は燃焼を開始させない機能を有するものであること。

上記の規定により，設問各記述の正誤を判断する。
(1)　は，１項　により，正しい。　(2)は，２項①号のただし書きに，前条第４項各号に該当する場合とあり，これは84条４項①号の「燃料の性質又は燃焼装置の構造」が該当するので，正しい。
(3)　は，２項①号　により，正しい。　(4)　は，４項　により，正しい。
(5)　は，３項　により，点火しても火炎の検出が出来ない場合，燃料供給は自動的に遮断するもので，手動に切り替えて遮断するものではない，誤りである。

〔答〕　(5)

〔ポイント〕　異常消火は自動的な燃料遮断，解除は手動「わかりやすい12.1.8 (5)」。

問10　鋳鉄製ボイラー（小型ボイラーを除く。）に関するAからDまでの記述で，法令に定められているもののみを全て挙げた組合せは，次のうちどれか。

A　ガラス水面計でない他の水面測定装置として験水コックを設ける場合には，ガラス水面計のガラス管取付位置と同等の高さの範囲において２個以上取り付けなければならない。
B　温水ボイラーで圧力が0.1 MPaを超えるものには，温水温度が120 ℃を超えないように温水温度自動制御装置を設けなければならない。
C　給水が水道その他圧力を有する水源から供給される場合には，水源に係る管を逃がし管に取り付けなければならない。
D　暖房用温水ボイラーには，逃がし弁を備えなければならないが，内部の圧力を最高使用圧力以下に保持することができる密閉型膨張タンクに通ずる逃がし管を備えたものについては，この限りでない。

(1)　A
(2)　A，B，D
(3)　A，C，D
(4)　B，C
(5)　B，D

〔解説〕　鋳鉄製ボイラーの附属品等については，（ボ構規）第２編　鋳鉄製ボイラーに規定されている。本問に係わる条項を略記し，設問の各記述を検討する。

(逃がし弁及び逃がし管）95条
1　暖房用温水ボイラーには，（中略）内部の圧力を最高使用圧力以下に保持することができる逃がし弁を備えなければならない。ただし，開放型膨張タンクに通じる逃し管であって，内部の圧力を最高使用圧力以下に保持することができるものを備えた暖房用温水ボイラーについては，この限りでない。

(ガラス水面計及び験水コック）97条
3　ガラス水面計でない他の水面測定装置として験水コックを設ける場合には，ガラス水面計のガラス管取付位置と同等の高さの範囲において２個以上取り付けなければならない。

(温水温度自動制御装置）98条
1　温水ボイラーで圧力が0.3 MPaを超えるものには，温水温度が120度を超えないように温水温度自動制御装置を設けなければならない。

(圧力を有する水源からの給水）100条
1　給水が水道その他圧力を有する水源から供給される場合には，当該水源に係る管を返り管に取り付けなければならない。

以上の規定から設問の各記述についての規定の有無をみてみる。
(A)　は，97条３項　に，定められている。
(B)　は，98条１項　に，圧力が0.3 MPaを超えるものとあり，0.1 MPaを超えるものとは，定められていない。
(C)　は，100条１項　に，水源に係る管は返り管に取り付けるとあり，逃し管とは，定められていない。
(D)　は，95条１項　に，逃し管が通ずるのは開放形膨張タンクであり，密閉型膨張タンクとは，定められていない。
以上，法令に定められているのは(A)のみである。

〔答〕　(1)

〔ポイント〕　鋳鉄製ボイラーの安全のための各規定を理解しよう「わかりやすい 12.2.2 (1) (2) 12.2.4 12.2.6」。

■ 令和４年前期：関係法令 ■

問１　法令上，原則としてボイラー技士でなければ取り扱うことができないボイラーは，次のうちどれか。

(1)　内径が450 mmで，かつ，その内容積が0.5 m^3の気水分離器を有する伝熱面積が25 m^2の貫流ボイラー
(2)　胴の内径が750 mmで，その長さが1300 mmの蒸気ボイラー
(3)　伝熱面積が30 m^2の気水分離器を有しない貫流ボイラー
(4)　伝熱面積が13 m^2の温水ボイラー
(5)　最大電力設備容量が60 kWの電気ボイラー

〔解説〕　ボイラーはボイラー技士でなければ取り扱えないが，小規模なボイラーについては，ボイラー取扱技能講習を修了した者（以下「講習修了者」という。）も取り扱うことができる。これを規定する（ボ則）の条項を略記し，検討する。

(就業制限）23条

1　事業者は，令第20条第３号の業務（注：ボイラーの取扱いの業務）については，特級，一級又は二級ボイラー技士免許を受けた者（以下「ボイラー技士」という。）でなければ，当該業務につかせてはならない。

2　事業者は，前項本文の規定にかかわらず，令第20条第５号イからニまでに掲げるボイラーの取扱いの業務については，講習修了者を当該業務につかせることができる。（注：「令」とは，労働安全衛生法施行令のことである。）と，規定され，令第20条第５号イからニ（注：「小規模ボイラー」と通称。）は，

イ　胴の内径が750 mm以下で，かつ，その長さが1,300 mm以下の蒸気ボイラー
ロ　伝熱面積が３m^2以下の蒸気ボイラー
ハ　伝熱面積が14 m^2以下の温水ボイラー
ニ　伝熱面積が30 m^2以下の貫流ボイラー（気水分離器を有するものはその内径が400 mm以下で，かつ，内容積が0.4 m^3以下のものに限る。）

と，規定されている。

以上から，設問各項のボイラーを，みてみると，

(1)　は，ニ　に該当，保有する気水分離器の内径，内容積が規定を超えているので，ボイラー技士でなければ取り扱えない。
(2)　は，イ　に該当，胴の内径，長さとも規定値内であり，講習修了者が取り扱える。
(3)　は，ニ　に該当，伝熱面積が規定値内であるので，講習修了者が取り扱える。
(4)　は，ハ　に該当，伝熱面積が規定値内であるので，講習修了者が取り扱える。
(5)　の電気ボイラーは，（ボ則）２条④号　の，電力設備容量20 kWを１m^2とみなす規定から換算すると60 kWは３m^2となり，ロを適用，講習修了者が取り扱える。なお，令和５年12月18日より，電力設備容量60 kWを１m^2とみなすと改正された。

以上から，ボイラー技士でなければ取り扱えないのは，(1)　である。

〔答〕 (1)

〔ポイント〕　（令）第20条第５号イ～ニの「小規模ボイラー」は，ボイラーの種別とその規定数値を把握すること「わかりやすい 1.1.3 (3) 2.7.1」。

問2　ボイラー（小型ボイラーを除く。）の検査及び検査証に関し，法令上，誤っているものは次のうちどれか。

(1)　ボイラー（移動式ボイラーを除く。）を設置した者は，所轄労働基準監督署長が検査の必要がないと認めたボイラーを除き，落成検査を受けなければならない。
(2)　落成検査は，構造検査又は使用検査に合格した後でなければ，受けることができない。
(3)　ボイラー検査証の有効期間の更新を受けようとする者は，原則として登録性能検査機関が行う性能検査を受けなければならない。
(4)　ボイラー検査証の有効期間は，原則として2年であるが，性能検査の結果により2年未満の期間を定めて更新することができる。
(5)　使用を廃止したボイラーを再び使用しようとする者は，使用検査を受けなければならない。

〔解説〕　ボイラーの各種の検査や検査証については（ボ則）に規定されている。
設問に関わる（ボ則）の条項をあげ，検討する。
(使用検査）12条
1　次の者は，法の規定により，登録製造時等検査機関の検査を受けなければならない。
③　使用を廃止したボイラーを再び設置し，又は使用しようとする者
(落成検査）14条
1　ボイラーを設置した者は，法の規定により，当該ボイラーとこれに係る次の事項について，所轄労働基準監督署長の検査を受けなければならない。
2　前項の規定による検査（以下「落成検査」という。）は，構造検査又は使用検査に合格した後でなければ，受けることができない。
(ボイラー検査証の有効期間）37条
1　ボイラー検査証の有効期間は1年とする。
(性能検査等）38条
1　ボイラー検査証の有効期間の更新を受けようとする者は，（中略）性能検査を受けなければならない。

以上の規定により，
(1)　は，14条1項，(2)　は，14条2項，(3)　は，38条1項により，正しい。
(4)　は，37条1項により，検査証の有効期間は1年であり，誤りである。
(5)　は，12条1項③号　により，正しい。

〔答〕　(4)

〔ポイント〕　ボイラー検査証の有効期間は，移動式ボイラーの特例を除き1年である「わかりやすい 2.2.3 2.2.4 2.2.5 2.3.1」。

問３　ボイラー（移動式ボイラー，屋外式ボイラー及び小型ボイラーを除く。）の設置場所等に関し，法令上，誤っているものは次のうちどれか。

(1)　伝熱面積が３ m^2 を超えるボイラーは，専用の建物又は建物の中の障壁で区画された場所に設置しなければならない。
(2)　ボイラーの最上部から天井，配管その他のボイラーの上部にある構造物までの距離は，安全弁その他の附属品の検査及び取扱いに支障がない場合を除き，1.2 m以上としなければならない。
(3)　胴の内径が500 mm以下で，かつ，長さが1000 mm以下の立てボイラーは，ボイラーの外壁から壁，配管その他のボイラーの側部にある構造物（検査及びそうじに支障のない物を除く。）までの距離を0.3 m以上としなければならない。
(4)　ボイラー室に，ボイラーと燃料との間に適当な障壁を設ける等防火のための措置を講じることなく固体燃料を貯蔵するときは，これをボイラーの外側から1.2 m以上離しておかなければならない。
(5)　ボイラーに附設された金属製の煙突又は煙道の外側から0.15 m以内にある可燃性の物については，金属材料で被覆しなければならない。

〔解説〕　ボイラーの設置場所等については（ボ則）18条～22条に規定されている。設問各項に関わる規定を略記し，法令上，誤っている記述を判断する。

（ボイラー室の設置場所）18条

1　ボイラー室は，専用の建物又は建物の中の障壁で区画された場所に設置しなければならない。ただし，伝熱面積が３ m^2 以下のボイラーについては，この限りでない。

（ボイラー室の据付位置）20条

1　ボイラーの最上部からボイラーの上部にある構造物までの距離を1.2 m以上としなければならない。ただし，安全弁その他の附属品の検査及び取扱いに支障がないときは，この限りでない。
2　本体を被覆していないボイラー又は立てボイラーは，ボイラーの外壁からその側部にある構造物までの距離を0.45 m以上とすること，ただし，胴内径が500 mm以下，かつ，その長さが1,000 mm以下のボイラーについては，この距離は0.3 m以上とする。

（ボイラーと可燃物との距離）21条

1　ボイラー，ボイラーに附設された金属製の煙突又は煙道の外側から0.15 m以内にある可燃性の物は，金属以外の不燃性の材料で被覆しなければならない。
2　ボイラー設置場所に燃料を貯蔵するときはこれをボイラーの外側から２m（固体燃料にあっては1.2 m）以上離しておかなければならない。

以上の規定から設問各項の正誤を判断する。

(1)　は，18条１項により，正しい。　　(2)　は，20条１項　により，正しい。
(3)　は，20条２項のただし書き　により，正しい。
(4)　は，21条２項に，固体燃料は1.2 mと規定，正しい。
(5)　は，21条１項に，可燃物の被覆は，金属以外の材料とあり，誤りである。

〔答〕　(5)

〔ポイント〕　ボイラー室周りに関する規定の数値や，材料について把握すること「わかりやすい2.6.1 2.6.3 2.6.4」。

問4　法令上，一級ボイラー技士をボイラー取扱作業主任者として選任できない作業は，次のうちどれか。

ただし，いずれのボイラーも，異常があった場合に安全に停止させることができる機能を有する自動制御装置を設置していないものとする。

⑴　最高使用圧力1.2 MPa，伝熱面積245 m^2の蒸気ボイラー２基及び最高使用圧力0.2 MPa，伝熱面積14 m^2の温水ボイラー１基の計３基のボイラーを取り扱う作業
⑵　最高使用圧力1.2 MPa，最大電力設備容量400 kWの電気ボイラー20基を取り扱う作業
⑶　最高使用圧力1.6 MPa，伝熱面積180 m^2の廃熱ボイラー６基を取り扱う作業
⑷　最高使用圧力1.6 MPa，伝熱面積165 m^2の蒸気ボイラー３基及び最高使用圧力1.6 MPa，伝熱面積40 m^2の貫流ボイラー１基の計４基のボイラーを取り扱う作業
⑸　最高使用圧力３MPa，伝熱面積485 m^2の蒸気ボイラー１基及び最高使用圧力0.2 MPa，伝熱面積３m^2の蒸気ボイラー５基の計６基のボイラーを取り扱う作業

〔解説〕　ボイラー取扱作業主任者の選任区分は，取り扱うボイラーの伝熱面積によること，その面積の算定方法は，（ボ則）24条の１項と２項に規定している。

（ボイラー取扱作業主任者の選任）24条
1　事業者は，（令）第６条第４号の作業（ボイラーの取扱いの作業）については，次の各号の区分に応じ，選任すること。
　①　伝熱面積の合計500 m^2以上　　特級ボイラー技士
　②　伝熱面積の合計25 m^2以上500 m^2未満　　特級，又は一級ボイラー技士
　③　伝熱面積の合計25 m^2未満　　特級，一級，又は二級ボイラー技士
　④　（令）20条⑤号イからニまでに掲げるボイラー（問１の解説参照）は，特級，一級，二級ボイラー技士又はボイラー取扱技能講習修了者
2　前項①～③号の伝熱面積の合計は，次に定めるところにより算定する。
　①　貫流ボイラーは，その伝熱面積に１/10を乗じて得た値を伝熱面積とする。
　②　火気以外の高温ガスで加熱するボイラーは，その伝熱面積の１/２とする。
　③　（令）第20条第５号イからニまでに掲げるボイラーは算入しない。
　④　自動制御装置を備えたボイラーは，その最大の伝熱面積のみとする。

（注）電気ボイラーについては（ボ則）２条④号に「電気設備容量20 kWを１m^2とみなして換算した面積」との規定がある。※令和５年12月に電気設備容量60 kWを１m^2とみなすと改正された。

１項から，一級ボイラー技士を選任できないのは，算定伝熱面積の合計が500 m^2以上となるものである。設問各項のボイラーの取り扱う伝熱面積を２項で算定する。

⑴　は，245 m^2×２＋０=490 m^2（14 m^2の温水ボイラーは２項③号に該当）
⑵　は，400 kW÷20 kW/m^2×20=400 m^2（＊注：20 kWを１m^2とみなす）
⑶　は，180 m^2×１/２×６=540 m^2（廃熱ボイラーは２項②号を適用）
⑷　は，165 m^2×３+40 m^2×１/10×１=499 m^2（貫流ボイラーは２項①号を適用）
⑸　は，485 m^2×１＋０=485 m^2（３m^2以下の蒸気ボイラーは２項③号に該当）

以上より，一級ボイラー技士を選任できない500 m^2以上は　⑶　である。

〔答〕　⑶

〔ポイント〕　取扱い伝熱面積による資格区分，伝熱面積算定規定を把握すること「わかりやすい 2.7.1 2.7.2 ⑴」。

問5　ボイラー（小型ボイラーを除く。）の附属品の管理に関し，法令に定められていないものは次のうちどれか。

(1)　燃焼ガスに触れる給水管，吹出管及び水面測定装置の連絡管は，不燃性材料により保温の措置を講じなければならない。
(2)　蒸気ボイラーの常用水位は，ガラス水面計又はこれに接近した位置に，現在水位と比較することができるように表示しなければならない。
(3)　温水ボイラーの返り管については，凍結しないように保温その他の措置を講じなければならない。
(4)　圧力計の目もりには，ボイラーの最高使用圧力を示す位置に，見やすい表示をしなければならない。
(5)　逃がし管は，凍結しないように保温その他の措置を講じなければならない。

〔解説〕　附属品の管理は，（ボ則）28条に規定，設問に関係する項目をあげ検討する。
（附属品の管理）28条
1　事業者は，ボイラーの安全弁その他の附属品の管理について，次の事項を行わなければならない。
③　逃し管は，凍結しないように保温その他の措置を講ずること。
⑤　圧力計又は水高計の目もりには，当該ボイラーの最高使用圧力を示す位置に，見やすい表示をすること。
⑥　蒸気ボイラーの常用水位は，ガラス水面計又はこれに接近した位置に，現在水位と比較することができるように表示すること。
⑦　燃焼ガスに触れる給水管，吹出管及び水面測定装置の連絡管は，耐熱材料で防護すること。
⑧　温水ボイラーの返り管については，凍結しないように保温その他の措置を講ずること。

これらの規定から，本問５つの記述をみてみると，
(1)　は，⑦号　に，給水管などは耐熱材料による保護と定められ，不燃性材料による保温とは，定められていない。
(2)　は，⑥号　のとおり，定められている。
(3)　は，⑧号　のとおり，定められている。
(4)　は，⑤号　のとおり，定められている。
(5)　は，③号　のとおり，定められている。

以上から，法令に定められていないのは，(1)　である。

〔答〕　(1)

〔ポイント〕（附属品の管理）全８項目を把握すること「わかりやすい 2.7.5」。

問6　ボイラー（小型ボイラーを除く。）の変更届及び変更検査に関するAからDまでの記述で，法令上，正しいもののみを全て挙げた組合せは，次のうちどれか。
ただし，計画届の免除認定を受けていない場合とする。

A　ボイラーの水管に変更を加えた者は，所轄労働基準監督署長が検査の必要がないと認めたボイラーを除き，変更検査を受けなければならない。
B　ボイラーの節炭器に変更を加えた者は，所轄労働基準監督署長が検査の必要がないと認めたボイラーを除き，変更検査を受けなければならない。
C　ボイラーの煙管を変更しようとする者は，ボイラー変更届にボイラー検査証及び変更の内容を示す書面を添えて，所轄労働基準監督署長に提出しなければならない。
D　ボイラーの過熱器に変更を加えた者は，所轄労働基準監督署長が検査の必要がないと認めたボイラーを除き，変更検査を受けなければならない。

(1)　A，B，D
(2)　A，C
(3)　A，D
(4)　B，C，D
(5)　B，D

〔解説〕　本問の変更届，変更検査に関しては，（ボ則）の41，42条に規定されている。
(変更届) 41条
1　事業者は，ボイラーについて，次の各号のいずれかに掲げる部分又は設備を変更しようとするときは，法の規定により，ボイラー変更届にボイラー検査証及びその変更内容を示す書面を添えて，所轄労働基準監督署長 (以下「所轄労基署長」という。) に提出しなければならない。(注：法とは，労働安全衛生法のことである。)
①　胴，ドーム，炉筒，火室，鏡板，天井板，管板，管寄せ又はステー
②　附属設備（注：(ボ則) 7条により，過熱器，節炭器が該当する。)
③　燃焼装置
④　据付基礎
(変更検査) 42条
1　ボイラーについて第41条各号のいずれかの部分又は設備に変更を加えた者は，法の規定により，当該ボイラーについて所轄労基署長の検査を受けなければならない。
2　前項の規定による検査（「変更検査」という。）を受けようとする者は，ボイラー変更検査申請書を所轄労基署長に提出しなければならない。

これらの規定から，本問4つの記述の正誤を判断する。
A　の水管は，41条　の対象部位ではなく，変更検査は不要，誤りである。
B　の節炭器は，41条1項②号　の附属設備であり，変更検査の受検は，正しい。
C　の煙管は，41条　の対象部位ではなく，変更検査は不要，誤りである。
D　の過熱器は，41条1項②号　の附属設備であり，変更検査の受検は，正しい。
以上から，正しいものBとDの組合わせは，(5)　である。

〔答〕　(5)

〔ポイント〕　変更届の対象となる①～④号を把握すること「わかりやすい 2.4.1」。

問７　鋼製ボイラー（小型ボイラーを除く。）に取り付ける温度計，圧力計及び水高計に関し，法令に定められていないものは次のうちどれか。

(1)　温水ボイラーには，ボイラーの入口付近における給水の温度を表示する温度計を取り付けなければならない。
(2)　温水ボイラーの水高計は，コック又は弁の開閉状況を容易に知ることができるようにしなければならない。
(3)　温水ボイラーの水高計の目盛盤の最大指度は，最高使用圧力の1.5倍以上３倍以下の圧力を示す指度としなければならない。
(4)　蒸気ボイラーには，過熱器の出口付近における蒸気の温度を表示する温度計を取り付けなければならない。
(5)　蒸気ボイラーの圧力計は，蒸気が直接入らないようにしなければならない。

〔解説〕　鋼製ボイラーの圧力計，水高計，温度計については，（ボ構規）の66条〜68条に規定されている。本問に関する条項をあげ，各記述を検討する。

<u>（圧力計）66条</u>

1　蒸気ボイラーの蒸気部（中略）には，次の各号に定めるところにより圧力計を取り付けなければならない。

①　蒸気が直接圧力計に入らないようにすること。

<u>（温水ボイラーの水高計）67条</u>

1　温水ボイラーには，次の各号の定めにより，ボイラー本体又は温水の出口付近に水高計を取り付けなければならない。

①　コック又は弁の開放状況を容易に知ることができること。
②　水高計の目盛盤の最大指度は，最高使用圧力の1.5倍以上３倍以下の圧力を示す指度とする。

<u>（温度計）68条</u>

1　蒸気ボイラーには，過熱器の出口付近における蒸気の温度を表示する温度計を取り付けなければならない。
2　温水ボイラーには，ボイラーの出口付近における温水の温度を表示する温度計を取り付けなければならない。

以上の規定から本問５つの記述で法に定められていないものを判断する。

(1)　は，68条２項　に，温水ボイラーにはボイラーの出口付近の温水温度を表示する温度計とあり，ボイラーの入口付近における給水の温度とは，定められていない。
(2)　は，67条１項①号　に，定められている。
(3)　は，67条１項②号　に，定められている。
(4)　は，68条１項　に，定められている。
(5)　は，66条１項①号　に，定められている。

以上から，法令に定められていないのは　(1)　である。

〔答〕　(1)

〔ポイント〕　計測器はボイラー運転に不可欠，規定を把握すること「わかりやすい12.1.3」。

問8　鋼製ボイラー（貫流ボイラー及び小型ボイラーを除く。）の安全弁に関し，法令上，誤っているものは次のうちどれか。

(1)　蒸気ボイラーの安全弁は，ボイラー本体の容易に検査できる位置に直接取り付け，かつ，弁軸を鉛直にしなければならない。
(2)　過熱器には，過熱器の出口付近に過熱器の温度を設計温度以下に保持することができる安全弁を備えなければならない。
(3)　引火性蒸気を発生する蒸気ボイラーにあっては，安全弁を密閉式の構造とするか，又は安全弁からの排気をボイラー室外の安全な場所へ導くようにしなければならない。
(4)　蒸気ボイラーには，安全弁を２個以上備えなければならないが，伝熱面積が50 m^2以下の蒸気ボイラーにあっては，安全弁を１個とすることができる。
(5)　水の温度が100 ℃を超える温水ボイラーには，内部の圧力を最高使用圧力以下に保持することができる安全弁を備えなければならない。

〔解説〕　鋼製ボイラーの安全弁，逃がし弁については，（ボ構規）の62条～65条に規定されている。　本問に関する条項をあげて，各記述を検討する。

(安全弁) 62条

1　蒸気ボイラーには（中略）安全弁を２個以上備えなければならない。ただし，伝熱面積50 m^2以下の蒸気ボイラーにあっては１個とすることができる。
2　安全弁は，ボイラー本体の容易に検査できる位置に直接取り付け，かつ，弁軸を鉛直にしなければならない。
3　引火性蒸気を発生する蒸気ボイラーにあっては，安全弁を密閉式の構造とするか，又は安全弁からの排気をボイラー室外の安全な場所に導くようにすること。

(過熱器の安全弁) 63条

1　過熱器には，過熱器の出口付近に過熱器の温度を設計温度以下に保持することができる安全弁を備えなければならない。

(温水ボイラーの逃がし弁又は安全弁) 65条

2　水の温度が120 ℃を超える温水ボイラーには，内部の圧力を最高使用圧力以下に保持するができる安全弁を備えなければならない。

上記の規定により，設問の各記述をみてみる。
(1)　は，62条２項　により，正しい。
(2)　は，63条１項　により，正しい。
(3)　は，62条３項　により，正しい。
(4)　は，62条１項ただし書き　により，正しい。
(5)　は，65条２項　に規定され，水の温度が120 ℃を超える場合とあり，100 ℃ではない。誤りである。

〔答〕　(5)

〔ポイント〕　ボイラーの破裂を予防する安全弁の（ボ構規）の規定は重要，62～65条を把握すること「わかりやすい 12.1.1 12.1.2」。

問9　鋼製蒸気ボイラー（貫流ボイラー及び小型ボイラーを除く。）の水面測定装置に関し，法令上，誤っているものは次のうちどれか。

(1)　ボイラーには，ガラス水面計を2個以上取り付けなければならないが，遠隔指示水面測定装置を1個取り付けたボイラーでは，そのうちの1個をガラス水面計でない水面測定装置とすることができる。
(2)　水柱管とボイラーを結ぶ蒸気側連絡管を水柱管及びボイラーに取り付ける口は，水面計で見ることができる最高水位より下であってはならない。
(3)　最高使用圧力1.6 MPaを超えるボイラーの水柱管は，鋳鉄製としてはならない。
(4)　ガラス水面計でない水面測定装置として験水コックを設ける場合には，3個以上取り付けなければならないが，胴の内径が750 mm以下で，かつ，伝熱面積が10 m^2未満のボイラーにあっては，その数を2個とすることができる。
(5)　ガラス水面計は，そのガラス管の最下部が安全低水面を指示する位置に取り付けなければならない。

〔解説〕　水面測定装置に関しては，（ボ構規）69条～72条に規定されている。設問に関係する条項をあげて，設問各記述の正誤を判定する。

（ガラス水面計）69条

1　蒸気ボイラー（カッコ内，略）には，ボイラー本体又は水柱管に，ガラス水面計を2個以上を取り付けなければならない。ただし，次の各号に掲げる蒸気ボイラーにあっては，そのうちの1個をガラス水面計でない水面測定装置とすることができる。
　②　遠隔指示水面測定装置を2個取り付けた蒸気ボイラー
2　ガラス水面計は，そのガラス管の最下部が安全低水面を指示する位置に取り付けなければならない。

（水柱管）70条

1　最高使用圧力1.6 MPaを超えるボイラーの水柱管は，鋳鉄製としてはならない。

（水柱管との連絡管）71条

3　蒸気側連絡管は，（中略）これを水柱管及びボイラーに取り付ける口は，水面計で見ることができる最高水位より下であってはならない。

（験水コック）72条

1　ガラス水面計でない水面測定装置として験水コックを設ける場合には，ガラス水面計のガラス管取り付け位置と同等の高さの範囲において3個以上取り付けなければならない。ただし，胴の内径が750 mm以下で，かつ，伝熱面積が10 m^2未満の蒸気ボイラーにあっては，その数を2個とすることができる。

以上の規定より，
(1)　は，69条1項②号　に遠隔指示水面測定装置は2個とあり，1個では，誤りである。
(2)　は，71条3項　に規定のとおり，正しい。
(3)　は，70条1項　に規定のとおり，正しい。
(4)　は，72条1項　に規定のとおり，正しい。
(5)　は，69条2項　に規定のとおり，正しい。

〔答〕　(1)
〔ポイント〕　水面測定装置の種類，取り付け規定を把握すること「わかりやすい12.1.4」。

問10　鋼製ボイラー（小型ボイラーを除く。）の燃焼安全装置に関するＡからＤまでの記述で，法令上，正しいもののみを全て挙げた組合せは，次のうちどれか。

Ａ　燃焼安全装置とは，異常消火又は燃焼用空気の異常な供給停止が起こったときに，自動的にこれを検出し，直ちに燃料の供給を遮断することができる装置をいう。
Ｂ　燃焼安全装置は，燃焼に先立って火炎の誤検出がある場合に，直ちに火炎の検出を停止する機能を有するものでなければならない。
Ｃ　燃焼安全装置は，作動用動力源が復帰した場合には，自動的に燃料供給の遮断が解除されるものでなければならない。
Ｄ　自動点火式ボイラーの燃焼安全装置は，点火しても火炎の検出ができない場合には，燃料の供給を自動的に遮断するものであって，手動による操作をしない限り再起動できないものでなければならない。

(1)　Ａ，Ｂ，Ｄ
(2)　Ａ，Ｃ，Ｄ
(3)　Ａ，Ｄ
(4)　Ｂ，Ｃ
(5)　Ｂ，Ｄ

〔解説〕　燃焼安全装置については，（ボ構規）の85条１項～４項に規定されている。

（燃焼安全装置）85条

1　ボイラーの燃焼装置には，異常消火又は燃焼用空気の異常な供給停止が起こったときに，自動的にこれを検出し，直ちに燃料の供給を遮断することができる装置（以下，「燃焼安全装置」という。）を設けなければならない。（以下，略）
2　燃焼安全装置は，次の各号に定めるところによらなければならない。
　②　作動用動力源が断たれている場合及び復帰した場合に自動的に遮断が解除されるものでないこと。
3　自動点火できるボイラーの燃焼安全装置は，故障等の原因で点火できない場合又は点火しても火炎を検出できない場合には，燃料の供給を自動的に遮断するものであって，手動による操作をしない限り再起動ができないものであること。
4　燃焼安全装置に，燃焼に先立ち火炎検出機構の故障その他の原因による火炎の誤検出がある場合には，当該燃焼安全装置は燃焼を開始させない機能を有するものであること。

上記の規定により，設問各記述の正誤を判断する。

Ａ　は，１項　の規定により，正しい。
Ｂ　は，４項　で，火炎の誤検出がある場合は燃焼安全装置は燃焼を開始させない機能を有するものと規定し，火炎の検出を停止する機能ではない。誤りである。
Ｃ　は，２項②号　で，作動用動力源が復帰した場合に自動的に遮断が解除されるものでないことと規定し，記述の遮断が解除されるものというのは，誤りである。
Ｄ　は，３項　の規定により，正しい。

以上から，正しいのはＡとＤで，その組合せは，(3)　である。

〔答〕　(3)

〔ポイント〕　異常消火は自動的な燃料遮断，解除は手動「わかりやすい12.1.8 (5)」。

問１　法令上，原則としてボイラー技士でなければ取り扱うことができないボイラーは，次のうちどれか。

(1)　伝熱面積が15 m^2の温水ボイラー
(2)　胴の内径が750 mmで，その長さが1300 mmの蒸気ボイラー
(3)　伝熱面積が30 m^2の気水分離器を有しない貫流ボイラー
(4)　伝熱面積が３m^2の蒸気ボイラー
(5)　最大電力設備容量が60 kWの電気ボイラー

〔解説〕　ボイラーはボイラー技士でなければ取り扱えないが，小規模なボイラーについては，ボイラー取扱技能講習を修了した者（以下「講習修了者」という。）も取り扱うことができる。これを規定する（ボ則）の条項を略記して，検討する。

(就業制限）23条

１　事業者は，令第20条第３号の業務（注：ボイラーの取扱いの業務）については，特級，一級又は二級ボイラー技士免許を受けた者（以下「ボイラー技士」という。）でなければ，当該業務につかせてはならない。

２　事業者は，前項本文の規定にかかわらず，令第20条第５号イからニまでに掲げるボイラーの取扱いの業務については，講習修了者を当該業務につかせることができる。(注：「令」とは，労働安全衛生法施行令のことである。)

と，規定され，令第20条第５号イからニ（注：小規模ボイラーと通称。）は，
イ　胴の内径が750 mm以下で，かつ，その長さが1,300 mm以下の蒸気ボイラー
ロ　伝熱面積が３m^2以下の蒸気ボイラー
ハ　伝熱面積が14 m^2以下の温水ボイラー
ニ　伝熱面積が30 m^2以下の貫流ボイラー（カッコ内の気水分離器の規定，略。）
と，規定されている。

以上から，設問各項のボイラーを，みてみると，
(1)　は，ハ　に該当，14 m^2を超えているので，ボイラー技士でなければならない。
(2)　は，イ　に該当，胴の内径，長さとも規定値内であり，講習修了者でも取り扱える。
(3)　は，ニ　に該当，規定値内であるので，講習修了者でも取り扱える。
(4)　は，ロ　に該当，規定値内であるので，講習修了者でも取り扱える。
(5)　の電気ボイラーは，（ボ則）２条④号　の，電力設備容量20 kWを１m^2とみなす規定から換算すると60 kWは３m^2となり，講習修了者でも取り扱える。
（注）令和５年12月18日に電気設備容量60 kWを１m^2とみなすと改正された。

以上から，ボイラー技士でなければ取り扱えないのは，(1)　である。

〔答〕 (1)

〔ポイント〕 （令）第20条第５号イ～ニは「小規模ボイラー」と通称。ボイラーの種別とその規定数値を把握すること「わかりやすい1.1.3 (3) 2.7.1」。

問2　ボイラー（小型ボイラーを除く。）の検査及び検査証に関し，法令上，誤っているものは次のうちどれか。

(1)　ボイラー（移動式ボイラーを除く。）を設置した者は，所轄労働基準監督署長が検査の必要がないと認めたボイラーを除き，落成検査を受けなければならない。
(2)　落成検査は，構造検査又は使用検査に合格した後でなければ，受けることができない。
(3)　使用を廃止したボイラーを再び使用しようとする者は，使用再開検査を受けなければならない。
(4)　ボイラー検査証の有効期間は，原則として1年であるが，性能検査の結果により1年未満又は1年を超え2年以内の期間を定めて更新することができる。
(5)　ボイラーを輸入した者は，原則として，使用検査を受けなければならない。

〔解説〕　ボイラーの各種の検査，検査証については（ボ則）に規定されている。設問に関わる（ボ則）の条項をあげ，検討する。

（使用検査）12条
1　次の者は，法の規定により，登録製造時等検査機関の検査を受けなければならない。
①　ボイラーを輸入したもの
③　使用を廃止したボイラーを再び設置し，又は使用しようとする者

（落成検査）14条
1　ボイラーを設置した者は，法の規定により，当該ボイラーとこれに係る次の事項について，所轄労働基準監督署長の検査を受けなければならない。
2　この落成検査は，構造検査又は使用検査に合格した後でなければ，受けることができない。

（ボイラー検査証の有効期間）37条
1　ボイラー検査証の有効期間は1年とする。

（性能検査等）38条
2　登録性能検査機関は，性能検査に合格したボイラーについて，検査証の有効期間を更新するものとする。この場合において，検査の結果により1年未満又は1年を超え2年以内の期間を定めて有効期間を更新することができる。

これらの規定により，
(1)　は，14条1項　により，(2)　は，14条2項　により，正しい。
(3)　は，12条1項③号　に，廃止したボイラーの再使用は，使用検査を受けるとあり，使用再開検査受検ではないので，誤りである。
(4)　は，37条1項 と 38条2項　により，(5)　は，12条1項①号　により，正しい。
以上より，誤っているものは　(3)　である。

〔答〕 (3)

〔ポイント〕　休止報告をして有効期間を過ぎたものは使用再開検査である「わかりやすい 2.2.3 2.2.4 2.2.5 2.3.1 2.4.4」。

問3　ボイラー（小型ボイラーを除く。）の設置場所等に関し，法令に違反するものは次のうちどれか。

(1)　ボイラーの最上部からボイラーの上部にある構造物までの距離を，安全弁その他の附属品の検査及び取扱いに支障がないので，0.8 mとしている。
(2)　ボイラーの外側からボイラー室内の燃料の重油を貯蔵しているタンクまでの距離を，障壁設置等防火措置を講じていないが，2 mとしている。
(3)　胴の内径が500 mmで，その長さが950 mmの立てボイラーの外壁から，ボイラーの側部にある構造物までの距離を，0.3 mとしている。
(4)　ボイラーに附設された被覆されていない金属製の煙道の外側から0.15 m以内のところにある可燃性の物を，金属で被覆している。
(5)　ボイラー室は，ボイラーを取り扱う労働者が緊急の場合に避難するために支障がないので，出入口を一つとしている。

〔解説〕　ボイラーの設置場所等については（ボ則）18条～22条に規定されている。設問各項に関わる規定を略記し，設問各項の法令違反の有無を判断する。

（ボイラー室の出入口）19条

　ボイラー室には，2以上の出入口を設けなければならない。ただし，ボイラーを取り扱う労働者が緊急の場合に避難するのに支障がないボイラー室についてはこの限りでない。

（ボイラー室の据付位置）20条

1　ボイラーの最上部からボイラーの上部にある構造物までの距離を1.2 m以上としなければならない。ただし，安全弁その他の附属品の検査及び取扱いに支障がないときは，この限りでない。
2　本体を被覆していないボイラー又は立てボイラーは，ボイラーの外壁からその側部にある構造物までの距離を0.45 m以上とすること，ただし，胴内径が500 mm以下，かつ，その長さが1,000 mm以下のボイラーについては，この距離は0.3 m以上とする。

（ボイラーと可燃物との距離）21条

1　ボイラー，ボイラーに附設された金属製の煙突又は煙道の外側から0.15 m以内にある可燃性の物は，金属以外の不燃性の材料で被覆しなければならない。
2　ボイラー設置場所に燃料を貯蔵するときはこれをボイラーの外側から2 m以上離しておかなければならない。

　以上の規定から設問各項の違反の有無をみてみる。

(1)　は，20条1項のただし書き　により，(2)　は，21条2項　により，違反していない。
(3)　は，20条2項のただし書き　により，違反していない。
(4)　は，21条1項　に，被覆は金属以外の不燃性の材料と規定，違反している。
(5)　は，19条のただし書き　により，違反していない。

〔答〕　(4)

〔ポイント〕　ボイラー室周りに関する規定の数値や，材料について把握すること「わかりやすい 2.6.1 ～ 2.6.4」。

問4　法令上，一級ボイラー技士をボイラー取扱作業主任者として選任できない作業は，次のうちどれか。
　ただし，いずれのボイラーも，異常があった場合に安全に停止させることができる機能を有する自動制御装置を設置していないものとする。

(1)　最高使用圧力1.2 MPa，伝熱面積245 m^2の蒸気ボイラー２基及び最高使用圧力0.2 MPa，伝熱面積15 m^2の温水ボイラー１基の計３基のボイラーを取り扱う作業
(2)　最高使用圧力1.2 MPa，最大電力設備容量300 kWの電気ボイラー33基を取り扱う作業
(3)　最高使用圧力1.6 MPa，伝熱面積160 m^2の廃熱ボイラー６基を取り扱う作業
(4)　最高使用圧力1.6 MPa，伝熱面積165 m^2の蒸気ボイラー３基及び最高使用圧力1.6 MPa，伝熱面積40 m^2の貫流ボイラー１基の計４基のボイラーを取り扱う作業
(5)　最高使用圧力３MPa，伝熱面積485 m^2の蒸気ボイラー１基及び最高使用圧力0.2 MPa，伝熱面積３m^2の蒸気ボイラー５基の計６基のボイラーを取り取り扱う作業

〔解説〕　ボイラー取扱作業主任者の選任区分は，取り扱うボイラーの伝熱面積によることと，その面積の算定方法は，（ボ則）24条の１項と２項に規定している。
（ボイラー取扱作業主任者の選任）24条
1　事業者は，（令）第６条第４号の作業（ボイラーの取扱いの作業）については，次の各号の区分に応じ，選任すること。
　①　伝熱面積の合計500 m^2以上：特級ボイラー技士
　②　伝熱面積の合計25 m^2以上500 m^2未満：特級，又は一級ボイラー技士
　③　伝熱面積の合計25 m^2未満：特級，一級，又は二級ボイラー技士
　④　（令）20条⑤号イからニまでに掲げるボイラー（問１の解説参照）：特級，一級，二級ボイラー技士又はボイラー取扱技能講習修了者
2　前項①～③号の伝熱面積の合計は，次に定めるところにより算定する。
　①　貫流ボイラーは，その伝熱面積に１/10を乗じて得た値を伝熱面積とする。
　②　火気以外の高温ガスで加熱するボイラーは，その伝熱面積の１/２とする。
　③　（令）第20条第５号イからニまでに掲げるボイラーは算入しない。
　④　自動制御装置を備えたボイラーは，その最大の伝熱面積のみとする。
　（注）　電気ボイラーについては（ボ則）２条④号に「電気設備容量20 kWを１m^2とみなして換算した面積」との規定がある。※令和５年12月に電気設備容量60 kWを１m^2とみなすと改正された。

　１項から，一級ボイラー技士を選任できないのは，500 m^2以上のものである。
　設問各項のボイラーの取り扱う伝熱面積を２項で算定する。
(1)　は，245 m^2× 2 +15 m^2× 1 =505 m^2（15 m^2の温水ボイラーは算入する）
(2)　は，300 kW ÷ 20 kW/m^2×33=495 m^2（20 kWを１m^2とみなす）
(3)　は，160 m^2× 1 / 2 × 6 =480 m^2（廃熱ボイラーは２項②号を適用）
(4)　は，165 m^2× 3 +40 m^2× 1 /10× 1 =499 m^2（貫流ボイラーは２項①号を適用）
(5)　は，485 m^2× 1 + 0 =485 m^2（３m^2以下の蒸気ボイラーは２項③号に該当）
以上より，一級ボイラー技士を選任できない500 m^2以上は　(1)　である。

〔答〕　(1)
〔ポイント〕　取扱い伝熱面積による資格区分，伝熱面積算定規定を把握すること「わかりやすい 2.7.1 2.7.2 (1)」。

問5　ボイラー（小型ボイラーを除く。）の附属品の管理に関するＡからＤまでの記述で，法令に定められているもののみを全て挙げた組合せは，次のうちどれか。

Ａ　圧力計の目もりには，ボイラーの常用圧力を示す位置に，見やすい表示をしなければならない。
Ｂ　水高計は，使用中その機能を害するような振動を受けることがないようにし，かつ，その内部が60 ℃以上の温度にならない措置を講じなければならない。
Ｃ　蒸気ボイラーの常用水位は，ガラス水面計又はこれに接近した位置に，現在水位と比較することができるように表示しなければならない。
Ｄ　温水ボイラーの返り管については，凍結しないように保温その他の措置を講じなければならない。

(1)　Ａ，Ｂ
(2)　Ａ，Ｃ
(3)　Ａ，Ｃ，Ｄ
(4)　Ｂ，Ｃ，Ｄ
(5)　Ｃ，Ｄ

〔解説〕　附属品の管理は，（ボ則）28条に規定，設問に関係する項目をあげる。

（附属品の管理）28条

1　事業者は，ボイラーの安全弁その他の附属品の管理について，次の事項を行わなければならない。

④　圧力計又は水高計は，使用中その機能を害するような振動を受けることがないようにし、かつ，その内部が凍結し，又は80 ℃以上の温度にならない措置を講ずること。
⑤　圧力計又は水高計の目もりには，当該ボイラーの最高使用圧力を示す位置に，見やすい表示をすること。
⑥　蒸気ボイラーの常用水位は，ガラス水面計又はこれに接近した位置に，現在水位と比較することができるように表示すること。
⑧　温水ボイラーの返り管については，凍結しないように保温その他の措置を講ずること。

これらの規定から，本問４つの記述をみてみると，

Ａ　は⑤号　に，圧力計への表示は最高使用圧力とあり使用圧力とは，定められていない。
Ｂ　は④号　に，水高計の内部温度は80 ℃以上にならない措置とあり，60 ℃以上とは，定められていない。
Ｃ　は，⑥号　のとおり，定められている。
Ｄ　は，⑧号　のとおり，定められている。

以上から，法令に定められているＣとＤの組合わせは，(5)　である。

〔答〕　(5)

〔ポイント〕　（ボ則）28条（附属品の管理）を把握すること「わかりやすい 2.7.5」。

問6　ボイラー（小型ボイラーを除く。）の変更届及び変更検査に関し，法令上，誤っているものは次のうちどれか。
ただし，計画届の免除認定を受けていない場合とする。

(1)　ボイラーの過熱器を変更しようとする事業者は，ボイラー変更届にボイラー検査証及び変更の内容を示す書面を添えて，所轄労働基準監督署長に提出しなければならない。
(2)　ボイラーの管寄せを変更しようとする事業者は，ボイラー変更届を所轄労働基準監督署長に提出する必要はない。
(3)　ボイラーの鏡板に変更を加えた者は，所轄労働基準監督署長が検査の必要がないと認めたボイラーを除き，変更検査を受けなければならない。
(4)　所轄労働基準監督署長は，変更検査に合格したボイラーについて，そのボイラー検査証に検査期日，変更部分及び検査結果について裏書を行うものとする。
(5)　変更検査に合格しても，ボイラー検査証の有効期間は更新されない。

〔解説〕　本問の変更検査などに関しては，（ボ則）の41～43条に規定されている。

(変更届）41条

1　事業者は，ボイラーについて，次の各号のいずれかに掲げる部分又は設備を変更しようとするときは，法第88条第1項の規定により，ボイラー変更届にボイラー検査証及びその変更内容を示す書面を添えて，所轄労働基準監督署長に提出しなければならない。（注：法とは，労働安全衛生法のことである。）
①　胴，ドーム，炉筒，火室，鏡板，天井板，管板，管寄せ又はステー
②　附属設備（注：（ボ則）7条により，過熱器，節炭器が該当する。）
③　燃焼装置
④　据付基礎

(変更検査）42条

1　ボイラーについて第41条各号のいずれかの部分又は設備に変更を加えた者は，法第38条第3項の規定により，当該ボイラーについて所轄労働基準監督署長の検査を受けなければならない。（以下，略）

(ボイラー検査証の裏書）43条

労働基準監督署長は，変更検査に合格したボイラーについて，そのボイラー検査証に検査期日，変更部分及び検査結果について裏書を行なうものとする。

以上の規定から，本問5つの記述の正誤を判断する。
(1)　の，過熱器は，41条1項②号　に規定，変更届が必要。正しい。
(2)　の，管寄せは，41条1項①号　に規定，変更届が必要であり，誤りである。
(3)　の，鏡板は，41条1項①号　に規定，変更届を行い，42条の変更検査を受けなければならない。正しい。
(4)　の，検査結果等の裏書は，43条　に規定され，正しい。
(5)　の，検査証有効期間の更新については，43条　にその規定はなく，正しい。

〔答〕　(2)

〔ポイント〕　変更届の対象となる①～④号を把握すること「わかりやすい 2.4.1」。

問7　鋼製ボイラー（小型ボイラーを除く。）に取り付ける温度計，圧力計及び水高計に関し，法令上，誤っているものは次のうちどれか。

(1)　温水ボイラーには，ボイラーの出口付近における温水の温度を表示する温度計を取り付けなければならない。
(2)　温水ボイラーには，ボイラー本体又は温水の出口付近に水高計又は圧力計を取り付けなければならない。
(3)　蒸気ボイラーの圧力計の目盛盤の最大指度は，最高使用圧力の1.5倍以上２倍以下の圧力を示す指度としなければならない。
(4)　蒸気ボイラーには，過熱器の出口付近における蒸気の温度を表示する温度計を取り付けなければならない。
(5)　蒸気ボイラーの圧力計は，蒸気が直接入らないようにしなければならない。

〔解説〕　鋼製ボイラーの圧力計，水高計，温度計については，（ボ構規）の66条～68条に規定されている。本問に関する条項をあげ，各記述を検討する。

(圧力計）66条

1　蒸気ボイラーの蒸気部（中略）には，次の各号に定めるところにより圧力計を取り付けなければならない。
　①　蒸気が直接圧力計に入らないようにすること。
　④　圧力計の目盛盤の最大指度は，最高使用圧力の1.5倍以上３倍以下の圧力を示す指度とすること。

(温水ボイラーの水高計）67条

1　温水ボイラーには，ボイラー本体又は温水の出口付近に水高計を取り付けなければならない。ただし，水高計に代えて圧力計を取り付けることができる。

(温度計）68条

1　蒸気ボイラーには，過熱器の出口付近における蒸気の温度を表示する温度計を取り付けなければならない。
2　温水ボイラーには，ボイラーの出口付近における温水の温度を表示する温度計を取り付けなければならない。

以上の規定から本問５つの記述の正誤を判断する。
(1)　は，68条２項　により，正しい。
(2)　は，67条１項　により，正しい。
(3)　は，66条１項④号　に，圧力計目盛盤の最大指度は1.5倍以上３倍以下と規定，1.5倍以上２倍以下ではないので，誤りである。
(4)　は，68条１項　により，正しい。
(5)　は，66条１項①号　により，正しい。

〔答〕　(3)

〔ポイント〕　圧力計，水高計，温度計の規定について把握すること「わかりやすい12.2.3」。

問8　鋼製ボイラー（小型ボイラーを除く。）の安全弁に関し，法令上，誤っているものは次のうちどれか。

(1)　貫流ボイラー以外の蒸気ボイラーの安全弁は，ボイラー本体の容易に検査できる位置に直接取り付け，かつ，弁軸を鉛直にしなければならない。
(2)　貫流ボイラーに備える安全弁については，当該ボイラーの最大蒸発量以上の吹出し量のものを過熱器の出口付近に取り付けることができる。
(3)　過熱器には，過熱器の出口付近に過熱器の温度を設計温度以下に保持することができる安全弁を備えなければならない。
(4)　蒸気ボイラーには，安全弁を2個以上備えなければならないが，伝熱面積が100 m^2以下の蒸気ボイラーにあっては，安全弁を1個とすることができる。
(5)　水の温度が120 ℃を超える温水ボイラーには，内部の圧力を最高使用圧力以下に保持することができる安全弁を備えなければならない。

〔解説〕 鋼製ボイラーの安全弁，逃がし弁については，（ボ構規）の62条～65条に規定されている。本問に関する条項をあげて，各記述を検討する。

（安全弁）62条

1　蒸気ボイラーには（中略）安全弁を2個以上備えなければならない。ただし，伝熱面積50 m^2以下の蒸気ボイラーにあっては1個とすることができる。
2　安全弁は，ボイラー本体の容易に検査できる位置に直接取り付け，かつ，弁軸を鉛直にしなければならない。

（過熱器の安全弁）63条

1　過熱器には，過熱器の出口付近に過熱器の温度を設計温度以下に保持することができる安全弁を備えなければならない。
2　貫流ボイラーにあっては，62条2項の規定にかかわらず，当該ボイラーの最大蒸発量以上の吹出し量の安全弁を過熱器の出口付近に取り付けることができる。

（温水ボイラーの逃がし弁又は安全弁）65条

2　水の温度が120 ℃を超える温水ボイラーには，内部の圧力を最高使用圧力以下に保持することができる安全弁を備えなければならない。

上記の規定により，設問の各記述をみてみる。
(1)　は，62条2項　により，正しい。
(2)　は，63条2項　により，正しい。
(3)　は，63条1項　により，正しい。
(4)　は，62条1項　により，安全弁を1個とすることができるのは伝熱面積50 m^2以下であり，100 m^2以下ではない，誤りである。
(5)　は，65条2項　により，正しい。

〔答〕 (4)

〔ポイント〕 ボイラーの破裂を予防する（ボ構規）の安全弁規定は重要，62～65条を把握すること「わかりやすい 12.1.1 12.1.2」。

問９　鋼製ボイラー（小型ボイラーを除く。）の燃焼安全装置に関し，法令上，誤っているものは次のうちどれか。

(1)　燃焼安全装置とは，異常消火又は燃焼用空気の異常な供給停止が起こったときに，自動的にこれを検出し，直ちに燃料の供給を遮断することができる装置をいう。
(2)　燃焼安全装置は，作動用動力源が断たれた場合に直ちに燃料の供給を遮断することができるものでなければならない。
(3)　燃焼安全装置は，燃焼に先立って火炎の誤検出がある場合には，燃焼を開始させない機能を有するものでなければならない。
(4)　燃焼安全装置は，作動用動力源が復帰した場合に自動的に燃料供給の遮断が解除されるものでないものでなければならない。
(5)　自動点火式ボイラーの燃焼安全装置は，点火しても火炎の検出ができない場合には，直ちに手動に切り替えて燃料供給を遮断できるものでなければならない。

〔解説〕　燃焼安全装置については，（ボ構規）の85条１項～４項に規定されている。
（燃焼安全装置）85条
１　ボイラーの燃焼装置には，異常消火又は燃焼用空気の異常な供給停止が起こったときに，自動的にこれを検出し，直ちに燃料の供給を遮断することができる装置（以下，「燃焼安全装置」という。）を設けなければならない。（以下，略）
２　燃焼安全装置は，次の各号に定めるところによらなければならない。
①　作動用動力源が断たれた場合に直ちに燃料の供給を遮断するものであること。
②　作動用動力源が断たれている場合及び復帰した場合に自動的に遮断が解除されるものでないこと。
３　自動点火できるボイラーの燃焼安全装置は，故障等の原因で点火できない場合又は点火しても火炎を検出できない場合には，燃料の供給を自動的に遮断するものであって，手動による操作をしない限り再起動ができないものであること。
４　燃焼安全装置に，燃焼に先立ち火炎検出機構の故障その他の原因による火炎の誤検出がある場合には，当該燃焼安全装置は燃焼を開始させない機能を有するものであること。

上記の規定により，設問各記述の正誤を判断する。
(1)　は，１項　により，正しい。　　(2)　は，２項①号　により，正しい。
(3)　は，４項　により，正しい。　　(4)　は，２項②号　により，正しい。
(5)　は，３項　により，点火しても火炎の検出が出来ない場合，燃料供給を自動的に遮断するものであって，手動に切り替えて遮断できるものではない，誤りである。
以上より，誤っているのは，(5)　である。

〔答〕　(5)

〔ポイント〕　異常消火は自動的な燃料遮断，解除は手動「わかりやすい 12.1.8 (5)」。

問10　鋳鉄製ボイラー（小型ボイラーを除く。）に関し，法令に定められていない内容のものは次のうちどれか。

⑴　蒸気ボイラーには，一定の要件を備えたものを除き，ガラス水面計を２個以上備えなければならないが，そのうちの１個は，ガラス水面計でない他の水面測定装置とすることができる。
⑵　ガラス水面計でない他の水面測定装置として験水コックを設ける場合には，ガラス水面計のガラス管取付位置と同等の高さの範囲において３個以上取り付けなければならない。
⑶　温水ボイラーで圧力が0.3 MPaを超えるものには，温水温度が120 ℃を超えないように温水温度自動制御装置を設けなければならない。
⑷　給水が水道その他圧力を有する水源から供給される場合には，水源に係る管を返り管に取り付けなければならない。
⑸　給湯用温水ボイラーには，逃がし弁を備えなければならないが，給水タンクの水面以上に立ち上げた逃がし管を備えたものについては，この限りでない。

〔解説〕　鋳鉄製ボイラーの附属品等については，（ボ構規）第２編 鋳鉄製ボイラーに規定されている。本問に係わる条項を略記し，設問の各記述を検討する。

<u>（逃がし弁及び逃がし管）95条</u>
２　給湯用温水ボイラーには，（中略）内部の圧力を最高使用圧力以下に保持することができる逃がし弁を備えなければならない。ただし，給水タンクの水面以上に立ち上げた逃し管を備えた給湯用温水ボイラーについては，この限りでない。

<u>（ガラス水面計及び験水コック）97条</u>
１　蒸気ボイラー（中略）には，ガラス水面計を２個以上備えなければならない。ただし，そのうちの１個は，ガラス水面計でない他の水面測定装置とすることができる。
３　ガラス水面計でない他の水面測定装置として験水コックを設ける場合には，ガラス水面計のガラス管取付位置と同等の高さの範囲において２個以上取り付けなければならない。

<u>（温水温度自動制御装置）98条</u>
１　温水ボイラーで圧力が0.3 MPaを超えるものには，温水温度が120度を超えないように温水温度自動制御装置を設けなければならない。

（圧力を有する水源からの給水）100条
１　給水が水道その他圧力を有する水源から供給される場合には，当該水源に係る管を返り管に取り付けなければならない。

以上から設問の記述についての規定の有無をみてみる。
⑴　は，97条１項　に，定められている。
⑵　は，97条３項　に，験水コックは２個以上とあり，３個以上とは，定められていない。
⑶　は，98条１項　に，定められている。⑷　は，100条１項　に，定められている。
⑸　は，95条２項　に，定められている。

〔答〕　⑵
〔ポイント〕　験水コック：鋳鉄製ボイラーの場合は２個以上でよい「わかりやすい 12.2.2 12.2.4 12.2.6」。

問１ 伝熱面積の算定方法に関し，法令上，誤っているものは次のうちどれか。

(1) 水管ボイラーの伝熱面積には，空気予熱器の面積は算入しない。
(2) 貫流ボイラーの伝熱面積は，燃焼室入口から過熱器入口までの水管の燃焼ガス等に触れる面の面積で算定する。
(3) 立てボイラー（横管式）の横管の伝熱面積は，横管の外径側の面積で算定する。
(4) 鋳鉄製ボイラーのセクションのスタッドの面積は，伝熱面積に算入しない。
(5) 水管ボイラーの耐火れんがでおおわれた水管の伝熱面積は，管の外側の壁面に対する投影面積で算定する。

〔解説〕 ボイラーの伝熱面積算定方法は，（ボ則）２条に規定されている。本問に関わる条項をあげ，検討する。

（伝熱面積）２条

伝熱面積の算定方法は，次の各号に掲げるボイラーについて，当該各号に定める面積をもって算定するものとする。

① 水管ボイラー及び電気ボイラー以外のボイラー：燃焼ガス等に触れる本体の面で，その裏側が水又は熱媒に触れるものの面積（燃焼ガス等に触れる面にひれ，スタッド等を有するものにあっては，当該ひれ，スタッド等について次号ロからヘまでを準用して算定した面積を加えた面積）
（注：本①号は，立て・炉筒・炉筒煙管ボイラー，鋳鉄製ボイラー等が該当。）

② 貫流ボイラー以外の水管ポイラー：水管及び管寄せの次の面積を合計した面積

イ．水管（ロからチに該当する水管を除く。）又は管寄せでその全部又は一部が燃焼ガス等に触れる面の面積

ホ．耐火レンガによっておおわれた水管にあっては，管の外側の壁面に対する投影面積

③ 貫流ボイラー：燃焼室入口から過熱器入口までの水管の燃焼ガス等に触れる面の面積

以上の規定から，設問各記述の正誤を判断する。

(1) は，②号　に該当するが，空気予熱器は規定されていず算入しない。正しい。
(2) は，③号　に規定のとおりであり，正しい。
(3) は，①号　に該当。外面が燃焼ガスである横管は外径側で算出する。正しい。
(4) は，①号のカッコ書き　に該当。スタッドの面積も算入するので，誤りである。
(5) は，②号ホ　に該当。規定のとおりである。正しい。

〔答〕 (4)

〔ポイント〕 伝熱面積は燃焼ガス側で算出。水管は外径側，煙管は内径側で算出「わかりやすい1.3」。

問2　ボイラー（小型ボイラーを除く。）の検査及び検査証に関するＡからＤまでの記述で，法令上，正しいもののみを全て挙げた組合せは，次のうちどれか。

Ａ　落成検査は，構造検査又は使用検査に合格した後でなければ受けることができない。
Ｂ　落成検査に合格したボイラー又は所轄労働基準監督署長が落成検査の必要がないと認めたボイラーについては，ボイラー検査証が交付される。
Ｃ　ボイラー検査証の有効期間は，原則として１年であるが，性能検査の結果により１年未満又は１年を超え２年以内の期間を定めて更新することができる。
Ｄ　ボイラー検査証の有効期間をこえて使用を休止したボイラーを，再び使用しようとする者は，性能検査を受けなければならない。

⑴　Ａ，Ｂ
⑵　Ａ，Ｃ
⑶　Ａ，Ｂ，Ｃ
⑷　Ｂ，Ｃ，Ｄ
⑸　Ｃ，Ｄ

〔解説〕　本問の検査及び検査証については（ボ則）に規定されている。設問各項に該当する規定を略記し，正誤を判断し，正しいものの組合せを見つける。
Ａ　の，落成検査については，14条２項に，
「落成検査は，構造検査又は使用検査に合格した後でなければ，受けることはできない。」とあり，正しい。
Ｂ　の，落成検査合格による検査証交付は，15条１項に，
「所轄労働基準監督署長は，落成検査に合格したボイラー，又は前条第１項ただし書きのボイラー（所轄労働基準監督署長が当該検査の必要がないと認めたボイラー）について，ボイラー検査証を交付する。」とあり，正しい。
Ｃ　の，検査証の有効期間は，37条１項と38条２項に，
「ボイラー検査証の有効期間は，１年とする。」「性能検査の結果により，１年未満または年を超え２年以内の期間を定めて有効期間を更新する。」とあり，正しい。
Ｄ　の，使用を休止したボイラーを再び使用しようとするときは，46条１項に
「使用を休止したボイラーを再び使用しようとする者は，（中略）所轄労働基準監督署長の検査を受けなければならない。」と規定し，46条２項には，「前項の規定による検査（以下この章において「使用再開検査」という。）を受けようとするものは，ボイラー使用再開検査申請書を（中略）提出しなければならない。」とあり，性能検査を受けるというのは，誤りである。
以上から，正しいＡとＢとＣの組合せは，⑶である。

〔答〕　⑶

〔ポイント〕　検査証の交付と更新，休止や廃止ボイラーの再使用への処置を覚えること「わかりやすい2.2.3 ⑥ 2.2.4 ⑴ ⑵ 2.3.1 ⑥ 2.4.4」。

問3　ボイラー取扱作業主任者の職務として，法令に定められていない事項は次のうちどれか。

(1)　急激な負荷の変動を与えないように努めること。
(2)　圧力，水位及び燃焼状態を監視すること。
(3)　排出されるばい煙の測定濃度及びボイラー取扱い中における異常の有無を記録すること。
(4)　通風装置の機能の保持に努めること。
(5)　ボイラーについて異状を認めたときは，直ちに必要な措置を講ずること。

〔解説〕　ボイラー取扱作業主任者の職務は，（ボ則）25条に以下の①号~⑩号が規定されている。設問の5つの記述のうちこれに定められていない項目を探す。

（ボイラー取扱作業主任者の職務）25条

1　①　圧力，水位及び燃焼状態を監視すること。
②　急激な負荷の変動を与えないように努めること。
③　最高使用圧力をこえて圧力を上昇させないこと。
④　安全弁の機能の保持に努めること。
⑤　一日一回以上水面測定装置の機能を点検すること。
⑥　適宜，吹出しを行い，ボイラー水の濃縮を防ぐこと。
⑦　給水装置の機能の保持に努めること。
⑧　低水位燃焼しゃ断装置，火炎検出装置その他の自動制御装置を点検し，及び調整すること。
⑨　ボイラーについて異状を認めたときは，直ちに必要な措置を講じること。
⑩　排出されるばい煙の測定濃度及びボイラー取扱い中における異常の有無を記録すること。

上記の1項の規定に，設問各記述の規定の有無を判断する。
(1)　は，②号　に定められている。
(2)　は，①号　に，定められている。
(3)　は，⑩号　に，定められている。
(4)　の，通風装置の機能の保持については規定がなく，法令に定められていない。
(5)　は，⑨号　に，定められている。

〔答〕　(4)

〔ポイント〕　25条（ボイラー取扱作業主任者の職務）10か条を覚えること「わかりやすい2.7.2 (3)」。

問4　ボイラー（小型ボイラーを除く。）の附属品の管理に関し，法令に定められていないものは次のうちどれか。

(1)　燃焼ガスに触れる給水管，吹出管及び水面測定装置の連絡管は，耐熱材料で防護しなければならない。
(2)　圧力計の目もりには，ボイラーの常用圧力を示す位置に，見やすい表示をしなければならない。
(3)　蒸気ボイラーの常用水位は，ガラス水面計又はこれに接近した位置に，現在水位と比較することができるように表示しなければならない。
(4)　安全弁が２個以上ある場合において，１個の安全弁を最高使用圧力以下で作動するように調整したときは，他の安全弁を最高使用圧力の３％増以下で作動するように調整することができる。
(5)　温水ボイラーの返り管については，凍結しないように保温その他の措置を講じなければならない。

〔解説〕　附属品の管理は，（ボ則）28条１項の①号~⑧号や２項に規定されている。本問に関連にする条項をあげ，判断する。
(附属品の管理) 28条
1　事業者は，ボイラーの安全弁その他の附属品の管理について，次の事項を行わなければならない。
①　安全弁は，最高使用圧力以下で作動するように調整すること。
⑤　圧力計又は水高計の目もりには，当該ボイラーの最高使用圧力を示す位置に，見やすい表示をすること。
⑥　蒸気ボイラーの常用水位は，ガラス水面計又はこれに接近した位置に，現在水位と比較することができるように表示すること。
⑦　燃焼ガスに触れる給水管，吹出管及び水面測定装置の連絡管は，耐熱材料で防護すること。
⑧　温水ボイラーの返り管については，凍結しないように保温その他の措置を講ずること。
2　前項第①号の規定にかかわらず，事業者は，安全弁が２個以上ある場合において，１個の安全弁を最高使用圧力以下で作動するよう調整したときは，他の安全弁を最高使用圧力の３％増以下で作動するよう調整することができる。

以上から，本問の５つの記述をみてみると，
(1)　の，燃焼ガスに触れる箇所の防護は，⑦号　のとおり，定められている。
(2)　の，圧力計の目もりへの表示は，⑤号　の規定では，最高使用圧力であり，常用圧力を示す位置とは，定められていない。
(3)　の，常用水位の表示は，⑥号　のとおり，定められている。
(4)　の，安全弁が２個あるとき１個の調整は，２項　のとおり，定められている。
(5)　の，返り管の凍結防止の措置は，⑧号　のとおり，定められている。

〔答〕　(2)

〔ポイント〕　28条の表示で，⑤号は常用圧力でなく最高使用圧力，⑧号の水位は常用水位，また１号の防護は不燃材料でなく耐火材料など，確実に覚えること「わかりやすい2.7.5」。

問5　ボイラー室の管理等に関し，法令に定められていないものは次のうちどれか。ただし，設置されているボイラーは，移動式ボイラー又は小型ボイラーではないものとする。

(1)　ボイラー室その他のボイラー設置場所には，関係者以外の者がみだりに立ち入ることを禁止し，かつ，その旨を見やすい箇所に掲示しなければならない。
(2)　ボイラー検査証並びにボイラー室管理責任者の職名及び氏名をボイラー室その他のボイラー設置場所の見やすい箇所に掲示しなければならない。
(3)　燃焼室，煙道等のれんがに割れが生じ，又はボイラーとれんが積みとの間にすき間が生じたときは，すみやかに補修しなければならない。
(4)　ボイラー室には，必要がある場合のほか，引火しやすいものを持ち込ませてはならない。
(5)　ボイラー室には，水面計のガラス管，ガスケットその他の必要な予備品及び修繕用工具類を備えておかなければならない。

〔解説〕　ボイラー室の管理については，（ボ則）29条の①~⑥号に規定されている。
①　ボイラー室その他のボイラー設置場所には，関係者以外の者がみだりに立ち入ることを禁止し，かつ，その旨を見やすい箇所に掲示すること。
②　ボイラー室には，必要がある場合のほか，引火しやすい物を持ち込ませないこと。
③　ボイラー室には，水面計のガラス管，ガスケットその他の必要な予備品及び修繕用工具類を備えておくこと。
④　ボイラー検査証並びにボイラー取扱作業主任者の資格及び氏名をボイラー室その他のボイラー設置場所の見やすい箇所に掲示すること。
⑤　移動式ボイラーにあっては，ボイラー検査証又はその写をボイラー取扱作業主任者に所持させること。
⑥　燃焼室，煙道等のれんがに割れが生じ，又はボイラーとれんが積との間にすき間が生じたときは，すみやかに補修すること。

以上の規定から，本問５つの記述をみてみると，
(1)　は，①号　のとおり，定められている。
(2)　は，④号　の規定により，掲示するのはボイラー検査証とボイラー取扱作業主任者の氏名と資格であり，ボイラー室管理責任者の職名及び氏名とは，定められていない。
(3)　は，⑥号　のとおり，定められている。
(4)　は，②号　のとおり，定められている。
(5)　は，③号　のとおり，定められている。

〔答〕　(2)

〔ポイント〕　ボイラー室の管理の６項目を把握すること「わかりやすい2.7.6」。

問6　ボイラー（小型ボイラーを除く。）の変更届及び変更検査に関し，法令上，誤っているものは次のうちどれか。
ただし，計画届の免除認定を受けていない場合とする。

⑴　ボイラーの煙管を変更しようとする事業者は，ボイラー変更届にボイラー検査証及び変更の内容を示す書面を添えて，所轄労働基準監督署長に提出しなければならない。
⑵　ボイラーの空気予熱器を変更しようとする事業者は，ボイラー変更届を所轄労働基準監督署長に提出する必要はない。
⑶　ボイラーの過熱器に変更を加えた者は，所轄労働基準監督署長が検査の必要がないと認めたボイラーを除き，変更検査を受けなければならない。
⑷　所轄労働基準監督署長は，変更検査に合格したボイラーについて，そのボイラー検査証に検査期日，変更部分及び検査結果について裏書を行うものとする。
⑸　変更検査に合格しても，ボイラー検査証の有効期間は更新されない。

〔解説〕　本問の変更検査などに関しては，（ボ則）の41～43条に規定されている。

（変更届）41条

事業者は，ボイラーについて，次の各号のいずれかに掲げる部分又は設備を変更しようとするときは，法第88条第1項の規定により，ボイラー変更届にボイラー検査証及びその変更内容を示す書面を添えて，所轄労働基準監督署長に提出しなければならない。　（注：法とは，労働安全衛生法のことである。）

①　胴，ドーム，炉筒，火室，鏡板，天井板，管板，管寄せ又はステー
②　附属設備　（注：（ボ則）7条により，過熱器，節炭器が該当する。）
③　燃焼装置
④　据付基礎

（変更検査）42条

ボイラーについて第41条各号のいずれかの部分又は設備に変更を加えた者は，法第38条第3項の規定により，当該ボイラーについて所轄労働基準監督署長の検査を受けなければならない。（以下，略）

（ボイラー検査証の裏書）43条

労働基準監督署長は，変更検査に合格したボイラーについて，そのボイラー検査証に検査期日，変更部分及び検査結果について裏書を行うものとする。

以上の規定から，本問5つの記述の正誤を判断する。

⑴　の，煙管は，41条1項　に規定がなく，変更届は不要。誤りである。
⑵　の，空気予熱器は，41条　に規定されていない。変更届は不要で，正しい。
⑶　の，過熱器は，41条1項②号　に規定。42条の変更検査を受ける。正しい。
⑷　の，検査結果等の裏書は，43条　に規定され，正しい。
⑸　の，検査証有効期間の更新は，38条　の性能検査での合格であり，変更検査合格では更新されないので，正しい。

〔答〕　⑴

〔ポイント〕　煙管，水管は42条に規定されていない「わかりやすい 2.4.1」。

問7　鋼製ボイラー（小型ボイラーを除く。）の給水装置に関し，法令上，誤っているものは次のうちどれか。

(1)　蒸気ボイラーには，最大蒸発量以上を給水することができる給水装置を備えなければならない。
(2)　近接した2以上の蒸気ボイラーを結合して使用する場合には，結合して使用する蒸気ボイラーを1の蒸気ボイラーとみなして，要件を満たす給水装置を備えなければならない。
(3)　燃料の供給を遮断してもなおボイラーへの熱供給が続く蒸気ボイラーには，原則として，随時単独に最大蒸発量以上を給水することができる給水装置を2個備えなければならない。
(4)　最高使用圧力1MPa未満の蒸気ボイラーの給水装置の給水管には，給水弁のみを取り付け，逆止め弁は取り付けなくてもよい。
(5)　給水内管は，取外しができる構造のものでなければならない。

〔解説〕　給水装置については，（ボ構規）に給水装置等として，73条～76条に規定がある。設問に関連する条項をあげ，検討する。

（給水装置）73条

1　蒸気ボイラーには，最大蒸発量以上を給水することができる給水装置を備えなければならない。

2　蒸気ボイラーであって燃料の供給を遮断してもなおボイラーへの熱供給が続くもの及び低水位燃料遮断装置を有しない蒸気ボイラーにあっては，随時単独に最大蒸発量以上に給水することができる給水装置を2個備えなければならない。ただし，（以下，略）

（近接した2以上の蒸気ボイラーの特例）74条

近接した2以上の蒸気ボイラーを結合して使用する場合には，1の蒸気ボイラーとみなして前条の規定を適用する。

（給水弁と逆止め弁）75条

給水装置の給水管には，蒸気ボイラーに近接した位置に，給水弁及び逆止め弁を取り付けなければならない。ただし，貫流ボイラー及び最高使用圧力0.1MPa未満の蒸気ボイラーにあっては，給水弁のみとすることができる。

（給水内管）76条

給水内管は，取り外しができる構造のものでなければならない。

以上より，

(1)　は，73条1項　により，正しい。
(2)　は，74条　により，正しい。
(3)　は，73条2項　により，正しい。
(4)　は，75条　により，最高使用圧力0.1MPa未満の蒸気ボイラーの場合逆止め弁が不要だが，1MPaでは必要となり，誤り。
(5)　は，76条　により，正しい。

〔答〕　(4)

〔ポイント〕　給水能力規定や給水管規定を把握すること「わかりやすい 12.1.5」

問8　鋼製蒸気ボイラー（小型ボイラーを除く。）の自動給水調整装置等に関し，法令上，誤っているものは次のうちどれか。

(1)　自動給水調整装置は，ボイラーごとに設けなければならない。
(2)　自動給水調整装置を有するボイラー（貫流ボイラーを除く。）には，低水位燃料遮断装置を設けなければならない。
(3)　低水位燃料遮断装置は，ボイラーの起動時に水位が安全低水面以下である場合は警報を発するだけで燃料の供給は遮断しないが，ボイラーの運転時に水位が安全低水面以下になった場合には，燃料の供給を遮断する装置である。
(4)　ボイラーの使用条件により運転を緊急停止することが適さないボイラーには，低水位燃料遮断装置に代えて，低水位警報装置を設けることができる。
(5)　貫流ボイラーには，ボイラーごとに，起動時にボイラー水が不足している場合及び運転時にボイラー水が不足した場合に，自動的に燃料の供給を遮断する装置又はこれに代わる安全装置を設けなければならない。

〔解説〕　ボイラーの自動給水調整装置については，（ボ構規）84条に規定されている。この規定と各記述を照合し，誤りを見つける。

(自動給水調整装置等) 84条

1　自動給水調整装置は，蒸気ボイラーごとに設けなければならない。
2　自動給水調整装置を有する蒸気ボイラー（貫流ボイラーを除く）には，当該ボイラーごとに，起動時に水位が安全低水面以下になった場合及び運転時に水位が安全低水面以下になった場合に，自動的に燃料の供給を遮断する装置（低水位燃料遮断 装置という。）を設けなければならない。
3　貫流ボイラーには，ボイラーごとに，起動時にボイラー水が不足している場合及び運転時にボイラー水が不足した場合に，自動的に燃料の供給を遮断する装置又はこれに代わる安全装置を設けなければならない。
4　第2項の規定にかかわらず，次の各号のいずれかに該当する場合には，低水位警報装置（水位が安全低水面以下の場合に，警報を発する装置をいう。）をもって低水位燃料遮断装置に代えることができる。
①　燃料の性質又は燃焼装置の構造により，緊急遮断が不可能なもの。
②　ボイラーの使用条件によりボイラーの運転を緊急停止することが適さないもの。

以上より，各記述の正誤を判断する。
(1)　は，84条1項　の規定により，正しい。
(2)　は，84条2項　の規定により，正しい。
(3)　は，84条2項　のとおり，低水位燃料遮断装麗はボイラーの起動時及び運転時に水位が安全低水面以下になった場合，燃料の供給をしゃ断するものであり，警報を発するだけで燃料をしゃ断しないというのは，誤りである。
(4)　は，84条4項②号　の規定により，正しい。
(5)　は，84条3項　の規定により，正しい。

〔答〕 (3)

〔ポイント〕　自動給水調整装置はボイラー毎に。低水位警報装置と低水位燃料遮断装置の働きの違いを把握すること「わかりやすい 12.1.8 (1)〜(4)」。

問9　鋼製蒸気ボイラー（貫流ボイラー及び小型ボイラーを除く。）の水面測定装置に関し，法令上，誤っているものは次のうちどれか。

(1)　ボイラーには，ガラス水面計を２個以上取り付けなければならないが，胴の内径が750 mm以下のもの又は遠隔指示水面測定装置を２個取り付けたボイラーにあっては，そのうちの１個をガラス水面計でない水面測定装置とすることができる。
(2)　水柱管とボイラーを結ぶ蒸気側連絡管を，水柱管及びボイラーに取り付ける口は，水面計で見ることができる最高水位より下であってはならない。
(3)　最高使用圧力1.6 MPaを超えるボイラーの水柱管は，鋳鉄製としてはならない。
(4)　ガラス水面計は，そのガラス管の最下部が安全低水面を指示する位置に取り付けなければならない。
(5)　ガラス水面計でない水面測定装置として験水コックを設ける場合には，３個以上取り付けなければならないが，胴の内径が900 mm以下で，かつ，伝熱面積が20 m^2未満のボイラーでは，２個とすることができる。

〔解説〕　水面測定装置に関しては，（ボ構規）69条～72条に規定されている。これをあげて，設問各記述の正誤を判定する。

(ガラス水面計) 69条

1　蒸気ボイラー（カッコ内，略）には，ボイラー本体又は水柱管に，ガラス水面計を２個以上を取り付けなければならない。ただし，次の各号に掲げる蒸気ボイラーにあっては，そのうちの１個をガラス水面計でない水面測定装置とすることができる。
　①　胴の内径が750 mm以下の蒸気ボイラー
　②　遠隔指示水面測定装置を２個取り付けた蒸気ボイラー
2　ガラス水面計は，そのガラス管の最下部が安全低水面を指示する位置に取り付けなければならない。

(水柱管) 70条

1　最高使用圧力1.6 MPaを超えるボイラーの水柱管は，鋳鉄製としてはならない。

(水柱管との連絡管) 71条

3　蒸気側連絡管は，（中略）これを水柱管及びボイラーに取り付ける口は，水面計で見ることができる最高水位より下であってはならない。

(験水コック) 72条

1　ガラス水面計でない水面測定装置として験水コックを設ける場合には，ガラス水面計のガラス管取り付け位置と同等の高さの範囲において３個以上取り付けなければならない。ただし，胴の内径が750 mm以下で，かつ，伝熱面積が10 m^2未満の蒸気ボイラーにあっては，その数を２個とすることができる。

以上の規定より，
(1)　は，69条１項　のただし書き①，②号を含めた規定のとおり。正しい。
(2)　は，71条３項　に規定のとおり。正しい。
(3)　は，70条１項　に規定のとおり。正しい。
(4)　は，69条２項　に規定のとおり。正しい。
(5)　は，72条１項　にただし書き以降の規定があるが，設問の胴内径・伝熱面積はともに規定より大きいので，験水コックを２個にはできない。誤りである。

〔答〕　(5)

〔ポイント〕　水面測定装置の種類，取り付け規定を把握すること「わかりやすい12.1.4」。

問10　鋳鉄製ボイラー（小型ボイラーを除く。）に関し，法令に定められていない内容のものは次のうちどれか。

(1)　ガラス水面計でない他の水面測定装置として験水コックを設ける場合には，ガラス水面計のガラス管取付位置と同等の高さの範囲において3個以上取り付けなければならない。
(2)　温水ボイラーで圧力が0.3 MPaを超えるものには，温水温度が120℃を超えないように温水温度自動制御装置を設けなければならない。
(3)　温水ボイラーには，ボイラーの本体又は温水の出口付近に水高計又は圧力計を取り付けなければならない。
(4)　給水が水道その他圧力を有する水源から供給される場合には，水源に係る管を返り管に取り付けなければならない。
(5)　暖房用温水ボイラーには，逃がし弁を備えなければならないが，内部の圧力を最高使用圧力以下に保持することができる開放型膨張タンクに通ずる逃がし管を備えたものについては，この限りでない。

〔解説〕　鋳鉄製ボイラーについては，（ボ構規）第2編 鋳鉄製ボイラー に規定されている。本問に係わる95～98，100条を略記し，各記述を検討する。

(逃がし弁及び逃がし管) 95条1項

1　暖房用温水ボイラーには，圧力が最高使用圧力に達すると直ちに作用し，かつ，内部の圧力を最高使用圧力以下に保持する逃がし弁を備えること。ただし，開放型膨張タンクに通じる逃がし管を備え，内部の圧力を最高使用圧力以下に保持することができるものを備えた暖房用蒸気ボイラーはこの限りでない。

(圧力計，水高計及び温度計) 96条2項

2　温水ボイラーには，ボイラーの本体又は温水の出口付近に水高計を取り付けなければならない。ただし，水高計に代えて圧力計を取り付けることができる。

(ガラス水面計及び験水コック) 97条3項

3　ガラス水面計でない他の水面測定装置として験水コックを設ける場合には，ガラス水面計のガラス管取付位置と同等の高さの範囲において2個以上取り付けなければならない。

(温水温度自動制御装置) 98条

温水ボイラーで圧力が0.3 MPaを超えるものには，温水温度が120度を超えないように温水温度自動制御装置を設けなければならない。

(圧力を有する水源からの給水) 100条

給水が水道その他圧力を有する水源から供給される場合には，当該水源に係る管を返り管に取り付けなければならない。

以上から本問5つの記述についての規定の有無を判断する。

(1)　は，97条3項　の規定で，ガラス水面計の代わりに験水コックを設ける場合，コック数は2個以上と規定し，3個以上とは，定められていない。
(2)　は，98条　に定められている。
(3)　は，96条2項　に定められている。
(4)　は，100条　に定められている。
(5)　は，95条1項　に定められている。

〔答〕 (1)

〔ポイント〕　験水コック：鋳鉄製ボイラーの場合は2個以上でよい「わかりやすい 12.2.2 (2) 12.2.3 (2) 12.2.4 (2)(3) 12.2.6」。

問１　法令上，原則としてボイラー技士でなければ取り扱うことができないボイラーのみを全て挙げた組合せは，次のうちどれか。

A　伝熱面積が15 m^2の温水ボイラー
B　胴の内径が750 mmで，その長さが1300 mmの蒸気ボイラー
C　伝熱面積が４m^2の蒸気ボイラーで，胴の内径が800 mm，かつ，その長さが1500 mmのもの
D　最大電力設備容量が60kWの電気ボイラー

(1)　A，B
(2)　A，B，C
(3)　A，C
(4)　A，C，D
(5)　B，D

〔解説〕　ボイラー（小型，簡易ボイラーを除く）はボイラー技士（特級，一級又は二級ボイラー技士）でなければ取り扱えないが，小規模なボイラーについては，ボイラー取扱技能講習を修了した者（以下「技能講習修了者」という。）も取り扱うことができる。
本問は，各項のボイラーがこの小規模なボイラーに該当するかを問うものである。
（ボ則）の23条（就業制限）を略記して，検討する。
1　事業者は，令第20条第③号の業務（注：ボイラー（小型ボイラーを除く。）の取扱いの業務）については，特級，一級又は二級ボイラー技士免許を受けた者（以下「ボイラー技士」という。）でなければ，当該業務につかせてはならない。
2　事業者は，前項本文の規定にかかわらず，令第20条第⑤号イからニまでに掲げるボイラーの取扱いの業務については，技能講習修了者を当該業務につかせることができる。（注：「令」とは，労働安全衛生法施行令のことである。）
　との規定があり，令第20条第⑤号イからニは，
イ　胴の内径が750 mm以下で，かつ，その長さが1,300 mm以下の蒸気ボイラー
ロ　伝熱面積が３m^2以下の蒸気ボイラー
ハ　伝熱面積が14 m以下の温水ボイラー
ニ　伝熱面積が30 ㎡以下の貫流ボイラー（カッコ内，略。）
と，規定されている。
　ここで，設問各項のボイラーを，種類と伝熱面積やサイズなどから判断すると，
A　は，ハ　に該当, 14 m^2を超えているので，ボイラー技士でなければならない。
B　は，イ　に該当，胴の内径，長さとも規定値であり，ボイラー技士でなくても取り扱える。
C　は，ロ　に該当, ３m^2を超えているので, ボイラー技士でなければ取り扱えない。
D　の，電気ボイラーは（ボ則）第２条第④号の電力設備容量20 kWを１m^2とみなす規定から，換算すると60 kWは３m^2となり，ボイラー技士でなくても取り扱える。
（注）令和５年12月に電力設備容量60 kWを１m^2とみなすと改正された。

　以上から，ボイラー技士でなければ取り扱えないのは，AとCであり，この組み合わせは，(3)　である。

〔答〕　(3)

〔ポイント〕　(令)第20条第⑤号イ～ニは「小規模ボイラー」と通称。ボイラーの種別とその規定数値を把握すること「わかりやすい 1.1.3 (3) 2.7.1」。

ボイラーの構造　令5前　令4後　令4前　令3後　令3前　令2後
ボイラーの取扱い　令5前　令4後　令4前　令3後　令3前　令2後
燃料及び燃焼　令5前　令4後　令4前　令3後　令3前　令2後
関係法令　令5前　令4後　令4前　令3後　令3前　令2後

問2　ボイラー（移動式ボイラー，屋外式ボイラー及び小型ボイラーを除く。）の設置場所等に関し，法令上，誤っているものは次のうちどれか。

(1)　伝熱面積が3 m^2をこえるボイラーは，専用の建物又は建物の中の障壁で区画された場所に設置しなければならない。
(2)　ボイラーの最上部から天井，配管その他のボイラーの上部にある構造物までの距離は，安全弁その他の附属品の検査及び取扱いに支障がない場合を除き，1.2 m以上としなければならない。
(3)　胴の内径が500 mm以下で，かつ，長さが1000 mm以下の立てボイラーは，ボイラーの外壁から壁，配管その他のボイラーの側部にある構造物（検査及びそうじに支障のない物を除く。）までの距離を0.3 m以上としなければならない。
(4)　ボイラーに附設された金属製の煙突又は煙道の外側から0.15 m以内にある可燃性の物については，原則として，金属以外の不燃性の材料で被覆しなければならない。
(5)　ボイラー室に，ボイラーと燃料又は燃料タンクとの間に適当な障壁を設ける等防火のための措置を講じることなく燃料の重油を貯蔵するときは，これをボイラーの外側から1.2 m以上離しておかなければならない。

〔解説〕　ボイラーの設置場所等については（ボ則）18条～22条に規定されている。
設問各項に関わる規定を略記し，記述各項を照合し，正誤を判断する。

(1)　の，ボイラーの設置場所については，18条の「ボイラーについては，専用の建物又は建物の中の障壁で区画された場所に設置しなければならない。ただし，伝熱面積が3 m^2以下のボイラーについては，この限りではない。」の規定のとおりであり，正しい。
(2)　の，ボイラー上部にある構造物の距離については，20条1項に，「ボイラーの最上部からボイラーの上部にある構造物までの距離を1.2 m以上としなければならない。ただし，安全弁その他の附属品の検査及び取扱いに支障がないときは，この限りでない。」とあり，正しい。
(3)　の，ボイラー外壁から側部の構造物の距離については，20条2項に，「本体を被覆していないボイラー又は立てボイラーは，ボイラーの外壁からその側部にある構造物までの距離を0.45 m以上」とあるが，ただし書きで，「胴内径が500 mm以下，かつ，その長さが1,000 mm以下のボイラーについては，この距離は0.3 m以上とする」とあり，正しい。
(4)　の，金属製の煙突又は煙道の外側にある可燃物の被覆については，21条1項に，「ボイラー，ボイラーに附設された金属製の煙突又は煙道の外側から0.15 m以内にある可燃性の物は，金属以外の不燃性の材料で被覆しなければならない。」とあり，正しい。
(5)　の，ボイラー設置場所に燃料を貯蔵するときについては，21条2項に，「ボイラー設置場所に燃料を貯蔵するときはこれをボイラーの外側から2 m（固体燃料にあっては1.2 m）以上離しておかなければならない。」とあり，固体燃料ではない重油は1.2 mではなく2 m必要で，誤りである。

〔答〕　(5)

〔ポイント〕　ボイラー最上部と構造物，保管する燃料との距離など，数値を覚えること「わかりやすい 2.6.1 2.6.3 2.6.4」。

問３　法令上，一級ボイラー技士をボイラー取扱作業主任者として選任できない作業は，次のうちどれか。ただし，いずれのボイラーも，異常があった場合に安全に停止させることができる機能を有する自動制御装置を設置していないものとする。

(1)　最高使用圧力1.2 MPa，伝熱面積245 m^2の蒸気ボイラー　２基及び最高使用圧力0.2 MPa，伝熱面積14 m^2の温水ボイラー　１基の計３基のボイラーを取り扱う作業
(2)　最高使用圧力1.1 MPa，最大電力設備容量400 kWの電気ボイラー 20基を取り扱う作業
(3)　最高使用圧力1.6 MPa，伝熱面積180 m^2の廃熱ボイラー　６基を取り扱う作業
(4)　最高使用圧力1.6 MPa，伝熱面積165 m^2の蒸気ボイラー　３基及び最高使用圧力1.6 MPa，伝熱面積30 ㎡の気水分離器を有しない貫流ボイラー　１基の計４基のボイラーを取り扱う作業
(5)　最高使用圧力３MPa，伝熱面積490㎡の蒸気ボイラー　１基及び最高使用圧力0.2 MPa，伝熱面積３m^2の蒸気ボイラー　５基の計６基のボイラーを取り扱う作業

〔解説〕　一級ボイラー技士をボイラー取扱作業主任者に選任できるのは，取り扱うボイラーの伝熱面積の合計によること，また，伝熱面積の算定方法が（ボ則）24条に規定されている。これを略記して検討する。

（ボイラー取扱作業主任者の選任）24条

1　事業者は，（令）第６条第④号の作業（ボイラー（小型ボイラーを除く）の取扱いの作業）については，次の各号の区分に応じ，選任すること。
　①　伝熱面積の合計500 m^2以上　　　　　　特級ボイラー技士
　②　伝熱面積の合計25 m^2以上500 m^2未満　特級，又は一級ボイラー技士
　③　伝熱面積の合計25 m^2未満　　　　　　特級，一級，又は二級ボイラー技士
　④　（令）20条⑤号イからニまでに掲げるボイラー（問１の解説参照）は，特級，一級，二級ボイラー技士又はボイラー取扱技能講習修了者
2　前項①～③号の伝熱面積の合計は，次に定めるところにより算定する。
　①　貫流ボイラーは，その伝熱面積に１/10を乗じて得た値を伝熱面積とする。
　②　火気以外の高温ガスで加熱するボイラーは，その伝熱面積の１/２とする。
　③　（令）第20条第⑤号イからニまでに掲げるボイラーは算入しない。
　④　自動制御装置を備えたボイラーは，その最大の伝熱面積のみとする。

（注）電気ボイラーについては（ボ則）２条④号に「電気設備容量20kWを１m^2とみなして換算した面積」との規定がある。※令和５年12月に電気設備容量60 kWを１m^2とみなすと改正された。

設問の伝熱面積を２項で換算して算定し，１項規定の，500 m^2以上を見つける。
(1)　は，245 m^2 × 2 = 490 m^2（伝熱面積14m^2以下の温水ボイラーは２項③号に該当）
(2)　は，400 kW ÷ 20 kW/m^2 × 20 = 400 m^2（20 kWを１m^2とみなす）
(3)　は，180 m^2 × 1/2 × 6 = 540 m^2（廃熱ボイラーは２項②号を適用）
(4)　は，165 m^2 × 3 = 495 m^2（貫流ボイラーは２項③号に該当）
(5)　は，490 m^2 × 1 = 490 m^2（伝熱面積３m^2以下の蒸気ボイラーは２項③号に該当）
以上より，一級ボイラー技士を選任できない500 m^2以上は　(3)　である。

〔答〕　(3)
〔ポイント〕　伝熱面積算定では24条２項の算定規定に留意すること「わかりやすい2.7.2 (1)」。

問4　ボイラー（小型ボイラーを除く。）の附属品の管理に関し，法令に定められていないものは次のうちどれか。

(1)　燃焼ガスに触れる給水管，吹出管及び水面測定装置の連絡管は，耐熱材料で防護しなければならない。
(2)　安全弁が2個以上ある場合において，1個の安全弁を最高使用圧力以下で作動するように調整したときは，他の安全弁を最高使用圧力の3％増以下で作動するように調整することができる。
(3)　圧力計は，使用中その機能を害するような振動を受けることがないようにし，かつ，その内部が凍結し，又は80℃以上の温度にならない措置を講じなければならない。
(4)　圧力計の目もりには，ボイラーの最高使用圧力を示す位置に，見やすい表示をしなければならない。
(5)　蒸気ボイラーの返り管については，凍結しないように保温その他の措置を講じなければならない。

〔解説〕　附属品の管理は，（ボ則）28条1項の①号~⑧号や2項に規定されている。本問に関連する条項を略記し，判断する。

（附属品の管理）28条

1　事業者は，ボイラーの安全弁その他の附属品の管理について，次の事項を行わなければならない。
　④　圧力計又は水高計は，使用中その機能を害するような振動を受けることがないようにし，かつ，その内部が凍結し，又は80℃以上の温度にならない措置を講ずること。
　⑤　圧力計又は水高計の目もりには，当該ボイラーの最高使用圧力を示す位置に，見やすい表示をすること。
　⑦　燃焼ガスに触れる給水管，吹出管及び水面測定装置の連絡管は，耐熱材料で防護すること。
　⑧　温水ボイラーの返り管については，凍結しないように保温その他の措置を講ずること。

2　前項第①号の規定にかかわらず，事業者は，安全弁が2個以上ある場合において，1個の安全弁を最高使用圧力以下で作動するように調整したときは，他の安全弁を最高使用圧力の3％増以下で作動するよう調整することができる。

以上から，本問5つの記述が法に定められているかどうかをみてみると，
(1)　の，燃焼ガスに触れる箇所の防護は，1項⑦号　のとおり，定められている。
(2)　の，安全弁の調整については，2項　のとおり，定められている。
(3)　の，圧力計の機能保持については，1項④号　のとおり，定められている。
(4)　の，圧力計目もりへの表示は，1項⑤号　のとおり，定められている。
(5)　の，返り管の凍結防止の措置は，1項⑧号　に，温水ボイラーの場合と規定，蒸気ボイラーではないので，定められていない。

〔答〕　(5)

〔ポイント〕　返り管凍結防止は蒸気ボイラーでなく温水ボイラー，⑦号の被覆材は不燃材料でなく耐熱材料，など，28条①～⑧号を正しく把握すること「わかりやすい2.7.5」。

問5　ボイラー室の管理等に関し，法令に定められていないものは次のうちどれか。ただし，設置されているボイラーは，移動式ボイラー又は小型ボイラーではないものとする。

(1)　ボイラー室その他のボイラー設置場所には，関係者以外の者がみだりに立ち入ることを禁止し，かつ，その旨を見やすい箇所に掲示しなければならない。
(2)　ボイラー検査証並びにボイラー室管理責任者の職名及び氏名をボイラー室その他のボイラー設置場所の見やすい箇所に掲示しなければならない。
(3)　ボイラー室には，必要がある場合のほか，引火しやすいものを持ち込ませてはならない。
(4)　ボイラー室には，水面計のガラス管，ガスケットその他の必要な予備品及び修繕用工具類を備えておかなければならない。
(5)　ボイラー取扱作業主任者を選任したときは，ボイラー取扱作業主任者の氏名及びその者に行わせる事項を，作業場所の見やすい箇所に掲示する等により関係労働者に周知させなければならない。

〔解説〕　ボイラー室の管理については（ボ則）29条に，作業主任者の周知については労働安全衛生規則18条に規定されている。本問に関連する条項をあげ，検討する。

（ボ則）（ボイラー室の管理等）29条

①　ボイラー室その他のボイラー設置場所には，関係者以外の者がみだりに立ち入ることを禁止し，かつ，その旨を見やすい箇所に掲示すること。
②　ボイラー室には，必要がある場合のほか，引火しやすい物を持ち込ませないこと。
③　ボイラー室には，水面計のガラス管，ガスケットその他の必要な予備品及び修繕用工具類を備えておくこと。
④　ボイラー検査証並びにボイラー取扱作業主任者の資格及び氏名をボイラー室その他のボイラー設置場所の見やすい箇所に掲示すること。

（労働安全衛生規則）（作業主任者の氏名等の周知）18条

　事業者は，作業主任者を選任したときは，当該作業主任者の氏名及びその者に行わせる事項を作業場の見やすい箇所に掲示し，関係労働者に周知させること。

以上の規定から，本問5つの記述をみてみると，

(1)　は，①号　のとおり，定められている。
(2)　は，④号　の規定により，掲示するのはボイラー検査証とボイラー取扱作業主任者の氏名と資格であり，ボイラー室管理責任者の職名及び氏名とは，定められていない。
(3)　は，②号　のとおり，定められている。
(4)　は，③号　のとおり，定められている。
(5)　は，（労働安全衛生規則）18条　のとおり，定められている。

〔答〕　(2)

〔ポイント〕　（ボ則）29条（ボイラー室の管理等）を把握すること「わかりやすい2.7.6」。

問6　ボイラー（小型ボイラーを除く。）の変更届及び変更検査に関し，法令上，誤っているものは次のうちどれか。ただし，計画届の免除認定を受けていない場合とする。

(1)　ボイラーの燃焼装置を変更しようとする事業者は，ボイラー変更届にボイラー検査証及び変更の内容を示す書面を添えて，所轄労働基準監督署長に提出しなければならない。
(2)　ボイラーの節炭器（エコノマイザ）を変更しようとする事業者は，ボイラー変更届を所轄労働基準監督署長に提出する必要はない。
(3)　ボイラーの炉筒に変更を加えた者は，所轄労働基準監督署長が検査の必要がないと認めたボイラーを除き，変更検査を受けなければならない。
(4)　所轄労働基準監督署長は，変更検査に合格したボイラーについて，そのボイラー検査証に検査期日，変更部分及び検査結果について裏書を行うものとする。
(5)　変更検査に合格しても，ボイラー検査証の有効期間は更新されない。

〔解説〕　本問の変更検査などに関しては，（ボ則）の41～43条に規定されている。
(変更届) 41条
1　事業者は，ボイラーについて，次の各号のいずれかに掲げる部分又は設備を変更しようとするときは，法第88条第1項の規定により，ボイラー変更届にボイラー検査証及びその変更内容を示す書面を添えて，所轄労働基準監督署長に提出しなければならない。(注：法とは，労働安全衛生法のことである。)
①　胴，ドーム，炉筒，火室，鏡板，天井板，管板，管寄せ又はステー
②　附属設備（注：（ボ則）7条により，過熱器，節炭器が該当する。)
③　燃焼装置
④　据付基礎
(変更検査) 42条
1　ボイラーについて第41条各号のいずれかの部分又は設備に変更を加えた者は，法第38条第3項の規定により，当該ボイラーについて所轄労働基準監督署長の検査を受けなければならない。(以下，略)
(ボイラー検査証の裏書) 43条
労働基準監督署長は，変更検査に合格したボイラーについて，そのボイラー検査証に検査期日，変更部分及び検査結果について裏書を行うものとする。

以上の規定から，本問5つの記述の正誤を判断する。
(1)　の，燃焼装置は，41条1項③号　に規定。変更届が必要。正しい。
(2)　の，節炭器は，41条1項②号　の附属設備の一つであり，変更届が必要。誤りである。
(3)　の，ボイラーの炉筒は，41条1項①号　に規定。変更届を行い，42条の変更検査を受けなければならない。正しい。
(4)　の，検査結果等の裏書は，43条　に規定され，正しい。
(5)　の，検査証有効期間の更新については，43条　に，その規定はなく，正しい。

〔答〕　(2)

〔ポイント〕　変更届の対象となる①～④号を把握すること「わかりやすい 2.4.1」。

問７　鋼製ボイラー（小型ボイラーを除く。）に取り付ける温度計，圧力計及び水高計に関し，法令上，誤っているものは次のうちどれか。

(1)　温水ボイラーの水高計の目盛盤の最大指度は，常用使用圧力の1.5倍以上３倍以下の圧力を示す指度としなければならない。
(2)　温水ボイラーの水高計は，コック又は弁の開閉状況を容易に知ることができるようにしなければならない。
(3)　温水ボイラーには，ボイラーの出口付近における温水の温度を表示する温度計を取り付けなければならない。
(4)　蒸気ボイラーには，過熱器の出口付近における蒸気の温度を表示する温度計を取り付けなければならない。
(5)　蒸気ボイラーの圧力計は，蒸気が直接入らないようにしなければならない。

〔解説〕　鋼製ボイラーの圧力計，水高計，温度計については，（ボ構規）の66条～68条に規定されている。本問に関する条項をあげて，各記述を検討する。

(圧力計) 66条

1　蒸気ボイラーの蒸気部（中略）には，次の各号に定めるところにより圧力計を取り付けなければならない。
　①　蒸気が直接圧力計に入らないようにすること。

(温水ボイラーの水高計) 67条

1　温水ボイラーには，次の各号に定めるところによりよりボイラー本体又は温水の出口付近に水高計を取り付けなければならない。
　①　コック又は弁の開閉状況を容易に知ることができること。
　②　水高計の目盛盤の最大指度は，最高使用圧力の1.5倍以上３倍以下の圧力を示す指度とすること。

(温度計) 68条

1　蒸気ボイラーには，過熱器の出口付近における蒸気の温度を表示する温度計を取り付けなければならない。
2　温水ボイラーには，ボイラーの出口付近における温水の温度を表示する温度計を取り付けなければならない。

以上の規定から本問５つの記述の正誤を判断する。

(1)　は，67条１項②号に，水高計の目盛盤の最大指度は常用使用圧力ではなく最高使用圧力の1.5倍以上３倍以下の圧力を示す指度とあり，誤りである。
(2)　の，水高計のコック，弁の開閉状況については，67条１項①号　のとおりであり，正しい。
(3)　の，温水ボイラーの温度計については，68条２項　のとおりで，正しい。
(4)　の，蒸気ボイラーの温度計については，68条１項　のとおりで，正しい。
(5)　の，蒸気ボイラーの圧力計については，66条１項①号　のとおりで，正しい。

〔答〕　(1)

〔ポイント〕　圧力計や温度計は取付け位置や取付け方法も把握すること「わかりやすい12.1.3」。

問8　鋼製ボイラー（貫流ボイラー及び小型ボイラーを除く。）の安全弁に関するAからDまでの記述で，法令に定められているもののみを全て挙げた組合せは，次のうちどれか。

A　過熱器には，過熱器の出口付近に過熱器の温度を設計温度以下に保持することができる安全弁を備えなければならない。
B　引火性蒸気を発生する蒸気ボイラーにあっては，安全弁を密閉式の構造とするか，又は安全弁からの排気をボイラー室外の安全な場所へ導くようにしなければならない。
C　蒸気ボイラーには，安全弁を2個以上備えなければならないが，伝熱面積が50 m^2以下の蒸気ボイラーにあっては，安全弁を1個とすることができる。
D　水の温度が100℃を超える温水ボイラーには，内部の圧力を最高使用圧力以下に保持することができる安全弁を備えなければならない。

⑴　A，B
⑵　A，C
⑶　A，B，C
⑷　B，C，D
⑸　B，D

〔解説〕　鋼製ボイラーの安全弁，逃がし弁については，（ボ構規）の62条~65条に規定されている。本問に関する条項をあげて，各記述を検討する。

（安全弁）62条
1　蒸気ボイラーには（中略）安全弁を2個以上備えなければならない。ただし，伝熱面積50 m^2以下の蒸気ボイラーにあっては1個とすることができる。
3　引火性蒸気を発生する蒸気ボイラーにあっては，安全弁を密閉式の構造とするか又は安全弁からの排気をボイラー室外の安全な場所へ導くようにしなければならない。

（過熱器の安全弁）63条
1　過熱器には，過熱器の出口付近に過熱器の温度を設計温度以下に保持することができる安全弁を備えなければならない。

（温水ボイラーの逃がし弁又は安全弁）65条
2　水の温度が120 ℃を超える温水ボイラーには，内部の圧力を最高使用圧力以下に保持するができる安全弁を備えなければならない。

上記の規定により，設問各記述の規定状況を判断する。
(A)　は，63条1項　に定められている。
(B)　は，62条3項　に，定められている。
(C)　は，62条1項　に，定められている。
(D)　は，65条2項　に，温水温度120 ℃を超える温水ボイラーについて規定しているが，100 ℃を超えるものとは，定められていない。

以上から，法令に定められている (A)(B)(C) の組合せは，⑶　である。

〔答〕　⑶

〔ポイント〕　65条の1項で，温水が120 ℃以下だと逃がし弁又は逃がし管，2項では120 ℃をこえると安全弁と規定「わかりやすい12.1.1 12.1.2」。

問９　鋼製蒸気ボイラー（小型ボイラーを除く。）の自動給水調整装置等に関し，法令上，誤っているものは次のうちどれか。

(1)　自動給水調整装置は，ボイラーごとに設けなければならないが，最高使用圧力１MPa以下のボイラーでは，２以上のボイラーに共通のものを１個とすることができる。
(2)　低水位燃料遮断装置とは，ボイラーの起動時に水位が安全低水面以下である場合及び運転時に水位が安全低水面以下になった場合に，自動的に燃料の供給を遮断する装置をいう。
(3)　ボイラーの使用条件により運転を緊急停止することが適さないボイラーには，低水位燃料遮断装置に代えて，低水位警報装置を設けることができる。
(4)　燃料の性質又は燃焼装置の構造により，緊急遮断が不可能なボイラーには，低水位燃料遮断装置に代えて，低水位警報装置を設けることができる。
(5)　貫流ボイラーには，ボイラーごとに，起動時にボイラー水が不足している場合及び運転時にボイラー水が不足した場合に，自動的に燃料の供給を遮断する装置又はこれに代わる安全装置を設けなければならない。

〔解説〕　ボイラーの自動給水調整装置については，（ボ構規）84条に規定されている。この規定と各記述を照合し，誤りを見つける。

(自動給水調整装置等）84条

1　自動給水調整装置は，蒸気ボイラーごとに設けなければならない。
2　自動給水調整装置を有する蒸気ボイラー（貫流ボイラーを除く）には，当該ボイラーごとに，起動時に水位が安全低水面以下である場合及び運転時に水位が安全低水面以下になった場合に，自動的に燃料の供給を遮断する装置（低水位燃料遮断装置という。）を設けなければならない。
3　貫流ボイラーには，ボイラーごとに，起動時にボイラー水が不足している場合及び運転時にボイラー水が不足した場合に，自動的に燃料の供給を遮断する装置又はこれに代わる安全装置を設けなければならない。
4　２項の規定にかかわらず，次の各号のいずれかに該当する場合には，低水位警報装置（水位が安全低水面以下の場合に，警報を発する装置をいう。）をもって低水位燃料遮断装置に代えることができる。
　①　燃料の性質又は燃焼装置の構造により，緊急遮断が不可能なもの。
　②　ボイラーの使用条件によりボイラーの運転を緊急停止することが適さないもの。

以上より，各記述の正誤を判断する。

(1)　は，84条１項　に自動給水調整装置はボイラーごとに設けなければならないとのみ規定。２個のボイラーに共通のもの１個という規定はない。誤りである。
(2)　は，84条２項　の規定により，正しい。
(3)　は，84条４項②号　の規定により，正しい。
(4)　は，84条４項①号　の規定により，正しい。
(5)　は，84条３項　の規定により，正しい。

〔答〕　(1)

〔ポイント〕　自動給水調整装置はボイラー毎に。低水位燃料遮断装置に代えて低水位警報装置が許されるのはどんな場合か「わかりやすい 12.1.8 (1)〜(4)」。

問10　鋼製蒸気ボイラー（小型ボイラーを除く。）の水面測定装置に関する次の文中の□内に入れるAからDまでの語句又は数値の組合せとして，法令上，正しいものは(1)～(5)のうちどれか。

「ガラス水面計でない水面測定装置として験水コックを設ける場合には，ガラス水面計のガラス管取付位置と同等の高さの範囲において［ A ］個以上取り付けなければならない。ただし，［ B ］以下で，かつ，伝熱面積が［ C ］m^2未満の蒸気ボイラーにあっては，その数を［ D ］個とすることができる。」

	A	B	C	D
(1)	2	最高使用圧力が1 MPa	14	1
(2)	2	最高使用圧力が1 MPa	10	2
(3)	3	胴の内径が750 mm	10	2
(4)	3	最高使用圧力が0.5MPa	14	1
(5)	3	胴の内径が750 mm	14	2

〔解説〕　本問は，設問中の「ガラス水面計でない水面測定装置として験水コックを設ける場合……」という言葉から，験水コックに関する問題であることがわかる。これは（ボ構規）72条に規定されている。

(験水コック) 72条

1　ガラス水面計でない水面測定装置として験水コックを設ける場合には，ガラス水面計のガラス管取り付け位置と同等の高さの範囲において3個以上取り付けなければならない。ただし，胴の内径が750mm以下で，かつ，伝熱面積が10m^2未満の蒸気ボイラーにあっては，その数を2個とすることができる。

この規定により，
A　には，3
B　には，胴の内径が750 mm
C　には，10
D　には，2
が入り，これらの語句や数値の組合せは，(3)　である。

〔答〕　(3)

〔ポイント〕　験水コックは，原則3個と覚え，また，その取り付け位置を規定した72条2項も把握すること「わかりやすい12.1.4 (4)」。

一般社団法人 日本ボイラ協会　支部所在地一覧

支部名	〒	住　所	TEL
北海道	060-0807	札幌市北区北7条西2-20　NCO札幌駅北口8階	011-717-8636
宮　城	980-0011	仙台市青葉区上杉3-3-48　同心ビル2階	022-224-2245
福　島	960-8041	福島市大町4-4　東邦スクエアビル3階	024-522-6718
茨　城	310-0022	水戸市梅香1-5-5　茨城県JA会館分館3階	029-225-6185
栃　木	321-0962	宇都宮市今泉町847-22　利一ビル3階	028-621-3431
群　馬	371-0805	前橋市南町4-30-3　勢多会館1階	027-243-3178
埼　玉	330-0062	さいたま市浦和区仲町3-8-10　エクセレンスビル501	048-833-0011
千　葉	260-0031	千葉市中央区新千葉3-2-1　新千葉プラザ308号	043-246-4753
東　京	105-0004	港区新橋5-3-1　JBAビル2階	03-5425-7770
神奈川	221-0835	横浜市神奈川区鶴屋町2-21-1　ダイヤビル6階	045-311-6325
新　潟	951-8067	新潟市中央区本町通7-1153　新潟本町通ビル8階	025-224-5561
長　野	380-0813	長野市鶴賀緑町1403　大通り昭和ビル2階	026-235-3755
富　山	930-0018	富山市千歳町2-12-11	076-432-8174
石　川	920-0901	金沢市彦三町2-5-27　名鉄北陸開発ビル9階	076-263-9277
福　井	910-0065	福井市八ツ島町31-406-2　ルート第一ビル201	0776-26-4581
岐　阜	500-8152	岐阜市入舟町三丁目10番地　サンケンビル2階	058-201-1176
静　岡	422-8067	静岡市駿河区南町14-25　エスパティオ7階702号室	054-285-1086
愛　知	465-0064	名古屋市名東区大針1-23	052-784-8111
三　重	514-0006	津市広明町112-5　第3いけだビル3階	059-226-4895
京　滋	604-8261	京都市中京区御池通油小路東入　ジョイ御池ビル2階	075-255-2358
大　阪	540-0033	大阪市中央区石町2-5-3　エル・おおさか南館12階	06-6942-0721
兵　庫	650-0015	神戸市中央区多聞通3-3-16　甲南第1ビル1005号室	078-351-2118
和歌山	640-8262	和歌山市湊通り丁北1丁目1-8　和歌山県建設会館2階	073-433-0343
岡　山	700-0986	岡山市北区新屋敷町1-1-18　山陽新聞新屋敷町ビル7階	086-239-9077
広　島	730-0017	広島市中区鉄砲町7-8　NEXT鉄砲町ビル3階	082-228-4660
山　口	745-0034	周南市御幸通り1-5　徳山御幸通ビル3階	0834-32-2942
徳　島	770-0854	徳島市徳島本町3-13　大西ビル4階	088-625-1158
香川検査事務所（講習）	760-0017	高松市番町3-3-17　第1讃機ビル4階	087-831-9398
愛　媛	790-0012	松山市湊町8-111-1　愛建ビル4階	089-947-0384
福　岡	812-0038	福岡市博多区祇園町1-28　いちご博多ビル4階　D室	092-710-5225
熊　本	862-0971	熊本市中央区大江6-24-13　天神コーポラス2階	096-362-7775
大　分	870-0023	大分市長浜町3-15-19　大分商工会議所ビル3階	097-532-5749
鹿児島	892-0816	鹿児島市山下町9-31　第一ボクエイビル205号	099-223-1544
沖　縄	901-2131	浦添市牧港5-6-8　沖縄県建設会館5階	098-878-2441

本　部	105-0004	港区新橋5-3-1　JBAビル	03-5473-4500

（2024年1月現在）

●本書の正誤表等の発行に関しては，下記の当協会ホームページで適宜お知らせしています。
一般社団法人日本ボイラ協会　図書オンラインショップ
https://ec.jbanet.or.jp/onlineshop/

●お問い合わせについて

本書に関するご質問は，FAXまたは書面でお願いします。電話での直接のお問い合わせにはお答えできませんので，あらかじめご了承ください。

ご質問の際には，書名と該当ページ，返信先を明記してください。お送りいただいた質問は，場合によっては回答にお時間をいただくこともございます。なお，ご質問は本書に記載されているもののみとさせていただきます。

●お問い合わせ先
〒105-0004　東京都港区新橋5-3-1　JBAビル
一般社団法人 日本ボイラ協会　技術普及部技術担当
FAX：03-5473-4522

１級ボイラー技士試験　公表問題解答解説　2024年版
【令和２年後期～令和５年前期】

2024年１月26日　　第１版発行

編集・発行　一般社団法人 日本ボイラ協会
郵便番号　105-0004
東京都港区新橋5-3-1
電話 03-5473-4510 (代)
URL https://www.jbanet.or.jp/

印刷／製本　株式会社サンニチ印刷
ISBN 978-4-907619-31-2